Jürgen Pöschk (Hrsg.)

Energieeffizienz in Gebäuden

Jahrbuch 2007

vme - Verlag und Medienservice Energie

Die Deutsche Bibliothek – CIP-Einheitsaufnahme

Die Deutsche Bilbliothek verzeichnet diese Publikation in der Deutschen Nationalbibliografie. Detaillierte bibliografische Daten unter: http://dnb.ddb.de

ISBN 3-936062-03-X

Die Daten, Informationen und Erläuterungen in diesem Buch wurden mit größter Sorgfalt zusammengestellt, verfasst und zum Zeitpunkt der Veröffentlichung aktuell gehalten. Eine Haftung und Gewähr für Rechtsgeschäfte auf Basis dieses Werkes wird nur nach individueller Beratung übernommen.

vme Verlag und Medienservice Energie Jürgen Pöschk
Körtestr. 10, D-10967 Berlin
Telefon (030) 2175 2107, Telefax (030) 2175 2109
Internet: www.vme-energieverlag.de, E-Mail: info@vme-energieverlag.de

© 2007 vme Verlag und Medienservice Energie Jürgen Pöschk

Das Werk einschließlich aller seiner Teile ist urheberrechtlich geschützt. Jede Verwendung außerhalb der engen Grenzen des Urheberrechtsgesetzes ist ohne Zustimmung des Verlages unzulässig und strafbar. Das gilt insbesondere für Vervielfältigungen, Übersetzungen, Mikroverfilmungen und die Einspeicherung und Verarbeitung in elektronischen Systemen.

Umschlaggestaltung: Ortha Dittmann und Jens-Uwe Morawski, Berlin
Umschlagfotos: vme, „Heimathilfe" Wohnungsbaugenossenschaft Würzburg, Exner Gebäudetechnik GmbH
Satz: vme – Verlag und Medienservice Energie
Druck: Druckhaus Dresden GmbH

Rahmenbedingungen für Energieeffizienz

Energieeffizientes Bauen – eine Chance für den Klimaschutz 9
Wolfgang Tiefensee, Bundesminister für Verkehr, Bau und Stadtentwicklung

Europäische Energiepolitik für den Gebäudesektor 17
Andris Piebalgs, EU-Kommissar für Energie

Energieeffizienz-Offensive „NRW spart Energie" 21
Christa Thoben, Ministerin für Wirtschaft, Mittelstand und
Energie des Landes Nordrhein-Westfalen

Energiesparen in Wohnungen und Häusern –
ein wichtiger Baustein für den Klimaschutz 25
Prof. Dr. Andreas Troge, Präsident des Umweltbundesamtes

Energieeffizienz im Blick 31
Walter Rasch, BSI Bundesvereinigung Spitzenverbände der Immobilienwirtschaft,
BFW Bundesverband Freier Immobilien- und Wohnungsunternehmen e.V.

Die Veränderung des Wohnungsmarktes durch den
Energieausweis und andere Transparenzinstrumente 35
Dr. Franz-Georg Rips, Deutscher Mieterbund (DMB) e.V.

Aktion Energiewende für Klimaschutz und Wirtschaftlichkeit 41
Dr. Joachim Wege, Verband norddeutscher Wohnungsunternehmen e.V.

Energieeffizienz – Ein Paradigmenwechsel ist unumgänglich 47
Dr. Heinrich-H. Schulte

Energiepreise in der Diskussion 55
Dr. Felix Christian Matthes, Öko-Institut e.V.

Heizungsanlagen in Deutschland 63
Dr. Dieter Stehmeier,
Bundesverband des Schornsteinfegerhandwerks – Zentralinnungsverband (ZIV)

Perspektiven für den Wärmemarkt 67
Prof. Christian Küchen, Institut für wirtschaftliche Oelheizung e.V. (IWO)

Energieeffizienz in der wohnungswirtschaftlichen Praxis

Wohnungswirtschaft – Energieeffizienz und Wirtschaftlichkeit 75
Hermann Behle / Anette Chabayta / Dr. Uwe Wullkopf, LUWOGE Consult GmbH

Hochhaus auf höchstem Niveau saniert 81
Bernd Kirschner, HOWOGE Wohnungsbaugesellschaft mbH

Von der maroden Mietskaserne
zum zukunftssicheren Vermietungsobjekt 87
Dr. Ralf Hemmen, SynErgion Energietechnik / Dirk Schünemann, Holzbär

Sanierungsprojekt „Rheinstrandallee":
Abschied von fossilen Energieträgern 95
Dr. Reinhard Jank, VOLKSWOHNUNG GmbH

Energie- und CO_2-Einsparung durch Modernisierung
der Wärmeversorgung: Sanierungsvarianten im Vergleich 109
Martin Dobslaw, E.ON Ruhrgas AG

Modernisierungskonzepte für Heizungsanlagen
im Geschosswohnungsbau 117
Wolfgang Rogatty, Viessmann Werke GmbH

Energiedienstleistungen

Energiecontracting in der Wohnungswirtschaft:
Auswege aus dem mietrechtlichen Dilemma 127
Jürgen Pöschk, Energie- und Umwelt- Managementberatung Pöschk

Schutz des Mieters vor Mehrbelastungen beim Übergang
von Eigenbetrieb von Wärmeversorgungsanlagen
auf gewerbliche Wärmelieferung 135
Raimund Luger, Techem Energy Contracting GmbH

Wärme-Contracting – ein Beitrag für den Klimaschutz 141
Rüdiger Peter Quint, GASAG - WärmeService GmbH

Mehrebenensteuerung für Energieeinspar-Contracting in
Schulen und Kitas – Heizen nach Stundenplan 149
Dr.-Ing. Manfred Riedel, Dr. Riedel Automatisierungstechnik GmbH

Auf dem Weg zum energieeffizienten Gebäude:
Energiemanagement in der Praxis 157
Stephan Weinen, GTE Gebäude- und Elektrotechnik GmbH & Co. KG

Wachstumsfeld Umwelt-Contracting 163
Harald Zimmermann, URBANA Energietechnik AG & Co. KG
Dr. Ralf Utermöhlen, URBANA AGIMUS Contracting GmbH

Planungspraxis und Technikinnovationen für Energieeffizienz

Standard-Angebot oder Top-Level-Modernisierung? 167
Prof. Dr.-Ing. Dieter Wolff,
Institut für Heizungs- und Klimatechnik, Fachhochschule Braunschweig/Wolfenbüttel

Energieeffizienz – Entwicklung aus Sicht der Baupraxis 175
Dr. Burkhard Schulze Darup

Energieeffizienzforschung für Gebäude:
Neue Technologien auf den Prüfstand 185
Johannes Lang, BINE Informationsdienst
Markus Kratz, Projektträger Jülich, Projektträger des BMWi

Die Anwendung der EnEV im Rahmen des
CO_2-Gebäudesanierungsprogramms 197
Rainer Feldmann, KfW Bankengruppe/Stabsstelle Nachhaltigkeit

Klimaschutz durch Kraft-Wärme-Kopplung 207
Andreas Reinholz, BTB Blockheizkraftwerks- Träger- und Betreibergesellschaft mbH

Die KWK beschreitet innovative Wege 217
Michael Geißler, Berliner Energieagentur GmbH

Solare Sanierung im Geschosswohnungsbau an
Beispielen aus der Praxis 225
Bernhard Jurisch / Daniel Munzert, Plan_E GmbH

Einflussfaktoren auf den Energieverbrauch – ein Vergleich
von zentralen und dezentralen Gasheizungsanlagen 237
Klaus Wein, GASAG Berliner Gaswerke Aktiengesellschaft

Funksysteme: Sicherer elektronischer Transfer von Verbrauchsdaten 245
Jürgen Messerschmidt, ista International GmbH

Beratungspraxis Energieeffizienz

Qualitätssicherung in der Energieberatung 253
Fred Weigl, Gebäudeenergieberater Ingenieure Handwerker Bundesverband e.V. (GIH)

Vertragsprobleme und Haftungsfragen bei der Energieberatung 261
Jürgen Hilpert, Jurist

Vorschlag zur Honorierung von Energieberatungsleistungen
und Erstellung Energieausweis 267
Peter Sprenger,
Arbeitskreis Honorarempfehlung im BAYERNEnergie e.V. / GIH Bundesverband

Innovative Produkte und
Dienstleistungen für Energieeffizienz   273

Liebe Leser,

das gegenwärtig allseits diskutierte Klimaproblem zeichnet sich durch eine Diffusheit der zugrundeliegenden Ursache-Wirkungs-Beziehungen aus. Dies betrifft einerseits die individuelle Zuweisung der Ursächlichkeit klimaschädigenden Verhaltens. Es betrifft aber andererseits auch – und dies wird künftig mindestens genauso wichtig – die individuelle Zuweisung des Nutzens aller Maßnahmen zur Begrenzungen des Klimawandels. Welche Klimawirkung hat die Mehrinvestition in Wärmedämmung, der Verzicht auf eine Autofahrt oder eine Flugreise? Diese schwer vermittelbare, persönliche Verantwortlichkeit wird ein Hemmschuh bei der Motivation zum klimafreundlichen Verhalten sein und bleiben. Dieser Umstand trifft auf das grundlegende Manko von politischen und wirtschaftlichen Kulturen, die auf Kurzfristigkeit angelegt sind. Diese reichen in der Regel bis zur nächsten Wahl oder der nächsten Hauptversammlung. So können auch die aktuellen – recht aktionistisch wirkenden – Reaktionen auf die jüngsten Veröffentlichungen des Weltklimarates nicht verwundern: Plakataktionen, politische Statements, die kaum über den eigenen interessengeleiteten Tellerrand hinausreichen und eine leicht hysterische Presseberichterstattung. Dies alles dürfte kaum dazu angetan sein, einen notwendigen Paradigmenwechsel einzuleiten, der doch recht grundsätzlicher Natur sein müsste. Wie soll sich in dieser Atmosphäre eine generationenübergreifende Verantwortung entwickeln? Und diese ist – beim in Jahrzehnten messenden Bremsweg des Klimas – zweifelsohne notwendig. Es scheint also, als wenn es überaus schwer werden sollte, die notwendigen Maßnahmen im Bereich Klimaschutz allein auf individuelle Verantwortung zu gründen.

Salopp formuliert dürften eher zwei traditionelle Steuerungsmechanismen wirken: ökonomischer Anreiz und ordnungsrechtliche Ahndung.

Was es braucht, scheint allem Anschein nach eine nachhaltige Änderung der politisch zu setzenden, ordnungsrechtlichen Rahmenbedingungen, aber vor allem der wirtschaftlichen Rahmenbedingungen. Diese müssen bewirken, dass mit Maßnahmen zur Förderung der Energieeffizienz und Nutzung regenerativer Energieträger Geld verdient werden kann. Es ist kaum zu bestreiten, dass eine Ökonomie, die hierauf abzielt, von wirtschaftlichem Ertragsstreben getriebene Kräfte freisetzen dürfte, deren Vielfalt wir heute kaum beschreiben können.

Wie weit wir hiervon derzeit entfernt sind, zeigt vielleicht ein gedanklicher Blick über den Zaun. So haben wir bezüglich der „Klimaschutzpolitik" der USA eine geradezu paradoxe Situation: Auf der einen Seite wird die verantwortungslose Verweigerungshaltung der Bush-Regierung gescholten. Auf der anderen Seite gibt es nicht wenige deutsche Industriemanager, die hinter vorgehaltener Hand ganz andere Töne verlauten lassen: „Wenn die sich des Themas Energieeffizienz erst einmal annehmen und merken, dass sie damit Geld verdienen können, werden sie uns überrollen!"

Man stelle sich einmal einen Schwarzenegger oder einen Al Gore im Weißen Haus vor: Würden die sich quälende Jahre über die Frage streiten, ob ein bedarfs- oder verbrauchsorientierter Energiepass einzuführen ist?

Will Deutschland auch weiterhin für sich reklamieren, Vorreiter in Sachen Energieeffizienz und Klimaschutz zu sein, brauchen wir ein massives Umsteuern in Richtung Energiedienstleistungswirtschaft.

Die hierfür notwendige Technik ist weitestgehend vorhanden: Hochleistungsdämmstoffe, Fenster, die kaum mehr Wärme nach außen dringen lassen, effiziente Heizungssysteme auf konventioneller und regenerativer Basis etc. sind marktreif und breit erprobt.

Es gibt inzwischen hunderte Beispiele, die zeigen, dass teilweise über 90% Energieeinsparung in Bestandsgebäuden machbar sind und – man glaubt es kaum – dies bereits heute fast wirtschaftlich ist.

Aber der breite Durchbruch erfolgt eben nicht – noch nicht.

Hätten wir Rahmenbedingungen, unter denen es möglich wäre, dass spezialisierte Unternehmen die Ressource Energieeinsparung mit wirtschaftlichem Kalkül beispielsweise in Wohngebäuden heben könnten, würden wir in Kürze eine Vielzahl neuer Produkte und Dienstleistungen genießen. Diese reichten beispielsweise vom Energiesparcontracting in Wohngebäuden, das Maßnahmen der Wärmedämmung einschließt, bis hin zum Energieliefercontracting mit Wirkungsgradgarantien unter Einbeziehung regenerativer Energieträger. Aber hierzu bedarf es einer kleinteiligen politischen Arbeit im Miet-, Bilanz- und Steuerrecht. Dies ist wenig spektakulär, kaum gipfeltauglich und auch nicht auf Großplakaten kommunizierbar – aber dennoch überaus lohnend, zumal es kaum politische Kosten gäbe.

Diesbezüglichen Diskussionen und notwendigen Kontroversen ein breites Forum zu bieten, ist Anliegen des Jahrbuchs Energieeffizienz in Gebäuden, das hier in seiner zweiten Ausgabe vorliegt.

Neben Beiträgen, die sich auf politische Diskussionen und konzeptionelle Anregungen beziehen, soll das Buch vor allem eines verdeutlichen: Es gibt bereits viele gute Beispiele, von denen gelernt werden kann, die die Machbarkeit verdeutlichen und zum Nachahmen anregen. Dies zu kommunizieren ist Aufgabe des Jahrbuchs.

Eine ertragreiche Lektüre wünscht Ihnen

Jürgen Pöschk
im April 2007

Danksagung:

Der konzeptionelle Ansatz dieses Buchs basiert auf der Bereitschaft der Autoren, die Diskussion um das Thema Energieeffizienz jenseits eingefahrener politischer Lager zu führen. Für die Bereitstellung ihrer Manuskripte sei ihnen ausdrücklich gedankt.

Aber auch die kurzfristige technische Umsetzung des Buchs hat hohe Anforderungen an alle Beteiligten gestellt. Gedankt sei insbesondere Ortha Dittmann, Nicole Maus, Jens-Uwe Morawski für das Layout des Buchs, Anna Stingl für das Lektorat und Wolfgang Tietz-Niemzok für die technische Koordination des Projekts.

Energieeffizientes Bauen – eine Chance für den Klimaschutz

Wolfgang Tiefensee, Bundesminister für Verkehr, Bau und Stadtentwicklung

Globalisierung, demographische Entwicklung und Klimaschutz stellen Staat und Gesellschaft vor große Herausforderungen. Die Qualität politischer Entscheidungen, die heute getroffen werden, misst sich in hohem Maße daran, welche Antworten wir auf diese zentralen Fragen unserer Zeit finden und so Wachstum und Umweltschutz miteinander in Einklang bringen. Wir haben hier schon einiges erreicht. Gerade der Bereich der erneuerbaren Energien, der in Deutschland eine starke Position hat, steht wie kein anderer für qualitatives, zukunftsorientiertes und umweltgerechtes Wachstum. Auch im Gebäudebereich sind wir ein gutes Stück weiter gekommen, denn gerade hier lässt sich viel Energie – und damit auch CO_2-Emissionen – einsparen.

Internationale Zusammenarbeit für den Klimaschutz

Klimaschutz erfordert internationale Zusammenarbeit. Deshalb ist ehrgeiziges globales Handeln gefragt, das dort Schwerpunkte setzt, wo wirklich etwas zu erreichen ist. Das heißt vor allem, wirtschaftlich vorhandenes Potenzial ausschöpfen, neue Technologien und Innovationen marktreif machen und die richtigen Anreize für Anbieter und Nachfrager setzen.

Unter der deutschen EU-Ratspräsidentschaft und auf Initiative der Bundesregierung haben sich die EU-Staaten darauf verständigt, ihre CO_2-Emissionen auf der Basis 1990 bis 2020 um mindestens 20 % zu senken und gleichzeitig den Anteil erneuerbarer Energien am gesamten Energiemix auf 20 % zu erhöhen. Dies ist ein entscheidender Durchbruch für den Kyoto-Folgeprozess zur Festlegung von Einsparzielen über 2012 hinaus. Im EU-Aktionsplan ist weiterhin ein Einsparziel beim Energieverbrauch von 20 % festgelegt worden, gemessen an den Prognosen für 2020.

Auf dem Weg bis 2020 sind nationale Energieeffizienzpläne aufzustellen, die konkrete Maßnahmen zur Steigerung der Energieeffizienz und Senkung des Energiebedarfs enthalten. Angesprochen sind alle Endverbraucher, aber auch die Energielieferanten, Dienstleister und insbesondere der öffentliche Sektor.

Um diese Ziele zu erreichen, müssen weitere Maßnahmen zur Steigerung der Energieeffizienz, des Einsatzes erneuerbarer Energien und Senkung der CO_2-Emissionen geprüft werden.

Die Staaten der Europäischen Gemeinschaft übernehmen damit eine Vorbildfunktion. Unter der deutschen G8-Präsidentschaft wird im Juni 2007 eine Konferenz mit den Regierungschefs der acht wichtigsten Industrie- und fünf Schwellenländer (G 8+5) in Heiligendamm stattfinden. Der nachhaltige Umgang mit Ressourcen, die Energieeffizienz und der Kyoto-Prozess zum Klimaschutz werden dort umfassend diskutiert.

Zu einer effizienten Klimaschutzpolitik gehört auch ein vernünftiges Kosten-Nutzen-Verhältnis. Gerade im Gebäudebereich können große Erfolge im Energiesparen erzielt werden. Wir brauchen dabei gute Strategien, um die wirtschaftlichen Einsparpotenziale im Gebäudebestand in absehbarer Zeit zu erschließen.

Wir senken die CO_2-Emissionen im Gebäudebereich

Die Bereiche Verkehr, Bau und Stadtentwicklung verursachen 70 % des Endenergiebedarfs in Deutschland und knapp 20 % des CO_2-Ausstoßes. Der Verkehr hat dabei einen Anteil von knapp über 30 %, der Gebäudebereich von ca. 40 %. Beide Sektoren sind eng miteinander verbunden. Daher sind integrative Ansätze zur Steigerung der Energieeffizienz gefragt, um Mobilität, Arbeit und Wohnen optimal zu verbinden.

Im Wohngebäudebereich können wir auf erste Erfolge verweisen. Hier sind die CO_2-Emissionen für Heizung und Warmwasser seit 1990 um knapp 15 Mio. t auf jetzt ca. 115 Mio. t gesunken und das trotz einer Vergrößerung der Gesamtwohnfläche und Zunahme der Haushalte in Deutschland.

Die Bundesregierung fördert bereits in vielen Bereichen die Steigerung der Energieeffizienz im Gebäudebereich unter Einbindung kommunaler Aktivitäten sowie von Initiativen der Länder. Wir müssen aber noch mehr Hauseigentümer davon überzeugen, dass Investitionen in die Steigerung der Energieeffizienz von Gebäuden sinnvoll sind. Weniger Energieverbrauch wird mittelfristig den Geldbeutel schonen und gleichzeitig die Wohnqualität und die Werthaltigkeit der Gebäude steigern. Umweltpolitische und ökonomische Interessen können so gleichermaßen profitieren.

Wenn Eigenheimbesitzer Ihre Gebäude nachhaltig sanieren, wird der Energieverbrauch gesenkt. Ein durchschnittlicher Haushalt kann bis 500 Euro Energiekosten im Jahr einsparen. Die Bundesregierung verfolgt das Ziel, die Gebäudesanierung weiterhin deutlich zu fördern, um die wirtschaftlich vorhandenen Einsparpotenziale zu erschließen und den Weg für Innovationen zu öffnen. Bis 2020 könnten so rund 40 Mrd. Euro Energiekosten in Wohngebäuden eingespart werden.

Das CO_2-Gebäudesanierungsprogramm ist ein Erfolgsprogramm

Das CO_2-Gebäudesanierungsprogramm ist außerordentlich erfolgreich. Es dient sowohl der nachhaltigen Energieeinsparung und der Senkung des CO_2-Ausstoßes als auch der Förderung des Mittelstandes. Das CO_2-Gebäudesanierungsprogramm schafft Aufträge für viele kleine und mittlere Handwerksbetriebe vor Ort und leistet damit einen wichtigen Beitrag zu Wachstum und Beschäftigung. Mieter und Nutzer profitieren gleichzeitig von sinkenden Wohnnebenkosten.

Auch die Nutzer von öffentlichen Gebäuden sollen Energieeinsparung in ihrer Bilanz realisieren. Durchschnittlich übersteigen bei öffentlichen Gebäuden nach etwa 8 Jahren die kumulierten Betriebskosten die Investitionskosten, wenn nicht vor Investitionsbeginn Maßnahmen ergriffen wurden, die laufenden Kosten weitestgehend zu senken. Das Augenmerk richtet sich also in der Zukunft neben den Investitionskosten verstärkt auf den Betrieb und die Unterhaltung von Gebäuden.

Ein großer Teil des Treibhausgases CO_2 wird in Städten freigesetzt, weil hier fossile Energieressourcen umgewandelt werden. Dies geschieht in erster Linie bei der Energieumwandlung in der Wärme- und Stromversorgung sowie im Verkehr. Damit gibt es für eine Steigerung der Energieeffizienz und für die Reduzierung von CO_2-Emissionen gerade in unseren Städten ein großes Potenzial. Als Träger der Bauleitplanung und des Stadtumbaus haben die Kommunen unmittelbaren Einfluss auf die Entwicklung und Gestaltung von kompakten Siedlungsstrukturen und durchmischten Raumnutzungen. Sie können somit ebenso zur sparsamen, rationellen und umweltfreundlichen Energieversorgung beitragen, wie zur Reduzierung des motorisierten Individualverkehrs. Nutzungsstruktur, Baustruktur und -dichte sowie Gebäudeform und -ausrichtung sind Ansatzpunkte für eine langfristige Dämpfung und Verringerung der Nachfrage nach Energie und für die Schaffung räumlicher Rahmenbedingungen, die die Wirkungen energietechnischer Verbesserungen erheblich verstärken. Steigende Energiepreise zwingen die Kommunen dazu, sich ihrem eigenen Gebäudebestand verstärkt zuzuwenden.

Die Bundesregierung hat im Februar 2006 das CO_2-Gebäudesanierungsprogramm neu aufgelegt. Zur Finanzierung der Zinsverbilligungen und Tilgungszuschüsse hat der Bund im Jahre 2006 rd. 1,5 Mrd. Euro zur Verfügung gestellt.

Hinzu kommen Mittel der KfW für eine Reihe weiterer Programme. Wir wissen, dass jeder eingesetzte Euro öffentliches Geld zur Verbilligung von Krediten etwa die sechs- bis siebenfache Summe an Investitionen auslöst. Alleine mit den rd. 4 Mrd. Euro, die wir der KfW in dieser Legislaturperiode zur Verfügung stellen, wird ein privates Investitionsvolumen von 25 bis 28 Mrd. Euro angestoßen. Und die tragen nun dazu bei, dass fast 1 Million Tonnen Kohlendioxid weniger in die Luft gelangen.

Bereits im Jahr 2006 wurde die energetische Sanierung von 265.000 Wohnungen gefördert. Dabei sichert oder schafft jede in die Gebäudesanierung investierte Milliarde Euro rd. 25.000 Arbeitsplätze. Das ist eine hervorragende Bilanz und eine Erfolgsgeschichte, die es fortzusetzen gilt.

Am 1. Januar 2007 startete das CO_2-Gebäudesanierungsprogramm mit zusätzlichen Förderanreizen. Neben den zinsgünstigen Krediten stellen wir für Eigentümer von Ein- und Zweifamilienhäusern sowie von Wohnungen in Wohneigentümergemeinschaften auch Zuschüsse bereit. Darüber hinaus wird die energetische Sanierung von Schulen, Turnhallen, Kindertagesstätten und Vereinsgebäuden durch zinsgünstige Darlehen der KfW gefördert.

Dieses neue Programmpaket richtet sich auf der einen Seite als *Kommunalkredit* an die Bürgermeister, Oberbürgermeister und Stadtbauräte und andererseits unter dem Stichwort *„Sozial Investieren"* an gemeinnützige Träger, Kirchen, Stiftungen und Vereine. Wir setzen in diesem Programmpaket mit Zinsverbilligungsmitteln in Höhe von 200 Mio. Euro einen Fokus auf die öffentlichen Gebäude. Bei Schulen, Kindertagesstätten und Turnhallen ist die Energiebilanz momentan besonders schlecht.

Zugunsten der neuen Länder und strukturschwacher Gebiete wurde zudem im KfW-Kommunalkredit eine Förderpräferenz eingeführt. Während grundsätzlich bis zu 70 % der Investitionskosten zinsverbilligt finanziert werden können, werden dort für die energetische Investitionssumme bis zu 100 % zinsverbilligte Kredite geben. Die Darlehenshöchstbeträge sind darüber hinaus so gestaffelt, dass wir möglichst mit jedem eingesetzten Euro den größten Nutzen erzielen. Je mehr die Energiebilanz verbessert wird, umso höher wird der Finanzierungsbeitrag über die KfW.

Aufgrund der Vereinbarung im Koalitionsvertrag wurde das Programm zur energetischen Sanierung von bundeseigenen Liegenschaften entwickelt. Über 4 Jahre sollen jeweils 120 Mio. Euro, also insgesamt 480 Mio. Euro aufgewendet werden. Die Bundesregierung will damit ihrer Vorbildfunktion gerecht werden und mit gutem Beispiel bei der energetischen Sanierung vorangehen. Außerdem dient das Programm dem Werterhalt der Gebäude und der Stärkung der Baukonjunktur. Nunmehr sind auch die Länder gefordert, in ihrem Verantwortungsbereich einen Beitrag zu leisten.

Energiesparendes Bauen ist die Zukunft

Die Novelle der EnEV und damit die Einführung des Energieausweises stehen innerhalb der Bundesregierung kurz vor der Kabinettsentscheidung. Die EnEV-Novelle soll die europarechtlichen Vorgaben im Sinne einer „1 zu 1 - Umsetzung" in deutsches Recht übertragen.

Die Leitlinie für die Grenzziehung der Anwendung von Bedarfs- und Verbrauchsausweis beruht auf einem Koalitionskompromiss, den die Verordnung umsetzt. Der Bedarfsausweis hat gerade bei Gebäuden mit wenigen Wohneinheiten Vorteile, weil seine Aussagegenauigkeit größer ist und er nicht das Nutzerverhalten abbildet. Wenn kleine Gebäude bis zu vier Wohneinheiten jedoch unter dem Regime der Wärmeschutzverordnung (ab Ende 1977) und später errichtet oder entsprechend modernisiert worden sind, weisen sie bereits eine bessere energetische Qualität auf, so dass für sie der Verbrauchsausweis ausreichend ist. Diese Regelungen sollen in der zu novellierenden Energieeinsparverordnung ab dem 1. Januar 2008 zur Pflicht werden.

Eine Verschärfung der Anforderungen an die energetische Qualität von Gebäuden ist in einem nächsten Schritt vorgesehen. Wir treffen aber bereits jetzt Vorbereitungen für eine Anpassung der Baustandards für Neu- und Altbauten.

Die Dynamik der Energiepreise und die zunehmende Marktreife technisch innovativer Bauprodukte führen mittelfristig dazu, dass die Anforderungen an die EnEV angepasst werden können. Die wachsende Zahl von Neubauten, die das derzeitige Anforderungsniveau an den Primärenergiebedarf deutlich unterschreiten, belegen dies nachdrücklich.

Aber auch im Gebäudebestand ist bei energetischen Sanierungen der derzeitige EnEV-Neubaustandard weitgehend mit wirtschaftlichen Mitteln erreichbar. Dies konnte in einer Vielzahl von Modellvorhaben nachgewiesen werden, die von der Deutschen Energie-Agentur (dena) begleitet und von der Bundesregierung und der KfW gefördert wurden.

Angesichts der Energiepreisentwicklung der vergangenen Jahre steht außer Frage, dass sich strengere Anforderungen für Eigentümer und Bauherren „rechnen". Niemand soll zu unrentablen Investitionen gezwungen werden. Daher muss man im Detail genau hinschauen und anhand von Fachgutachten seriös prüfen, was den Betroffenen konkret wirtschaftlich zugemutet werden kann.

Qualitatives Wachstum in der Bauwirtschaft

Der Sachverständigenrat, wirtschaftswissenschaftliche Institute, bauwirtschaftliche Verbände und die Bundesregierung stimmen in ihren Prognosen darin überein, dass nach vielen Jahren der Talfahrt die Trendwende geschafft ist und ein nachhaltiger Aufschwung bei den Bauinvestitionen erreicht werden kann. Das ist außerordentlich erfreulich, denn das Bauwesen hat eine Schlüsselfunktion für Wachstums-, Konjunktur- und Arbeitsmarktpolitik. Bei einem realen Bauvolumen von über 220 Mrd. Euro und einem Anteil der Bauinvestitionen an den gesamten Bruttoanlageinvestitionen von mehr als 50 % finden allein im Haupt- und Ausbaugewerbe rd. 1,8 Mio. Menschen Beschäftigung. Von einem Aufwärtstrend der Bauwirtschaft profitieren darüber hinaus die zahlreichen mit ihr eng verflochtenen vor- und nachgelagerten Branchen und ihre Beschäftigten. Die Stärkung der Binnennachfrage wird deshalb von der Lage am Bau entscheidend beeinflusst.

Aber auch im internationalen Maßstab stärkt die Bauwirtschaft ihre Produktivität und Wettbewerbsfähigkeit nachhaltig, wenn sie

- Produkt- wie Prozessinnovationen vermehrt umsetzt und den rasanten technologischen Wandel rascher in die Unternehmenspraxis aufnimmt,
- das Zusammenwirken aller an der Wertschöpfungskette Bau Beteiligten effizienter und partnerschaftlich gestaltet,
- sich strategisch auf die Herausforderungen des demografischen Wandels und der Globalisierung einstellt und
- das qualitätvolle Bauen zu ihrem Markenzeichen macht.

Die Bundesregierung unterstützt diesen Prozess mit investiven Impulsen und durch die Verbesserung von Rahmenbedingungen.

Für Investitionen in Verkehr, Bau und Stadtentwicklung stehen im Jahr 2007 insgesamt rd. 12,5 Mrd. Euro zur Verfügung. Wir werden dieses Niveau in der Zukunft verstetigen und bieten Investoren mit dem Investitionsrahmenplan 2006 bis 2010 eine klare und verlässliche Orientierung.

Das Jahr 2007 bietet eine echte Chance, die spürbare Aufbruchstimmung in die Breite der Branche zu übertragen.

Der Weg geht „weg vom Öl"

Neben dem Gebäudebereich ist der Straßenverkehr wichtigster Energienachfrager und zu 98% vom Erdöl abhängig. Die Bundesregierung hat daher mit ihrer nationalen Kraftstoffstrategie einen Weg „weg vom Öl" aufgezeigt. Dabei wird eine Doppelstrategie verfolgt: Kurz- und mittelfristig soll die Senkung des fossilen Kraftstoffverbrauchs bei Kfz durch Technologien zur Effizienzsteigerung erreicht werden. Die Bundesregierung unterstützt dies durch ein Bündel an Maßnahmen, u.a. durch die Förderung von Hybridtechnik, intelligenter Verkehrsleitsysteme sowie die Einführung einer CO_2- und schadstoffabhängigen Kfz-Steuer. Auch auf der Nachfrageseite bestehen erhebliche Potenziale zur Effizienzsteigerung. So tritt die Bundesregierung für transparentere Verbrauchskennzeichnungen von Kfz hinsichtlich spezifischem Kraftstoffverbrauch und CO_2-Emissionen ein. Darüber hinaus könnten zukünftig verstärkt Informations- und Aufklärungskampagnen für kraftstoffsparendes Fahren initiiert und entsprechende Inhalte in Ausbildungspläne zum Erwerb der Fahrerlaubnis aufgenommen werden.

Andererseits muss auch die Automobilindustrie ihren Teil zur weiteren CO_2-Reduktion beitragen, denn wir brauchen anspruchsvolle Ziele bei der CO_2-Reduktion von Neuwagen. Deutschland setzt sich für eine nach Fahrzeugtypen und Marktsegmenten differenzierte Regelung ein. Entscheidend ist, dass alle Typen und Marktsegmente substantiell zur Senkung des CO_2-Ausstoßes beitragen. Im Rahmen ihres „Integrated Approach" fördert die Bundesregierung daher die Steigerung des Anteils von Biokraftstoffen am Gesamtkraftstoffverbrauch durch Steuerbegünstigungen und Quotenregelungen für Beimischung.

Langfristig hat die Kraftstoffstrategie das Ziel, die Energiebasis des Verkehrs auf neue Pfeiler zu stellen und dafür bereits heute die technologischen Fundamente zu legen, z.B. durch synthetische Biokraftstoffe und Wasserstoff. Gerade Wasserstoff als Kraftstoff in Verbindung mit der Antriebsform Brennstoffzelle ist die Option mit dem langfristig größten Potenzial. Die Bundesregierung hat daher 2006 das „Nationale Innovationsprogramm Wasserstoff- und Brennstoffzellen-Technologie" aufgelegt und stellt dafür Fördermittel von 500 Mio. Euro für die kommenden 10 Jahre bereit. Mit den Mitteln der Industrie, die sich Ende Oktober 2006 verpflichtet hat, wird daraus ein Langfristprogramm mit einem Gesamtvolumen von über 1 Mrd. Euro.

Auch die Bedeutung des Radverkehrs in der Stadt und die Vernetzung der Verkehrsarten nimmt zu. In der Wohnungs- und Stadtentwicklungspolitik setzt der Bund Schwerpunkte bei der Energieeffizienz. Die Städte leiden zunehmend unter dem Verkehrsdruck durch Lärm, Luftverschmutzung, Unfallgefahr und

Staus. Es ist daher erforderlich, Mobilitätserfordernisse und Lebensqualität in den Städten in Übereinstimmung zu bringen, d.h. Mobilität stadtverträglich auszugestalten. Der Bund nutzt seine Gestaltungsmöglichkeiten im Bereich der Stadtentwicklungspolitik. Dem entspricht auch die Vereinbarung im Koalitionsvertrag, den Städten und Gemeinden dabei zu helfen, in städtischen Quartieren Fußgänger, ÖPNV und Autoverkehr zu vernetzen, um ruhiges Wohnen sowie bessere Mobilität zu ermöglichen. Folgerichtig ist die Vernetzung des Verkehrs auf lokaler Ebene insbesondere ein Ansatzpunkt für mehr Radverkehr. Kurze Wege in der Stadt führen nicht nur dazu, dass Städte insgesamt lebenswerter werden. Sie eröffnen auch neue Wege für das Fahrrad. Denn die Verflechtung von Wohnen und Arbeiten, von Versorgung und Freizeit, schafft kurze Wege und kann damit auch zu einer Reduzierung des motorisierten Verkehrs beitragen.

Aus Sicht der Bundesregierung sind viele, ineinander greifende Maßnahmen nötig, um Energie einzusparen und zum Klimaschutz beizutragen. Die Energieeffizienz in Gebäuden ist ein ganz wesentlicher Teil davon.

Kontakt

Wolfgang Tiefensee, Bundesminister für Verkehr, Bau und Stadtentwicklung
E-Mail: buergerinfo@bmvbs.bund.de

Europäische Energiepolitik für den Gebäudesektor

Andris Piebalgs, EU-Kommissar für Energie

Im Januar dieses Jahres hat die EU-Kommission ein anspruchsvolles Paket zur Energiepolitik vorgestellt, das eine Antwort auf jene Herausforderungen liefern kann, vor denen wir im Energiebereich stehen.

Europa steht vor enormen energiewirtschaftlichen und klimapolitischen Aufgaben. Unser Klima verändert sich rascher, als wir es uns je vorgestellt hatten. Nach jüngsten Aussagen des zwischenstaatlichen Ausschusses für Klima-Änderungen (IPCC) hat sich die Welt-Mitteltemperatur durch die Klimaveränderung bereits um 0,7°C erhöht. Im schlimmsten Szenario könnte die Temperatur demnach bis zum Ende des Jahrhunderts um bis zu 6,4°C ansteigen.

Die fossilen Energievorkommen in Europa nehmen rasch ab. Bei derzeitiger Entwicklung und Fortführung bisheriger Energiepolitik wird die Importabhängigkeit der EU von heute 50 % auf 65 % im Jahr 2030 steigen. Zudem steigen die Öl- und Gaspreise stark an: Von günstigen 10 $ pro Barrel im Winter 1998/1999 haben sich die Preise bis heute versechsfacht und wurden wesentlich volatiler.

Des Weiteren stehen wir einem Energiebinnenmarkt gegenüber, der derzeit nur auf dem Papier, nicht aber in der Praxis funktioniert. Das führt dazu, dass die Bürger und die Wirtschaft innerhalb der EU noch nicht in vollem Umfang von der Liberalisierung des Energiemarktes profitieren.

Die EU-Kommission hat deshalb zu einer neuen Energiepolitik für Europa aufgerufen. Sie hat hierzu anläßlich des informellen G8-Treffens in Hampton Court 2005 ein erstes Strategiepapier präsentiert und Anfang 2006 das Grünbuch zur Energiepolitik folgen lassen. Anschließend wurden 2006 der Rahmen für eine stimmige Energie-Außenpolitik der EU vorgestellt sowie Maßnahmenvorschläge in Form des „Aktionsplans für Energieeffizienz" präsentiert. Zudem wurden überarbeitete nationale Allokationspläne für den Emissionshandel angestoßen und die Diskussion zur Einbindung des Flugverkehrs in den Emissionshandel initiiert.

Das Ziel dieser Anstrengungen ist klar definiert: Die Europäische Union soll die weltweite Führungsrolle beim Wandel hin zu einer emissionsarmen Wirtschaft übernehmen. Dabei muss die EU zugleich ihre Wettbewerbsfähigkeit auf dem Weltmarkt stärken und ihre Versorgungssicherheit bewahren. Im Zentrum dieser Aktivitäten stehen deshalb anspruchsvolle, aber glaubhafte Reduktionsziele der EU bei Klimagasen für die Zeit nach dem für die Verpflichtungen aus dem Kyoto-Protokoll wichtigen Jahr 2010.

Wenn es gelingt, ein EU-übergreifendes, internationales Abkommen für die Zeit nach 2010 abzuschließen, wird dies global zu einer erheblichen Klimagas-Reduktion der Industriestaaten bis zum Jahr 2020 führen. Die Kommission hat daher ein Ziel von mindestens 20 % Klimagas-Reduktion bis zum Jahr 2020 für die Europäische Union vorgeschlagen, das auf 30 % angehoben werden kann, sofern sich außereuropäische Staaten einem entsprechenden Abkommen anschließen.

Das Energie-Paket, das im Januar 2007 von der Kommission vorgeschlagen und im Wesentlichen vom EU-Rat im März verabschiedet wurde, bietet für die Umsetzung dieser Ziele Lösungen an, die auf drei Pfeilern ruhen:

- einem funktionierenden Energie-Binnenmarkt,
- einem beschleunigten Wechsel zu CO_2-neutralen Energieträgern, mit einem verpflichtenden Ziel von 20 % Anteil erneuerbarer Energien bis 2020,
- verbesserter Energieeffizienz.

Der Fokus soll an dieser Stelle auf den dritten Pfeiler gerichtet werden. Die günstigste, wettbewerbsfähigste und sicherste Energieform ist stets die nicht benötigte, die eingesparte Energie: Durch verbessertes Energie-Management, durch Einsatz energiesparender Technologien und durch eine verbesserte Information der Bürger. Eine Politik der Energie-Einsparung wird – insbesondere für den Gebäudebereich und bei zielgerichteter Umsetzung – signifikant zur Erreichung der Kyoto-Ziele der EU beitragen. Sie wird zudem die Wettbewerbsfähigkeit Europas stärken.

Vieles wurde bereits innerhalb Europas in diese Richtung unternommen. Doch es besteht nach wie vor ein enormes wirtschaftliches Energie-Einsparpotenzial. Würden beispielsweise die Wärmeschutz-Anforderungen für Gebäude der fortschrittlichsten Mitgliedsstaaten auf ganz Europa angewandt, könnte der Energiebedarf im Haushaltssektor in einigen EU-Ländern halbiert werden.

Das Energie-Grünbuch der Kommission vom März 2006 zeigt auf, wie die Europäische Union 20 % ihres Energieverbrauchs allein durch wirtschaftliche Maßnahmen bis 2020 einsparen kann. Der „Aktionsplan für Energieeffizienz", den die Kommission im Oktober 2006 verabschiedet hat, präzisiert den Weg zur Realisierung eines Großteils dieses 20 %-Einsparziels.

Tatsächlich ist bereits heute die Hälfte des 20%-Einsparziels realisierbar, indem bereits verabschiedete Energie-Richtlinien von den Mitgliedsstaaten rasch und vollständig in die Praxis umgesetzt werden. Diese verabschiedeten Rechtsvorgaben enthalten unter anderem die Gesamtenergieeffizienz-Richtlinie für Gebäude. Diese Richtlinie hätten alle Mitgliedsstaaten bis 4. Januar 2006 umsetzen müssen. Davon sind wir weit entfernt, was Anlass zur Sorge gibt.

Um die Umsetzung der Richtlinie zu beschleunigen, unterstützt die Europäische Kommission den Einführungsprozess durch eine Reihe von Maßnahmen:

- die „Concerted Action" für den freiwilligen Erfahrungsaustausch der Mitgliedsstaaten bezüglich der praktischen Umsetzung der Richtlinie,
- die „Buildings Platform" als wichtiger Informationsdienst zur Richtlinie, der Energieberater, Energie-Agenturen, Interessengruppen und nationale politische Entscheidungsträger unterstützt,
- zahlreiche Programme und Projekte der europäischen Energieagentur.

Andere Bereiche der europäischen Gesetzgebung, die das Thema Energieeffizienz betreffen, sind die Eco-Design-Richtlinie – zu der Untersuchungen im Gange sind – sowie die Energie-Dienstleistungs-Richtlinie. Diese Richtlinie setzt den Mitgliedsstaaten als Ziel, im Zeitraum von 9 Jahren 9% ihres Energieverbrauchs einzusparen. Dies ist auf nationaler Ebene umzusetzen und beinhaltet ebenfalls den Gebäudesektor. Denn die Verbesserung der Energieeffizienz ist zweifellos die schnellste, effektivste und kostengünstigste Art, den zu befürchtenden Klimaveränderungen aufgrund von Emissionen zu begegnen.

Vorgenanntem ist zu entnehmen, dass es eines der Hauptziele der Energiepolitik der Kommission ist, sowohl zu den Vorgaben von Lissabon wie auch zu jenen von Kyoto einen wichtigen Beitrag zu leisten. Der Schlüssel zur Verknüpfung der beiden Ziele „Wettbewerbsfähigkeit und Umweltverpflichtung" liegt in der Entwicklung und Anwendung neuer Technologien sowie in Maßnahmen zur Verbesserung der Energieeffizienz.

Dabei wird die Verbesserung der Energieeffizienz nicht nur helfen, dem Klimawandel zu begegnen und die europäische Versorgungssicherheit zu verbessern: Darüber hinaus entstehen neue Arbeitsplätze. Schätzungen verschiedener Studien zeigen, dass etwa eine Million Arbeitsplätze entstehen können, wenn sich die EU-Mitgliedsstaaten zur Verbesserung der Energieeffizienz um 20% verpflichten. Dabei handelt es sich meist um hoch qualifizierte Stellen, die in Verbindung mit der Einführung neuer Technologien entstehen. In diesem Zusammenhang ist es ebenso wichtig, dass viele dieser Arbeitsplätze im Bereich

Energie-Dienstleistung und im Bausektor auf regionaler und lokaler Ebene entstehen. Somit tragen sie zum sozialen und wirtschaftlichen Zusammenhalt innerhalb der EU bei.

Dieser Ansatz ist im vergangenen Jahr von der Kommission unterstrichen worden, als das siebte Rahmen-Forschungsprogramm für den Zeitraum 2007 – 2013 angenommen wurde. Speziell für den Gebäudebereich enthält es Forschungs- und Entwicklungsprojekte zu den Themen Energieeffizienz und Energieeinsparung, Versorgung mittels erneuerbarer Energien, intelligente Vernetzung von Energiesystemen sowie Gestaltungsmöglichkeiten für die Energiepolitik.

Die kommenden Jahre werden für die europäische wie für die globale Energiepolitik einen Wendepunkt markieren. Die beschriebenen Themen sind von entscheidender Bedeutung für die mittel- und langfristigen Fortschritte zur Steigerung der Energieeffizienz in Deutschland und in ganz Europa.

Der „Aktionsplan für Energieeffizienz" hat die Absichten der Kommission im Bereich Energieeffizienz und im Bereich Energiesparende Gebäude dargelegt. Das im Januar 2007 verabschiedete Paket zur Energiepolitik stellt den Aktionsplan in einen übergeordneten Rahmen für eine neue Energiepolitik Europas. Hierzu hat die Kommission angekündigt, dass eine erhebliche Ausweitung des Geltungsbereichs der Gebäuderichtlinie ab dem Jahr 2009 erfolgen kann. Dies kann auch quantifizierte Mindestanforderungen an die energetische Qualität von Gebäuden umfassen.

Vor diesem Hintergrund ist es umso wichtiger, dass die Mitgliedsstaaten eine vollständige, vorausschauende und rasche Umsetzung der Gebäuderichtlinie vornehmen und die bestehenden Aktivitäten dieses Sektors auf europäischer, nationaler und lokaler Ebene effektiv miteinander verzahnt werden. Publikationen wie diese liefern hierzu einen bedeutenden Beitrag.

Kontakt

Andris Piebalgs, EU-Kommissar für Energie
E-Mail: cab-piebalgs-archives@ec.europa.eu

Energieeffizienz-Offensive „NRW spart Energie"

Christa Thoben, Ministerin für Wirtschaft, Mittelstand und Energie des Landes Nordrhein-Westfalen

Nordrhein-Westfalen als Energieland Nr. 1 stellt sich mit seiner Energiepolitik den globalen Herausforderungen bei der Energieversorgung und stärkt damit gleichzeitig seine Spitzenposition als international wettbewerbsfähiger Industriestandort. Die Gewinnung, Wandlung und Nutzung von Energie spielt bei der Versorgung von Wirtschaft, Privathaushalten und Kommunen eine herausragende Rolle. Die effiziente Nutzung von Energie kann zu erheblichen Kostenentlastungen führen und einen nennenswerten Beitrag zum Klimaschutz leisten. Gleichzeitig verbinden sich mit den entsprechenden Techniken und Dienstleistungen industrie- und technologiepolitische Chancen.

Die Landesregierung Nordrhein-Westfalen hat soeben ein neues energiepolitisches Konzept verabschiedet, das als wesentliches Element die „Energieeffizienz-Offensive: NRW spart Energie" enthält. Maßnahmen zur Steigerung der energetischen Sanierungsrate von Gebäuden bilden darin einen Schwerpunkt. Denn gerade hier liegt ein besonders großes Potenzial. In NRW gibt es rund 8,3 Mio. Wohnungen, von denen drei Viertel vor 1980 und damit vor Inkrafttreten der ersten Wärmeschutzverordnung errichtet worden sind.

Hier zeigt sich die Notwendigkeit von Maßnahmen zur energetischen Modernisierung. Sie kann dafür sorgen, dass die Energieeffizienz im Gebäudebereich gesteigert wird und dadurch wiederum die Bauwirtschaft im Lande einen dringend benötigten Investitions- und Beschäftigungsschub erhält.

Bundesweit wird das Marktpotenzial in diesem Bereich auf rund 350 Milliarden Euro geschätzt. Allein im Sanitär-, Heizungs- und Klimabereich schlummert ein Investitionsvolumen von rund 57 Milliarden Euro.

Lediglich 9 % aller Investitionen in der Baubranche werden im Neubau eingesetzt, die Neubauquote liegt in NRW bei etwa 0,5 %. Die Herausforderung der Zukunft ist die Modernisierung von Gebäuden. Hier liegen die Aufgaben für die Architekten und Fachplaner und auch die künftigen Umsätze des Handwerks. 55 bis 60 % der Bauleistungen im Wohnungsbau sind Sanierungsmaßnahmen im Gebäudebestand. Bei Eigentümerwechsel werden im Schnitt rund 18.000 Euro in den Umbau einer neu erworbenen Immobilie investiert.

Die Bauindustrie ist für Nordrhein-Westfalen von großer Bedeutung. Sie ist eine Schlüsselindustrie in NRW, trotz sinkender Beschäftigungszahlen.

Modernisierung des Altbaubestandes

Das Ziel bleibt also weiterhin, die Nachfrage nach qualifizierter Leistung im Bausektor zu stimulieren. Denn die makroökonomischen Erwartungen, die von einer konsequenten Modernisierung des Altbaubestandes ausgehen, liegen vor allem in einer zusätzlichen Belebung des Arbeitsmarktes. Derzeit wird im Jahr etwa ein Prozent der Altbauten in Nordrhein-Westfalen energetisch saniert. In jedem Anstieg dieser Quote steckt nicht nur energiepolitisches, sondern auch ein attraktives arbeitsmarktpolitisches Potenzial. Bundesweit rechnen Experten je nach Studie mit 200.000 bis 400.000 neuen Arbeitsplätzen, wenn die energetische Modernisierung des Bestandes konsequent betrieben wird. Für NRW würde das in den kommenden Jahren – konservativ geschätzt – rund 50.000 neue Stellen im Handwerk und Baugewerbe bedeuten. Dabei handelt es sich vor allem um Arbeitsplätze in kleinen und mittleren Betrieben der Baubranche, in Architektur- und Ingenieurbüros sowie um Stellen in Handwerksunternehmen.

Die systematische Modernisierung des Gebäudebestandes hat einen weiteren erheblichen Vorteil: Modernisierung ist weniger empfindlich und widersteht kurzzeitigen wirtschaftlichen Bewegungen. Generell unterliegt das Bauen im Bestand – u. a. wegen seiner öffentlichen Förderung – geringeren konjunkturellen Schwankungen als die Neubautätigkeit. Es ist deshalb ein geeigneter Weg, Arbeitsplätze im Handwerk und Baugewerbe nachhaltig zu schaffen und zu sichern.

Die Landesregierung hat sich im Koalitionsvertrag eine zukunftsoffene und ideologiefreie Energiepolitik zum Ziel gesetzt, die gleichfalls die Energieeinsparung in Gebäuden – auch zum Schutz des Klimas – beinhaltet. Ein wesentliches Instrument im Sinn dieser Politik und im Rahmen der Umsetzung der EU-Richtlinie über die „Gesamtenergieeffizienz von Gebäuden" ist die Einführung des Energieausweises für Bestandsimmobilien, der die notwendige Transparenz auf dem Immobilienmarkt unter dem Gesichtspunkt der Energieeffizienz erzeugt und wirtschaftlich sinnvolle Sanierungsmaßnahmen anregt.

Die gesamtgesellschaftlich positiven Auswirkungen lassen sich leicht darstellen: Energieeffizienz schafft Arbeitsplätze, entlastet darüber die Sozialsysteme, gleichzeitig erhöht sich das Steueraufkommen. Und nicht zuletzt ersetzt Energieeffizienz den Import von Energie (Erdöl, Erdgas) durch heimische Wertschöpfung und Innovation.

Die Gebäudemodernisierung eröffnet also eine doppelte Chance.

Private Haushalte werden durch geringere Energiekosten entlastet, denn viele Maßnahmen der energetischen Sanierung von Altbauten sind selbst über einen relativ kurzen Zeitraum von etwa 20 Jahren und einer Energiepreissteigerung von 3 % pro Jahr schon wirtschaftlich sinnvoll.

Ein Vergleich hierzu ergibt: Der Öl- und auch der Gaspreis haben sich in den vergangenen Jahren wesentlich erhöht. Lag der Preis für einen Liter Öl in 2004 noch bei etwa 40 Cent, waren es 2005 schon über 50 Cent und in 2006 lag der mittlere Preis bei ca. 60 Cent. Das sind Preissteigerungen von etwa 20-25 % pro Jahr. Aufgrund des global anwachsenden Energiebedarfs gibt es derzeit keine Anzeichen dafür, dass der Ölpreis – und über die Preisbindung auch der Gaspreis – wieder fallen könnte.

Um die ökonomischen Potenziale der Energieeffizienz noch besser nutzen zu können, müssen die sanierungswilligen Hausbesitzer Unterstützung finden. Sie müssen intensiv beraten und informiert werden und ihnen müssen Möglichkeiten zur Weiterbildung geboten werden.

Mein Haus spart

Für eine erfolgreiche Umsetzung dieser Politik hat das Land NRW die bundesweit beispielhafte „Gemeinschaftsaktion Gebäudesanierung NRW – Mein Haus spart" ins Leben gerufen. Die Initiative bündelt alle wichtigen Beratungs- und Informationsangebote des Landes, um die Hausbesitzer bei der Planung und Umsetzung von energetischen Sanierungsmaßnahmen zu unterstützen. In der Gemeinschaftsaktion haben sich 15 wichtige Partner zusammengeschlossen, so dass eine optimale Ansprache der Hausbesitzer gewährleistet ist. Alle Informationen dazu sind im Internet unter www.mein-haus-spart.de zu finden.

Die Partner der Aktion haben sich auf ein abgestimmtes Vorgehen verpflichtet, um vor allem die Hausbesitzer für das Thema „Gebäudesanierung" zu motivieren. Denn nirgendwo können Sanierungswillige auf so umfangreiche Begleitung und Beratung setzen wie in Nordrhein-Westfalen. Diese Initiative zur Gebäudesanierung in NRW hat im Jahr 2006 dafür gesorgt, dass 1 Mrd. Euro an Mitteln der Kreditanstalt für Wiederaufbau (KfW) für die energetische Sanierung von 62.200 Wohneinheiten nach NRW geflossen sind.

Neben den Mitteln der KfW, können in Nordrhein-Westfalen Mittel aus dem „Programm für rationelle Energieverwendung, regenerative Energien und Energieeinsparen – progres.NRW" genutzt werden. Über das Förderprogramm werden Energieberatungen, Energiekonzepte, energietechnische Entwicklungen und die Markterschließung neuer Technologien gefördert.

Ein Gegenstand der Förderung ist die Initialberatung für Hausbesitzer in NRW. Im Bereich der Gebäudesanierung werden hier der „Gebäude-Check Energie" des Handwerks und die „Startberatung Energie" der Architekten und Ingenieure angeboten. Zusätzlich stehen die Energieberatung der Verbraucherzentrale NRW oder die Vor-Ort-Beratung des BAFA zur Verfügung. Die nordrhein-westfälischen Beratungsangebote haben bisher Investitionen in Höhe von insgesamt 170 Mio. Euro ausgelöst.

Solarsiedlungen belegen prototypisch u. a. die Kombination von Energieeinsparung, Effizienz und erneuerbaren Energien im Neubau und Bestand. Mit dem Projekt „50 Solarsiedlungen in NRW" werden diese innovativen Ansätze in die Baupraxis übertragen. Anforderungen, die eine Solarsiedlung erfüllen muss, betreffen den baulichen Wärmeschutz (3-Liter-Haus oder Passivhaus), die Warmwasserbereitung (der solare Deckungsgrad über solarthermische Kollektoren muss mindestens 60 % betragen) sowie den Strombereich (mindestens 1 kW_p Photovoltaik muss pro Wohneinheit installiert sein). Eine Neubau-Solarsiedlung sollte mindestens zwei der drei Anforderungen erfüllen. Bislang gibt es in NRW 41 Standorte für Solarsiedlungen – 17 Projekte sind realisiert, 14 im Bau, 10 in der Planung.

Über weitere Maßnahmen wie den „Wärmepumpenmarktplatz" oder die „Holzpellets Aktion" werden innovative Energietechniken mit großem Erfolg in die Breite gebracht.

Ein besonderes Augenmerk wird zukünftig auch auf die landeseigenen Gebäude und Einrichtungen gelegt. Bei der Versorgung soll stärker darauf geachtet werden, Kraft-Wärme-Kopplung und regenerative Energien einzusetzen.

Um die Zielsetzungen der Europäischen Kommission und der Bundesregierung im Bereich der Energiepolitik und des Klimaschutzes zu erreichen, sind große Anstrengungen bei der Energieeffizienz und bei der verstärkten Nutzung Erneuerbarer Energien erforderlich. Nordrhein-Westfalen ist hier gut aufgestellt, wir sind schon auf dem Weg und werden unsere Anstrengungen noch weiter verstärken.

Kontakt

Christa Thoben, Ministerin für Wirtschaft, Mittelstand und Energie
des Landes Nordrhein-Westfalen
E-Mail: presse@mwme.nrw.de

Energiesparen in Wohnungen und Häusern – ein wichtiger Baustein für den Klimaschutz

Prof. Dr. Andreas Troge, Präsident des Umweltbundesamtes

Der Klimawandel ist keine Zukunftsmusik, er findet bereits statt – weltweit, in Europa und in Deutschland. Klimaforscher beobachten immer mehr außergewöhnliche Wetterereignisse wie Hitzeperioden, Starkniederschläge oder Stürme. Obwohl sich diese Extremereignisse nicht unmittelbar mit dem Klimawandel in Zusammenhang bringen lassen, geben sie einen Vorgeschmack auf das, was wir in Zukunft häufiger zu erwarten haben. Der aktuelle Bericht des Zwischenstaatlichen Ausschusses für Klimaänderungen (IPCC) fasst es in Zahlen: Etwa bis zum Ende des 21. Jahrhunderts könnte sich die Erde um bis zu vier Grad Celsius im Vergleich zum Zeitraum 1980 bis 1999 erwärmen, der Meeresspiegel könnte um bis zu 59 Zentimeter ansteigen.

Wichtigste Ursache des Klimawandels sind unsere viel zu hohen Emissionen klimaschädlicher Treibhausgase – vor allem Kohlendioxid (CO_2). Es entsteht, wenn wir Kohle, Öl und Gas verbrennen und macht in Deutschland rund 85 % der gesamten Menge an Treibhausgasemissionen aus. Egal, ob wir unsere Wohnungen heizen, ob wir duschen, waschen oder fernsehen: In den meisten Fällen verbrennen wir fossile Energieträger wie Kohle, Öl und Gas.

Um dem Klimawandel zu begegnen, müssen die Treibhausgasemissionen sinken – und zwar rasch. Denn jede Tonne Kohlendioxid, die wir heute ausstoßen, ist rund 100 Jahre klimarelevant! Jede Tonne Kohlendioxid, die wir ab sofort weniger ausstoßen, schützt unser Klima. Je eher wir damit anfangen, desto besser. Um zumindest die unbeherrschbaren Wirkungen des Klimawandels zu vermeiden und die Gefahr abrupter, unumkehrbarer Klimaänderungen zu mindern, muss der Temperaturanstieg weltweit auf maximal zwei Grad Celsius gegenüber dem Niveau zur Mitte des 19. Jahrhunderts begrenzt werden. Dieses Zwei-Grad-Ziel stellen sich die Staaten der Europäischen Union. Es wäre erreichbar, falls uns in den nächsten 10 bis 15 Jahren eine Trendwende bei den Treibhausgasemissionen gelänge: Wir müssen weg von den fossilen Brennstoffen und hin zu klimafreundlichen Energieträgern. Wir müssen vor allem viel weniger Energie verbrauchen – also die kostbare Energie, die wir haben, viel umsichtiger einsetzen. Nur so können wir bis 2050 die globalen Treibhausgasemissionen gegenüber heute halbieren. Dies ist nötig, um den Klimawandel für uns Menschen noch beherrschbar zu machen. Was aber ist zu tun?

Drei Strategien im Energiesektor

Die Hauptquelle für Treibhausgase ist – neben dem Verkehrssektor – die Energieerzeugung. Hier müssen wir ansetzen, um die Emissionen dauerhaft zu senken. Drei parallele Strategien sind dazu notwendig:

1. eine wesentlich effizientere Nutzung vorhandener Energieträger, etwa durch Kraft-Wärme-Kopplung, also die gleichzeitige Erzeugung elektrischen Stroms und der Wärme aus Erdgas, Biomasse, Kohle oder Geothermie in Heizkraftwerken,
2. die verstärkte Nutzung erneuerbarer Energien aus den Energiequellen Wasser, Wind, Sonne, Biomasse und Geothermie und
3. ein deutlich geringerer Energieverbrauch – und zwar ohne Wohlstandsverzicht.

Die Möglichkeiten, die uns die rationelle Energienutzung und das Energiesparen bieten, sind sehr groß – gerade bei Gebäuden. Ein Drittel des gesamten Endenergieverbrauchs in Deutschland nutzen wir zum Beheizen von Räumen; davon wiederum fließen allein zwei Drittel in die Raumheizung unserer Wohnungen.

Besserer Wärmeschutz in Gebäuden

Dieser Energiebedarf lässt sich deutlich senken – besonders in Gebäuden, die in den ersten 25 Jahren nach dem Zweiten Weltkrieg entstanden sind. Nach Analysen des Umweltbundesamtes ließen sich mit einer vollständigen energetischen Sanierung des heutigen Bestandes an Wohngebäuden knapp 60 % des derzeitigen Raumwärmebedarfs einsparen. Investitionen in Energiespartechnik lohnen sich für Hauseigentümer vor allem, falls ohnehin eine Sanierung fällig ist. Denn sonst fielen für eine Wärmedämmung unnötige Zusatzkosten an.

Leider bleiben die kostengünstig zu erschließenden Einsparpotenziale oft ungenutzt. Im Durchschnitt werden pro Jahr nur 2,5 % der Gebäude saniert. Doch nicht einmal bei der Hälfte dieser Sanierungen wird die Wärmedämmung gleich mit gemacht. Mit einer vollständigen energetischen Sanierung der Altbauten bis zum Jahr 2050 ließe sich der Heizwärmebedarf bis dahin um die Hälfte reduzieren. Dies wäre ein wichtiger und notwendiger Beitrag für den Klimaschutz und sparte den Hauseigentümern zudem Energiekosten.

Um Hauseigentümern einen Anreiz zu geben, in das Energieeinsparen zu investieren, starteten die Bundesregierung und die Kreditanstalt für Wiederaufbau

(KfW) bereits im Januar 2001 das „KfW-CO_2-Gebäudesanierungsprogramm", das bis zum Jahr 2009 auf insgesamt 5,6 Milliarden Euro aufgestockt ist. Dies ist fast eine Verdreifachung gegenüber dem Jahr 2006.

Hemmnisse beim Energiesparen beseitigen

Eines der größten Hemmnisse bei der Erschließung des großen Energieeinsparpotenzials im Gebäudebestand ist das so genannte „Investor-Nutzer-Dilemma". Bisher sehen Vermieter und Investoren keinen besonderen wirtschaftlichen Nutzen in ihren Energieeinspar-Investitionen, wohl aber die Mieterinnen und Mieter. Denn die Bewohnerinnen und Bewohner profitieren von geringeren Heizkosten. Zwar können die Vermieter die Investitionen, die den Heizenergieverbrauch senken, mit derzeit jährlich 11 % auf die Kaltmiete umlegen. Aber der Vermieter erhält für seine Energieeinspar-Investition lediglich die Kosten und einen kalkulatorischen Unternehmerlohn als Mieterhöhung ersetzt. Von den laufenden Einsparungen bei den Energiekosten profitieren hingegen allein die Mieterinnen und Mieter.

Ein zweites Hemmnis für die Umsetzung der möglichen Energiesparmaßnahmen ist eine mangelnde Information. Größere Wohnungsunternehmen verfügen zwar in vielen Fällen über fachlich kompetentes Personal, kleinere Unternehmen sind jedoch häufig nicht über alle Möglichkeiten informiert, die sich bieten, um Energie zu sparen. Oft befürchten Mieterinnen und Mieter, dass Energiesparmaßnahmen das Raumklima verschlechtern könnten. Häufig gibt es Vorbehalte gegen den Einbau von Lüftungsanlagen, die das Raumklima auf automatischem Wege verbessern können.

Schließlich gibt es ein drittes Hemmnis: das Geld. Die Budgets, über die Vermieter verfügen, sind oft eng begrenzt. Oft stehen Energieeinspar-Investitionen in Konkurrenz zu anderen anstehenden Sanierungen. Fällt eine Investitionsentscheidung gegen Wärmeschutzmaßnahmen aus, so ist eine Verbesserung des Wärmeschutzes meist für die kommenden Jahre ausgeschlossen. Denn eine Wärmesanierung ist in der Regel nur dann kostengünstig durchführbar, falls sie mit einer ohnehin laufenden Sanierung einhergeht.

Wie lassen sich die Hindernisse überwinden?

Für mehr Informationen zum Energieverbrauch eines Gebäudes wird zukünftig ein Energieausweis sorgen. Die Bundesregierung novelliert dazu derzeit die Energieeinsparverordnung. Danach sind bei Bau, Verkauf und Neuvermietung Energieausweise für die potentiellen Mieter oder Käufer vorzulegen.

Es ist erfreulich, dass der Weg zur Einführung des Energieausweises für den Gebäudebestand endlich frei ist und die Bundesregierung sowie der Bundestag die so genannte EU-Gebäuderichtlinie in deutsches Recht überführen. Der Energieausweis kann sowohl auf der Grundlage des ingenieurmäßig berechneten Energiebedarfs als auch auf der Grundlage des gemessenen Energieverbrauchs erstellt werden – ein Kompromiss, der aus Sicht des Umweltbundesamtes nicht gänzlich zufriedenstellend ist. Wünschenswert ist eine Regelung, die dem bedarfsorientierten Energieausweis den Vorzug gibt und lediglich in Ausnahmefällen einen verbrauchsorientierten Ausweis zulässt. Der Energieausweis sollte eine Beschreibung der energetischen Qualität eines Gebäudes in Form rechnerisch ermittelter Bedarfswerte enthalten. Es spricht jedoch nichts dagegen, Verbrauchswerte als zusätzliche Information in den Energieausweis aufzunehmen. Der Käufer eines Gebrauchtwagens interessiert sich schließlich auch kaum dafür, wie viel Benzin der Vorbesitzer verbrauchte. Er möchte verlässliche, vergleichbare, also von der Fahrweise des Vorbesitzers unabhängige Verbrauchswerte. Im übertragenen Sinn gilt dies auch für Gebäude.

Die EU-Gebäuderichtlinie lässt beide Varianten des Energieausweises zu. Der gefundene Kompromiss schreibt immerhin für Gebäude mit weniger als fünf Wohneinheiten, die vor 1978 errichtet wurden, den bedarfsorientierten Energieausweis verbindlich vor. Dies ist ein nicht unerheblicher Teil der Gebäude, bei denen zudem wegen ihrer geringen Größe das Verhalten einzelner Nutzer den Gesamtenergieverbrauch maßgeblich bestimmen kann.

Bleibt zu hoffen, dass sich der bedarfsorientierte Energieausweis letztlich für den gesamten Gebäudebestand durchsetzen wird. Denn beide Ausweisvarianten müssen gebäudespezifische Sanierungsvorschläge enthalten. Beim verbrauchsorientierten Energieausweis lassen sich jedoch nur allgemeine Sanierungsempfehlungen aussprechen und damit das vorhandene Energieeinsparpotenzial nicht voll erschließen. Es ist anzunehmen, dass auch Vermieter vor dem Hintergrund des in vielen Regionen wachsenden Wettbewerbs auf dem Wohnungsmarkt genaue Informationen zu vorhandenen Sanierungsmöglichkeiten ihrer Gebäude wünschen und deshalb letztlich dem bedarfsorientierten Energieausweis den Vorzug geben werden. Das Umweltbundesamt empfiehlt Gebäudeeigentümern daher, sich im eigenen Interesse für den bedarfsorientierten Energieausweis zu entscheiden.

Auch im Mietrecht gibt es Ansätze für mehr Energieeffizienz bei Gebäuden. So könnte der Gesetzgeber ausschließlich für Energieeinspar-Investitionen – als Anreiz für Investitionen in energiesparende Sanierungsmaßnahmen – eine höhere Umlage der Gelder für Energiespar-Investitionen als 11 % festlegen. Zum Schutz der Mieterinnen und Mieter könnte sie befristet und gestaffelt nach dem Einsparerfolg angelegt sein. Auch scheint eine Überschreitung der ortsüblichen Vergleichskaltmiete vertretbar, sofern sich die Warmmiete der energetisch modernisierten Wohnung nicht erhöht – also eine Warmmieten-Neutralität gewährleistet ist. Alternativ ist eine angemessene Beteiligung des Vermieters oder Gebäudeeigentümers an der – mit energetischen Sanierungsmaßnahmen erzielten – Heizkostenersparnis denkbar. Auch hier sollte eine befristete Beteiligung die Mieterinnen und Mieter schützen, ohne den Investitionsanreiz zu sehr zu mindern.

Möglich wäre zudem, die wärmetechnische Beschaffenheit eines Gebäudes als Kriterium in den Mietspiegel aufzunehmen. Mit einem solchen „Klimaschutz-Mietspiegel" ließe sich die Rentabilität der Energieeinspar-Investitionen besser erkennen, da für die Mieterinnen und Mieter die Belastung durch die Warmmiete besser kalkulierbar würde und Vermieter dauerhaft eine höhere Kaltmiete erwarten dürften.

Energetische Sanierung – Schritt für Schritt

Wohnungsunternehmen, die sich – trotz vielleicht vorhandener schwieriger Randbedingungen – entschließen, ihren Wohnungsbestand energetisch zu verbessern, sollten schrittweise vorgehen:

Am Anfang steht die genaue Analyse der Bestanddaten – etwa Informationen über die Art der Beheizung und das Alter der Heizkessel. Unabhängige Energieberater können dabei helfen, den Bestand zu analysieren. Empfehlenswert ist es, den Gebäudebestand des Wohnungsunternehmens in Energieverbrauchsklassen einzuordnen. Diese liefert eine grobe Orientierung, wie dringend die energetische Sanierung ist. Zudem lässt sich das eigene Objekt so mit dem Bestand anderer Wohnungsunternehmen vergleichen. Sind mögliche Sanierungsmaßnahmen identifiziert, kommen wirtschaftliche Aspekte ins Spiel. Die Energiepreise – vor allem für fossile Energien – dürften in Zukunft eher weiter steigen als sinken. Dies muss die Wirtschaftlichkeitsuntersuchung berücksichtigen.

Nach der Bestandsanalyse stehen die Planung und die Realisierung an. Das bedeutet auch: Finanzierung klären und Fördermöglichkeiten prüfen. Die Kreditanstalt für Wiederaufbau (KfW) etwa bietet für energetische Sanierungsmaßnahmen zinsverbilligte Kredite an.

Eine Alternative zur Finanzierung der Energiesparmaßnahmen über Kredite oder Rücklagen ist das so genannte Contracting. Der Contractor ermittelt mit seinem Fachwissen die konkreten Möglichkeiten zum Energiesparen und führt die Maßnahmen in eigener fachlicher sowie wirtschaftlicher Verantwortung durch. Die hierfür notwendigen Investitionen und auch der Gewinn des Contractors finanzieren sich aus den gesparten Energiekosten. Das schont die Umwelt und senkt Betriebskosten, ohne die Investitionshaushalte der Auftraggeber zu belasten. Dieses Prinzip funktioniert in der Praxis gut – Beispiele in vielen Liegenschaften beweisen das.

Natürlich muss jedes Wohnungsunternehmen die Wirksamkeit energetischer Sanierungsmaßnahmen kontrollieren. Hierzu bietet sich ein so genanntes Energie-Controlling an. Es stellt regelmäßig Energiekennwerte zur Verfügung und dokumentiert die Entwicklung des Energieverbrauchs sowie den Erfolg der energetischen Sanierungsmaßnahmen.

Die Wohnungswirtschaft kann im Klimaschutz viel bewegen ...

Der Energieverbrauch und die damit verbundenen Nebenkosten sind für Mieter oder Käufer der Wohnungen und Gebäude zunehmend ein Entscheidungskriterium. Nicht zuletzt deshalb wird es für die Wohnungswirtschaft künftig wichtiger, mehr und stärker in die Energieeinsparung und die Effizienzsteigerung im Wohnungsbestand zu investieren. Die Wohnungswirtschaft in Deutschland sollte sich diesen Herausforderungen nicht nur in einem noch größeren Umfang stellen, sondern verstärkt hierüber die Öffentlichkeit informieren.

Kontakt

Prof. Dr. Andreas Troge, Umweltbundesamt
E-Mail: info@umweltbundesamt.de

Energieeffizienz im Blick

Energiepolitische Anforderungen
aus Sicht der Immobilien- und Wohnungswirtschaft

Walter Rasch,
Vorsitzender der BSI Bundesvereinigung Spitzenverbände der Immobilienwirtschaft
und des BFW Bundesverband Freier Immobilien- und Wohnungsunternehmen e.V.

Die Energiepolitik befindet sich stärker als in den Jahren zuvor in der öffentlichen Diskussion. Dazu gibt es auch allen Grund. Der weltweite Energiebedarf steigt unaufhörlich, damit vermindert sich kontinuierlich die verfügbare Menge an Energieträgern. Gleichzeitig nehmen Umweltschäden infolge des CO_2-Ausstoßes immer bedrohlichere Ausmaße an. Diesem energiepolitischen Problem muss sich jedes Land stellen, wenn wir den nachfolgenden Generationen eine lebenswerte Welt hinterlassen wollen.

Was sollte also die deutsche Energiepolitik tun und welche Rolle hat dabei die Immobilien- und Wohnungswirtschaft? Ein erhöhter Umweltschutz erfordert eine Senkung des Energiebedarfs und eine Reduzierung des Verbrauchs von nicht-erneuerbaren Energieträgern. Die Versorgung mit Heizwärme und Warmwasser hat an dieser Stelle eine herausragende Bedeutung, machen die knapp 40 Millionen Wohneinheiten doch einen erheblichen Teil des deutschen Energieverbrauchs aus. Hier gilt es, Energieeinsparungen durch mehr Energieeffizienz zu realisieren. Auf der anderen Seite besitzt der deutsche Immobilienbestand ein riesiges Potenzial zum Einsatz erneuerbarer Energien. Wird dieses Potenzial ausgeschöpft, könnte der Verbrauch von fossilen Brennstoffen wie Öl, Gas oder Kohle erheblich gemindert werden. Die Politik steht daher in der Verantwortung, die Immobilien- und Wohnungsunternehmen bei ihren Anstrengungen zum Schutz der Umwelt zu unterstützen.

Mehr Energieeffizienz zur Senkung des Energiebedarfs

Der beste Weg zur Erhöhung der Energieeffizienz des deutschen Immobilienbestands ist die energetische Sanierung. Es war eine richtige Maßnahme, die Bundesmittel für das CO_2-Gebäudesanierungsprogramm aufzustocken und bis 2009 insgesamt 5,6 Milliarden Euro an Fördermitteln in die energetische Gebäudesanierung fließen zu lassen. Dies ist eine notwendige Maßnahme, um die Sanierungstätigkeit im Wohnungsbestand anzukurbeln. Auch über diesen Zeitrahmen hinaus muss es ein wichtiges politisches Anliegen bleiben, den eingeschlagenen Kurs zu halten und ihn nicht auf dem Altar falsch verstandener Sparsamkeit zu opfern.

Eng verbunden mit der energetischen Sanierung ist die Senkung des CO_2-Ausstoßes. Die durchaus ambitionierten Ziele der Bundesregierung bei der CO_2-Reduzierung dürfen aber nicht zu einer einseitigen Belastung für private Haushalte, Verkehr, Handel, Gewerbe und Dienstleistungen werden. Diese Sektoren und die davon betroffene Wohnungswirtschaft haben das jährliche Einsparziel von 8 Millionen Tonnen CO_2 bereits deutlich übererfüllt. Allerdings soll auf der Grundlage des Nationalen Allokationsplans für 2008 bis 2012 weiter draufgesattelt und ein Einsparvolumen von 15 Millionen Tonnen pro Jahr verlangt werden. Für die Industrie ist bei unverändertem CO_2-Gesamtvolumen hingegen eine Entlastung geplant. Für mich stellt sich daher die Frage, warum Bereiche wie die Wohnungswirtschaft, die die gesetzten Klimaschutzziele mehr als erfüllen, hierfür noch bestraft werden. Die Gratwanderung zwischen Ökonomie und Ökologie muss gelingen, denn das eine bedingt das andere. Deshalb ist immer darauf zu achten, dass die Unternehmen nicht über Maß belastet werden.

Ein spezieller Aspekt ist der Energieausweis, bei dem ich den nun gefundenen politischen Kompromiss weitgehend unterstütze. Das Modell räumt für Eigentümer von Gebäuden, die ab 1978 erbaut wurden, die Wahlmöglichkeit zwischen der bedarfs- und der verbrauchsorientierten Ausweisvariante ein. Lediglich für energetisch unsanierte Gebäude mit einem Baujahr vor 1978 und weniger als fünf Wohnungen wird der Bedarfausweis zur Pflicht. Doch sollte dazu eine preiswerte, einfache und verlässliche Methode zur praktischen Umsetzung eingeführt werden. Dass die meisten Eigentümer zwischen dem Verbrauchs- und dem Bedarfsausweis wählen können, ist eine wirtschaftlich vernünftige Lösung. Auch ist die Verwendung eines einheitlichen Formulars für Bedarf und Verbrauch in Neubau und Bestand praxisgerecht und transparent. Für kleinere und ältere Gebäude kann der Verbrauchsausweis noch im Jahr 2007 mit voller Gültigkeit erstellt werden.

Dagegen ist die geplante Einschränkung der Wahlfreiheit bereits zum 1. Januar 2008 nicht geeignet, um zum Beispiel die Eigentümer zu aktivieren, die in absehbarer Zeit nicht vermieten oder verkaufen wollen. Der Zeitraum zwischen Verabschiedung und In-Kraft-Treten der Energieeinsparverordnung (EnEV) darf nicht zu knapp bemessen sein. Ebenso sollte den Verbrauchsausweisen der witterungsbereinigte Energieverbrauch der letzten vollen Abrechnungsperiode zugrunde gelegt und zur Kostenminimierung auf eine Verpflichtung zur eigenhändigen Unterzeichnung verzichtet werden.

Erneuerbare Energien marktkonform fördern

Die Förderung der erneuerbaren Energien ist eine in die Zukunft weisende Maßnahme, die auch in der Immobilien- und Wohnungswirtschaft große Zustimmung findet. Es bleibt daher zu klären, wie man dieses Ziel am besten in die Tat umsetzen kann. Der BFW spricht sich für den Ausbau des bestehenden Marktanreizprogramms für erneuerbare Energien aus. Das Programm hat in langjähriger Praxis über Investitionszuschüsse nachweislich zu hohen Anreizen und großen Wachstumsraten beim Einsatz von regenerativen Energien geführt. Ganz besonders hat davon der Solarbereich profitiert. Mittlerweile befinden sich fast 50 % der installierten europäischen Solarthermieflächen in Deutschland. Auch der unbürokratische Zugang zu Fördermitteln machte das Programm besonders attraktiv. Im Jahr 2005 war es bereits im Oktober ausgeschöpft und 2006 mussten aufgrund der hohen Anzahl eingehender Anträge sogar zwei Mal die Zuschüsse reduziert werden. Dass man 2007 das Marktanreizprogramm auf 213 Millionen aufgestockt und das Antragsverfahren vereinfacht hat, war ein längst überfälliger Schritt der Politik. Doch damit lässt sich das vorhandene Potenzial erneuerbarer Energien keinesfalls ausreizen. Derzeit liegt der Anteil der erneuerbaren Energien an der deutschen Stromerzeugung bei knapp 11 %. Bundesminister Gabriel möchte diesen Anteil bis 2020 auf 20 % gesteigert wissen. Dies dürfte mit dem gegenwärtigen Mitteleinsatz kaum zu bewältigen sein.

Stattdessen werden gesetzliche Zwangsmaßnahmen erwogen, wie etwa das Nutzungs- und Bonusmodell. Doch ist das wirklich so einfach? Die Rahmenbedingungen für die Nutzung regenerativer Energien sind stark standortabhängig, was in einem solchen Fall eine große Ungleichbehandlung zur Folge hätte. Gerade bei Potenzialbetrachtungen gilt, dass aufgrund der Art und Weise der Besiedlungsstruktur – z. B. Geothermie in dicht besiedelten Gebieten, Biomasse in Innenstädten, Solarthermie im Gebäudebestand – die theoretischen Potenziale nicht voll oder gar nicht ausgeschöpft werden könnten. Das Nutzungsmodell würde auch einen großen Sachverständigenaufwand bei der genauen Benennung des jeweiligen Wärmeanteils auslösen und einen hohen Vollzugsaufwand verursachen. Zudem steht es im Konflikt zum bestehenden Energieeinsparrecht, das zur Erreichung eines fixierten Primärenergiebedarfs die Wahl der Mittel freilässt. Ebenso wäre von der Einführung eines Bonusmodells abzuraten. Produzenten von Strom und Wärme aus regenerativen Energien müssten sich trotz der staatlichen Bonuszahlungen erst Abnehmer suchen und mit diesen einen Preis aushandeln. Doch Wärme aus erneuerbaren Energien ist nicht netzgebunden und kann nicht eingespeist werden. Auch existiert kein Netzbetreiber als natürlicher Abnehmer. Erste Überlegungen zur Umsetzung dieses Modells gehen deshalb davon aus, ca. 100 bis 200 Firmen als Hersteller bzw. Importeure von fossilen Heizstoffen zur Strom- und Wärmeabnahme zu verpflichten. Ferner müssten Treuhänder zwischengeschaltet werden, die die gebündelten Ansprüche an die Abnahmeverpflichteten richten. Das Bonusmodell würde daher einen erheblichen bürokratischen Aufwand erzeugen, der überdies jährlich zunehmen würde, da durch den Zubau von Anlagen auch mit steigenden Vergütungen zu rechnen ist. Zwangsmaßnahmen können daher kein Ersatz für marktkonforme Förderprogramme sein.

Kein Hase-und-Igel-Spiel bei Energiepreisen

Bei der Senkung des Energiebedarfs und Reduzierung des Verbrauchs von nicht-erneuerbaren Energieträgern gilt es, auch die Entwicklung der Energiepreise selbst zu beachten. Im Jahr 2006 hat etwa die Kostenbelastung der Mieter für Heizen und Warmwasser durch den Anstieg der Energiepreise weiter zugenommen. Von 2000 bis Ende 2006 ist der Verbraucherpreisindex für Strom, Gas und andere Brennstoffe um 54 %, die Nettokaltmieten hingegen sind nur um 8 % gestiegen. Mittlerweile machen mit steigender Tendenz die kalten und warmen Betriebskosten zusammen rund ein Drittel der Kosten für das Wohnen aus. Aufgrund des Wettbewerbs auf den Wohnungsmärkten werden die Anstrengungen zur Begrenzung der Betriebskosten auch künftig ein zentrales Handlungsfeld aller Anbieter von Wohnraum sein. Neben der Optimierung bestehender Heizungs- und Warmwasserbereitungsanlagen sowie weiteren Investitionen in die Verbesserung der energetischen Gebäudequalität werden auch die Nutzung einer dezentralen Versorgung mit regenerativen Energien und Wege der Nachfragebündelung verstärkt zum Einsatz kommen. Gleichzeitig muss dem Hase-und-Igel-Spiel ein Ende bereitet werden. Die Immobilienwirtschaft treibt die energetische Sanierung voran, erlangt über diesen Weg Kosteneinsparungen, die aber durch steigende Energiepreise aufgefressen werden. Mieter und Vermieter können von dem energetischen Sanierungsaufwand also nicht wirklich profitieren. Ein intensiverer Wettbewerb auf dem Energiemarkt ist daher ein Muss, damit Anreize zur energetischen Modernisierung nicht verloren gehen. Die Politik sollte im Interesse der Ökologie und der Ökonomie handeln.

Kontakt

Walter Rasch, BSI Bundesvereinigung Spitzenverbände der Immobilienwirtschaft und BFW Bundesverband Freier Immobilien- und Wohnungsunternehmen e. V.
E-Mail: office@bfw-bund.de

Die Veränderung des Wohnungsmarktes durch den Energieausweis und andere Transparenzinstrumente

Dr. Franz-Georg Rips, Bundesdirektor Deutscher Mieterbund (DMB) e. V.

Vorbemerkung

Nach dem Ende des Zweiten Weltkrieges galt jedenfalls im Mietwohnungsbereich der Grundsatz: Es wird gegessen, was auf den Tisch kommt. Dies bezog sich auf die Ausstattung und die Beschaffenheit der Wohnungen, insbesondere auch auf den energetischen Zustand.

Die Ursache hierfür liegt in der Versorgungssituation: Die Nachfragerinnen und Nachfrager suchten in erster Linie eine ihren finanziellen Möglichkeiten adäquate Unterkunft. Gegenüber dem Versorgungsgedanken musste der Qualitätsanspruch zurückstehen.

Diese Situation hat sich in den letzten Jahren dramatisch verändert. Die großen gesellschaftlichen Veränderungen – wir werden weniger, wir werden älter und wir werden bunter – haben auch die Wohnungsmärkte erreicht. Ausdruck dieser Entwicklungen:

- Es gibt nicht mehr den einheitlichen Wohnungsmarkt. Die Teilmärkte haben sich, zum Teil sogar innerhalb der gleichen Stadt, sehr stark ausdifferenziert. Regionen mit erheblichem Wohnungsangebotsüberhang stehen Regionen mit Wohnungsdefiziten gegenüber.
- Die Angebotslandschaft ist wesentlich mitgeprägt in vielen Teilmärkten durch Überkapazitäten, dadurch ist es zu einem wirklichen Wettbewerb bei der Vermietung von Wohnraum gekommen.
- Die Nachfrage differenziert sich ständig aus nach Haushaltstypen, Lebensstilen, Einkommensgruppen, Alter und kultureller Zugehörigkeit. In der Folge erleben wir eine deutliche Produktdiversifizierung, die dieser Nachfrage gerecht zu werden versucht.
- Im Wettbewerb um Kunden wird Wohnen immer mehr nicht nur als Wohnung, sondern als Produkt verstanden, das auch wesentlich bestimmt ist durch das Wohnumfeld und durch ergänzende Dienstleistungsangebote.

Diese Prozesse sind vor etwa zehn Jahren eingeleitet worden.

Sie werden nunmehr ergänzt durch eine Entwicklung, die jüngeren Datums ist: Die Explosion der Energiekosten und die weltweite Diskussion um die CO_2-Reduzierung und den Klimaschutz.

Diese Politikebene hat die Wohnungswirtschaft erst in den letzten Jahren erreicht. Sie ist aber jetzt dort wirksam angekommen.

Die neue Sichtweise, die die Qualität des Wohnens gegenüber der Quantität des Angebots stärker in den Vordergrund rückt, erfasst damit nunmehr auch die Frage des energetischen Zustandes der Gebäude.

Allgemeine Bedeutung von Transparenzinstrumenten

Wer ein Auto kauft, einen Kühlschrank, sonstige „weiße Ware", nimmt selbstverständlich vor seiner Kaufentscheidung einen Vergleich unter dem Gesichtspunkt der Energieeffizienz vor.

Eine vergleichbare Möglichkeit gibt es für Wohngebäude nicht, obwohl es sich um den Bereich handelt, der ein extrem wertvolles Wirtschafts- und gleichzeitig ein bedeutendes Sozialgut darstellt. Etwa 25 % des verfügbaren Haushaltseinkommens werden für das Wohnen ausgegeben.

Es ist schon ein politischer Skandal, dass es bis heute nicht gelungen ist, Instrumente auf den Markt zu bringen, die verlässliche Informationen über den energetischen Zustand von Wohngebäuden geben.

Dieses Defizit ist auch der Grund dafür gewesen, warum der Deutsche Mieterbund, beispielsweise mit Betriebskostenspiegeln und Heizspiegeln, die jährlich neu aufgeschrieben und fortgesetzt werden, einen Beitrag dazu leisten will, ein Mindestmaß an Transparenz zu schaffen.

Verbraucher müssen wissen, bevor sie eine Entscheidung über den Kauf oder die Anmietung einer Immobilie treffen, worauf sie sich einlassen.

Es ist bedauerlich, dass die Umsetzung der EU-Richtlinie 2002/91/EG über die gesamte Energieeffizienz von Gebäuden (Gebäuderichtlinie) in nationales Recht in Deutschland erheblich verzögert worden ist. Wesentlicher Inhalt ist die Einführung von Energieausweisen für Gebäude, die ab dem 1. 1. 2006 nicht nur für Neubauten, sondern auch für Bestandsgebäude vorgelegt werden müssen, sofern ein Verkauf oder eine Neuvermietung des Gebäudes bzw. der Wohnung erfolgen. Im Zeitpunkt der Abfassung dieses Beitrages ist die hierzu erforderliche Energieeinsparverordnung immer noch in der politischen Diskussion. Und es droht ein Ergebnis, das in keiner Weise zielführend ist.

Soziale und ökologische Hintergründe

Energie ist teuer. Die Energiepreise sind nahezu explodiert. Diese Kostensteigerungen verteuern das Wohnen spürbar. Allein durch verändertes Nutzerverhalten können diese Preissteigerungen nicht aufgefangen werden. Sie werden derzeit nicht in der vollen Wucht spürbar, weil ein milder Winter den Energieverbrauch reduziert hat.

Gleichwohl bedarf es dringend neuer Initiativen zur energetischen Verbesserung der Immobilien. Nicht nur aus Gründen notwendiger Begrenzung der Wohnkosten für Mieter und selbst nutzende Eigentümer besteht dringender Handlungsbedarf. Der Verbrauch von fossiler Energie belastet die Umwelt. Bei der Konferenz in Kyoto haben sich viele Staaten verpflichtet, ihren CO_2-Ausstoß, der durch die Verbrennung von Gas und Öl entsteht, zu reduzieren. Diese Diskussion ist durch neuerliche Erkenntnisse über die Gefahren der Klimaveränderung neu belebt worden und zwar weltweit. Die Erzeugung von Raumwärme und Warmwasser macht in Deutschland etwa ein Drittel des Endenergieverbrauchs im Gebäudebereich aus. 95 % des Energieverbrauchs im Gebäudebestand fallen in den bis 1982 errichteten Altbauten an. Da aufgrund der technischen Entwicklung heute Häuser gebaut werden können, die nur einen minimalen Bedarf an Heizwärme haben (Passiv- oder Niedrigenergiehäuser), müssen zusätzliche Anreize dafür geschaffen werden, Investitionen in die energetische Modernisierung des Altbaubestandes zu lenken.

Der Deutsche Mieterbund begrüßt in diesem Zusammenhang die Aufstockung der Mittel für das CO_2-Gebäude-Sanierungsprogramm. Es dürfte wenige öffentliche Förderungen geben, die in so intensiver Weise sowohl ökologische wie ökonomische wie soziale Zwecke verfolgen: Nämlich den Klimaschutz fördern, die Wohnkosten senken und gleichzeitig ortsnahe Arbeitsplätze schaffen und absichern.

Herausgehobene Bedeutung des Energiepasses für die Auswahl des Gebäudes

Voraussetzung für die noch nachhaltigere Aktivierung und Nutzung von Einsparpotenzialen ist die genaue Kenntnis über den energetischen Zustand der Immobilie. Deshalb sind Informationen für Mieter und Vermieter äußerst wichtig. Dazu gehört, dass Transparenz über den Energiebedarf eines Hauses geschaffen wird. Die Kenntnis des energetischen Zustandes des Gebäudes muss für beide Vertragspartner genauso selbstverständlich werden wie Autofahrer wissen, wie viel Kraftstoff ihr Pkw benötigt oder wie effizient der Kühlschrank und andere Haushaltsgeräte sind. Nur wer positiv weiß, wie viel Energie unter welchen Voraussetzungen benötigt wird, wird sein Verbraucherverhalten ändern. Nur wer objektive Zahlen über den Energiebedarf seines Gebäudes vorliegen hat, kann die Notwendigkeit erkennen, Modernisierungsmaßnahmen einzuleiten.

Diese Grundsätze sind allgemein anerkannt. Gleichwohl droht die Energieeinsparverordnung zu einem Projekt zu werden, das man nur als „halbe Sache" bezeichnen kann. Zwar ist es gut und richtig, dass die Einführung von Energieausweisen verbindlich geregelt wird.

Gleichzeitig wird aber eine so anbieterfreundliche und „weiche" Lösung für die Ausweise gewählt, dass diese keinen wirklichen Informationswert haben.

Der Energiepass für Gebäude muss:

- bundesweit gelten,
- bundesweit einheitlich sein,
- ein einfaches und deutliches Bewertungsschema enthalten,
- sich am energetisch optimalen Baustandard in der Bewertung der Immobilie orientieren,
- sich an Gütesiegeln orientieren, die bereits auf dem Markt eingeführt sind, wie z. B. die bekannte Energieeffizienz-Kennzeichnung von Kühlschränken und Spülmaschinen.

Von diesen Anforderungen sind wir weit entfernt. Allein die Wahlmöglichkeit für die meisten Gebäude, Energieausweise auf der Grundlage des Verbrauchs, nicht des Bedarfs zu erstellen, ist eine krasse Fehlentscheidung. Alle Fachleute sind sich einig, dass ein qualitativer Energieausweis auf der Grundlage des Bedarfes erstellt werden muss. Insoweit ist die Politik gefordert, entweder den Fehler des „Beliebigkeitsausweises" sinnvollerweise von vornherein zu vermeiden oder schnellstmöglich zu korrigieren.

Verbraucherverhalten gegen Unvernunft der Politik

Nach dem Kompromiss, den der Bund und die Länder getroffen haben, wird wohl der Beliebigkeitsausweis eingeführt werden.

Dann sieht der Deutsche Mieterbund seine Aufgabe darin, gewissermaßen den Markt gegen diese unvernünftige Lösung zu mobilisieren. Unstrittig wird die Energieklasse ein wichtiges Kriterium bei der Entscheidung für eine Wohnung sein, unabhängig davon, ob diese gekauft oder gemietet wird.

Die Information über den energetischen Zustand wird also gewissermaßen zum Pflichtinhalt der Verkaufs- und Vermietungswerbung werden, wie dies beispielsweise für die Größe und die Ausstattung und die Lage einer Wohnung gilt.

Wenn der Verbrauchsausweis, der für einen ganz geringen Finanzaufwand zu erstellen ist, zum Regelfall wird, können jedenfalls auf entspannten Wohnungsmärkten die Nachfrager ihre Marktmacht gebrauchen: im Sinne des Verlangens nach der Vorlage eines Bedarfsausweises. Der Deutsche Mieterbund wird eine große Kampagne starten, dass die Nachfrager nach Wohnraum sich nicht auf verbrauchsorientierte Energieausweise einlassen, sondern einen Bedarfsausweis verlangen.

Die Anbieter von Wohnraum können also ihre Marktchancen deutlich dadurch verbessern, dass sie von vornherein qualitative, auf den Bedarf aufgebaute Energieausweise erstellen und dem Nachfrager vorlegen.

Veränderung des Wohnungsmarktes

In den Fachkreisen der Wohnungswirtschaft wird gerne die Frage gestellt: Was macht den Wert einer Wohnung aus? Die Antwort: Es sind drei Kriterien, die Lage, die Lage, die Lage.

In Zukunft wird die Antwort lauten: Die Lage und der gute energetische Zustand.

Angesichts der explodierten Energiekosten, angesichts des Willens der Mieterhaushalte, einen aktiven Beitrag zum Klimaschutz zu leisten, wird sich die Nachfrage auf die Objekte konzentrieren, die einen geringen Energiebedarf haben.

Man muss kein Prophet sein, um vorauszusagen, dass in relativ kurzer Zeit die Energieverschwender auf dem Wohnungsmarkt keine Chance der Vermietung und des Verkaufs mehr haben.

Gewinner dieser Entwicklung werden die Anbieter sein, die sich um den energetischen Zustand ihrer Gebäude positiv gekümmert und den Energiebedarf reduziert haben. Dieses Geschehen wird durch die Nachfrage gesteuert.

Es sind also die schlichten Gesetze des Marktes, die in diesem Falle einmal eine ausschließlich positive Wirkung erzielen.

Und man muss auch kein Prophet sein, um vorauszusagen, dass schon in kurzer Zeit keine Anzeige für die Vermietung und den Verkauf von Wohnungen mehr auf Resonanz stößt, in der nicht belastbare Angaben über den energetischen Zustand zu finden sind.

Dies ist aus Sicht des Deutschen Mieterbundes eine rundum positive Entwicklung. Sie wird dazu beitragen, in einem wichtigen Ausschnitt die Qualität des Wohnens in Deutschland insgesamt spürbar zu erhöhen.

Kontakt

Dr. Franz-Georg Rips, Bundesdirektor Deutscher Mieterbund (DMB) e. V.
E-Mail: franz-georg.rips@mieterbund.de

Aktion Energiewende für Klimaschutz und Wirtschaftlichkeit

Eine Initiative des Verbandes norddeutscher Wohnungsunternehmen e.V.

Dr. Joachim Wege,
Verbandsdirektor Verband norddeutscher Wohnungsunternehmen e. V.

Kontinuierliche Investitionen in energiesparende Maßnahmen

Der Verband norddeutscher Wohnungsunternehmen e.V. vertritt 320 Wohnungsgenossenschaften und -gesellschaften in Hamburg, Mecklenburg-Vorpommern und Schleswig-Holstein, die jährlich 1 Milliarde Euro investieren und dabei das Ziel ökonomischer, ökologischer und sozialer Nachhaltigkeit verfolgen. In ihren 756.000 Wohnungen leben rund 1,6 Millionen Menschen. Die norddeutsche Wohnungswirtschaft hat schon in den letzten Jahren Milliarden für Energieeinsparung wie z. B. Wärmedämmung, moderne Heizungsanlagen und Energieträgerumstellung aufgewandt. Diese Investitionen kommen ihren Mietern über geringere Heizkosten und der Umwelt über verminderte CO_2-Emissionen zugute.

Verbandsunternehmen übertreffen Kyoto-Ziel

Die Investitionen zahlen sich in sauberer Luft aus. Mittels einer empirischen Untersuchung konnten die VNW-Mitgliedsunternehmen in Hamburg nachweisen, dass sie im Zeitraum von 1990 bis 2000 den Heizenergieverbrauch um 13 % und die CO_2-Emissionen ihrer Gebäude sogar um 19 % vermindert haben. Damit haben sie das Kyoto-Ziel, in den Jahren 1990 bis 2012 in diesem Sektor die CO_2-Emissionen um 12 % zu reduzieren, bereits frühzeitig übertroffen. Gelungen ist dies durch Austausch der Fenster sowie verbesserte Wärmedämmung und Heizsysteme einerseits, die Umstellung von Öl-, Kohle- und Nachtspeicheröfen auf Fernwärme und Erdgas andererseits. In Schleswig-Holstein wurde eine ähnliche Energieeinsparung erzielt. In Mecklenburg-Vorpommern wie in Ostdeutschland überhaupt konnten nach der Wende durch Energieträgerumstellung – etwa von Braunkohle auf Erdgas – und durch Wärmedämmung und Fensteraustausch noch höhere Reduktionen erreicht werden.

Anstrengungen sind zu forcieren

Trotzdem geben Energiepreissteigerung, Klimaschutzaspekte und die Verknappung fossiler Brennstoffe Anlass, in den energetischen Anstrengungen nicht nachzulassen, sondern diese noch zu forcieren. Die Nachfrage nach Energie steigt und führt zu internationalen Konflikten. Es besteht eine große Abhängigkeit von wenigen Staaten, in denen Reserven konzentriert sind. Die Lebensbedingungen der Menschen werden sich aufgrund klimatischer Bedingungen dramatisch verändern, wie gerade jüngst der vierte Bericht des UN-Klimarates/IPCC deutlich gemacht hat. Der Verbrauch fossiler Brennstoffe wird problematischer, aber nicht zuletzt auch durch Öko-Steuern teurer werden.

Die seit Jahren steigenden Energiepreise treffen Vermieter und Mieter gleichermaßen. Die Schreckenszahlen schlagen sich im Anstieg der Nebenkosten (der „zweiten Miete") nieder. Diese sind seit Jahren deutlicher gestiegen als die allgemeinen Lebenshaltungskosten und die Mieten. Preistreiber sind im Jahr 2006 mit deutlichem Abstand Gas mit einer Erhöhung um 17,7 % (10,5 % in 2005) und Heizöl mit einer Erhöhung um 10,8 % im Jahr 2006 (32,0 % in 2005). Während die Ölpreise in den letzten fünf Jahren um mehr als 50 % stiegen, haben sich die Netto-Kaltmieten im gleichen Zeitraum nur um 5,3 % erhöht.

Die Betriebskosten einer Wohnung belasten zunehmend die Mieter, entscheiden aber immer mehr auch über die Wettbewerbsposition, die Ertragslage und somit über den Erfolg eines Wohnungsunternehmens.

Die 320 Mitgliedsunternehmen unseres Verbandes bzw. deren 750.000 Mieterhaushalte haben im letzten Jahr 500 Millionen Euro allein für Heizung und Warmwasser „verheizt". Die explodierenden Energiepreise haben die enormen Anstrengungen der Wohnungswirtschaft zur Energieeinsparung aufgezehrt. Hätten die Unternehmen nicht erheblich in Wärmedämmung und Energieeffizienz investiert, lägen die Kosten deutlich höher.

Der Umweltschutz hat zugleich eine wirtschaftlich-soziale Bedeutung. Es werden hier Arbeitsplätze geschaffen, die Abhängigkeit von Energieimporten wird reduziert und die warme Wohnung bleibt bezahlbar. Ökonomie und Ökologie sind also keine Gegensätze.

Ziel der Aktion Energiewende: CO_2-Reduzierung bis 2020 um 25 %

Unser Ziel ist es, dem Preisanstieg bei den Energiekosten zu begegnen und den Klimaschutz neben der Wohnbehaglichkeit weiter zu fördern. Wir wollen die

Energiekosten reduzieren und die Abhängigkeit von weiteren Preissteigerungen verringern. Eingespart, effizient und erneuerbar ist die Energie der Zukunft.

Bis 2020 wollen wir den Energiebedarf um 15 % und die CO_2-Emissionen um 25 % verringern. Dazu wollen wir den jährlichen Energieverbrauch unserer Mitgliedsunternehmen dreifach messen: In Kilowattstunden, CO_2-Emissionen und Kosten (Euro). Damit werden die erreichten Leistungen messbar und die Aktion transparent.

Gleichzeitig ist die Einbindung der Mieter zur Energieeinsparung notwendig. Sie sind nicht nur zu informieren, sondern zur Beteiligung zu aktivieren. Umweltschutz wie Energieeinsparung beginnt zuhause. Wir werden die Erderwärmung und den Anstieg des Meeresspiegels nicht stoppen, sondern nur mildern können. Hierbei sollten alle mitmachen, jeder Einzelne, jedes Unternehmen und die Politik. Die Wohnungswirtschaft will hier einen aktiven Part spielen und nicht wie die Automobilindustrie geschmäht und gezwungen werden.

Einsparpotenziale

Der Wärmesektor ist für viele Wirtschaftsbereiche von Interesse, die in konzentrierter Aktion zusammenwirken sollten:

- Wohnungswirtschaft/Vermieter,
- Bauindustrie/Baumaterialien,
- Handwerk,
- Berater/Architekten/Planer,
- Versorger.

Dämmmaßnahmen, effiziente Heizungs- und Anlagentechnik sowie Unterstützung durch thermische Solarsysteme könnten zu einer Reduktion des Energieverbrauchs um 24 % führen. Mit dem Einsatz neuer Technologien und Nutzung regenerativer Energien, z. B. Wärmepumpen, Pelletheizungen und Bioenergie, können weitere 50 % des Verbrauchs von Öl und Gas durch Substitution eingespart werden. Weitere Einsparungen ergeben sich durch den Austausch alter Heizungsanlagen. 13 % davon sind in Deutschland älter als 25 Jahre.

Aktion Energiewende, Vorgehen und Methode

Der VNW startete die Aktion im Oktober 2006 mit voller Unterstützung der Verbandsunternehmen. Im Januar 2007 wurde für Hamburg als Schirmherr der Präses der Behörde für Stadtentwicklung und Umwelt, Axel Gedaschko, gewonnen. Unterstützt wird die Aktion von 40 Experten von Beratungsunternehmen, Hochschulen, Energieagenturen, Energieversorgern, Förderbanken, Wohnungsunternehmen und Behörden. Diese erarbeiten gemeinsam Vorschläge zur Energieeinsparung. Ansätze für eine zukunftssichere, kostengünstige und akzeptierte Energiestrategie können dabei Verbrauchsreduzierung durch bau- und anlagentechnische Maßnahmen sowie die Einflussnahme auf das Nutzerverhalten sein. Die bessere Nutzung der Primärenergie und der vorhandenen Netzpotenziale wie auch die Mischung von fossilen und regenerativen Energien zur Wärmeerzeugung, sollen zu einer wirtschaftlicheren und klimaschützenden Nutzung der knappen fossilen Energieträger führen. Geo- und Solarthermie, Kraft-Wärme-Kopplung, Bioenergien und auch die Nutzung der Wärme aus Abfall und Abwasser stehen auf dem Programm. In Projektgruppen werden Bestandserfassung, Gebäudehülle, effiziente Heizungssysteme, alternative Energien sowie die rechtlichen und betriebswirtschaftlichen Rahmenbedingungen untersucht. Ein Energieforum zur Informationsverbreitung sind neben einer Internet-Datenbank und einem Beratungspool weitere Bausteine.

Die Aktivitäten der Wohnungswirtschaft – der norddeutsche Verband steht stellvertretend für die unter dem Dach des GdW bundesweit organisierten Unternehmen – müssen unterstützt werden durch Förderprogramme der Länder, des Bundes und der EU. Zugleich sind Rahmenbedingungen zu schaffen, die energiesparende Investitionen fördern und nicht blockieren.

Forderungen des VNW zur Verbesserung des Klimaschutzes

Die Politik muss die Energieversorger stärker kontrollieren. Die hohe Marktkonzentration wird zu Recht von der EU-Kommission und der Bundesregierung kritisch gesehen und hat den Wettbewerb wie auch eine ökologisch orientierte Energiewende behindert. Im Jahr 2007 droht die Energiepreiskontrolle der Länder ersatzlos wegzufallen. So sieht es das im Jahr 2005 beschlossene Energiewirtschaftsgesetz vor. Um die Investitionen der Wohnungswirtschaft in energetische Maßnahmen besser zu schützen, muss die Politik auch über das Jahr 2007 hinaus eine effiziente Preiskontrolle bzw. einen echten Energiemarkt und eine der Nachhaltigkeit verpflichtete Energiewirtschaft sicherstellen. Ziel: faire Preise für Vermieter und Mieter. Energieeinsparung darf nicht mit Preiserhöhung beantwortet und damit konterkariert werden.

Förderung dringend erforderlich. Die Förderprogramme der KfW zur Energieeinsparung sind segensreich, aber nicht auskömmlich. Um die volkswirtschaftlich und ökologisch gebotene Energiewende zu erreichen, die Beschäftigung, Wachstum und Verringerung der Importe schafft, sind weit höhere Anreize betriebswirtschaftlich zu geben. Durch die Föderalismusreform sind die Länder seit dem 1. Januar 2007 anstelle des Bundes für die Wohnraumförderung zuständig. Die Erarbeitung von Landeswohnraumförderungsgesetzen ist eine gute Gelegenheit, die Wohnraumförderung für Neubau und Wohnungsbestände an den neuen Herausforderungen auszurichten. Auch die EU muss diese Entwicklung fördern, statt durch ein Verbot von Beihilfen (Monti-Paket) die ökologische Modernisierung zu behindern.

Rechtliche Investitionshemmnisse aufheben. Betriebswirtschaftlich steht das Nutzer-Investor-Dilemma, also das Auseinanderfallen von Nutzen und Kosten zwischen Mieter und Vermieter, noch größeren Energiesparinvestitionen im Wege. Die Kosten liegen bei dem investierenden Vermieter, die Vorteile beim Mieter. Hier kommt es darauf an, dass die Investitionskosten vom Vermieter in dem betriebswirtschaftlich erforderlichen Umfang auf den Mieter umgelegt werden können. Eine energetisch modernisierte Wohnung hat einen höheren Wohnwert als eine Wohnung, die nicht energetisch modernisiert wurde. Das muss sowohl bei der Vergleichsmiete (z. B. in den Mietspiegeln) als auch bei den angemessenen Unterkunftskosten (SGB II u. XII) Berücksichtigung finden. Im Übrigen muss das Wärmecontracting, das heute durch die Rechtsprechung des Bundesgerichtshofs blockiert ist, zugelassen werden, wenn es ökologisch und ökonomisch sinnvoll ist.
Aber auch das Steuerrecht steht der Nutzung von Photovoltaik und Kraft-Wärme-Kopplung durch Wohnungsunternehmen heute noch im Wege. Und bei Vermietungsgenossenschaften bremst auch das Handels- und Bilanzrecht energetische Modernisierungen, wenn diese nicht aktiviert werden dürfen.

Ausblick

Der französische Staatspräsident Chirac stellte zum UN-Weltklimabericht fest:
*"Jetzt ist nicht die Zeit für halbherzige Aktionen.
Es ist Zeit für eine Revolution."*

Weder ein Aufruf zur Revolution noch Aktivismus hilft. Nur ein wohlbedachtes und organisiertes Vorgehen wird der Komplexität der Aufgabe gerecht. Vieles ist zu verbessern, sei es die Qualifizierung der am Bau Beteiligten, die Entwicklung energetischer Portfoliosysteme, die Kombination bewährter und neuer Technologien, aber auch die Rahmenbedingungen von Finanzierung, Förderung und Mietrecht.

Unterstützen Sie uns! Ihre Ideen hierzu wären hilfreich: wege@vnw.de. Eine jährliche Bilanz soll belegen, ob wir mit unserer Strategie Erfolg haben. Der Norden ist klar zur Energiewende!

Kontakt

Dr. Joachim Wege, Verband norddeutscher Wohnungsunternehmen e.V.
E-Mail: wege@vnw.de

Energieeffizienz – Ein Paradigmenwechsel ist unumgänglich

Dr. Heinrich-H. Schulte

Die Einsparung von fossiler Energie und die Reduzierung der CO_2-Konzentration ist vordringlichste Aufgabe der Politik geworden. Die Energiepreis-Explosion 2005/2006, der Bericht von Stern im Oktober 2006 und die erkennbaren globalen klimatischen Veränderungen machen sofortiges und grundsätzliches Handeln notwendig. Die Endlichkeit der fossilen Energiequellen ist schließlich sichere Erkenntnis und damit stellt sich die Frage, haben wir wirklich alles getan, um soviel Energie einzusparen wie möglich. Seit der offiziellen Mitteilung des Statistischen Bundesamtes und des Umweltbundesamtes vom November 2006 heißt die Antwort eindeutig „NEIN". Beide Institutionen bestätigen: „Alle Maßnahmen waren nicht ausreichend", d.h. der Energieverbrauch im Gebäudebereich konnte von 1995 bis 2005 nicht nur nicht gesenkt werden, er stieg um ca. 3,5%. Die bisherigen Maßnahmen waren lediglich geeignet, einen noch stärkeren Anstieg des Primärenergieverbrauches im Haushalt zu vermeiden.

Damit wird überdeutlich, dass wir einen Paradigmenwechsel sowohl bei der öffentlichen Wahrnehmung des Themas Energieeinsparung als auch bei der Förderung von Energieeinsparmaßnahmen brauchen. Dringlich ist die Reduzierung besonders des fossilen Energiebedarfes im Wärmemarkt auch deshalb, weil in weiten Teilen der Bevölkerung die Heizkosten nicht mehr oder nur noch unter schmerzlichem Verzicht anderer Konsumausgaben getragen werden können und sich gleichzeitig die Erkenntnis und Angst verbreitet hat, dass kurzfristig Versorgungsengpässe bei der fossilen Energieversorgung entstehen können. Die Bürger mussten lernen, dass die Aussicht auf eine langfristige Beruhigung der Energiepreise unrealistisch ist und eine zuverlässige Versorgung von Erdgas oder Heizöl nur temporär ist oder sein könnte.

Für das Technologieland Deutschland heißt dies, dass es bedrohlich wird, wenn wir so weitermachen wie bisher. Wir müssen losgelöst von ideologischen Schranken und lobbyistischen Maximal- oder Minimalforderungen die Grundpositionen unserer Energieversorgung unter dem neuesten Erkenntnisstand würdigen und unwirksame, fehlgeleitete Maßnahmen und Finanzmittel in wirksame Alternativen bei der Energieeinsparung und Energieversorgung umleiten. Wir sollten im eigenen Interesse vermeiden, dass uns ein zweites Mal – von wem auch immer – eine so drastische Zielverfehlung vorgeworfen wird wie kürzlich vom Statistischen Bundesamt und vom Umweltbundesamt Ende 2006.

Fast noch wichtiger als das globale Klimaproblem oder die Endlichkeit der fossilen Energieträger ist aber zwischenzeitlich die Ressource „ZEIT" zur Umsetzung nachhaltig wirksamer Energieeinsparmaßnahmen geworden. Wir versinken in einer immer unübersichtlicher werdenden Informationsflut, erfahren täglich neue Erkenntnisse zum sich anbahnenden Drama Klimawandel und bekommen von weiten Teilen der Politik suggeriert, dass mit weiteren haushaltskonformen KfW-Mitteln zunächst das Notwendigste getan sei. So wird dem Bürger vermittelt, dass diesem existenziellen Energieversorgungs- und Klima-Problem mit einem geeigneten Verwaltungsakt begegnet werden kann, obwohl es in Wahrheit um die größte technologische und unternehmerische Herausforderung geht, die sowohl die Industrie als auch die Gesellschaft gleichermaßen betreffen wird. Es ist realitätsfremd und verantwortungslos, zu erwarten, dass sich die nationalen oder globalen Ressourcen- und Klimaprobleme haushaltskonform entwickeln werden.

Die Wirksamkeit der bisher eingesetzten KfW-Mittel wird nicht bestritten, zumal sie – zumindest bisher – noch Schlimmeres vermieden haben. Die Unübersichtlichkeit und der bürokratische Aufwand bei der Inanspruchnahme von KfW-Mitteln, was vielfach auch mit Förderdschungel bezeichnet wird, verbunden mit der Erkenntnis „Alle Maßnahmen haben nicht ausgereicht" geben Veranlassung, nicht noch einen Artikel über neue förderungswürdige Technologien zu schreiben und auf die enormen Energieeinsparpotenziale der einen oder anderen neuen Zukunfts-Technik zu verweisen.

Wir müssen uns – ganz im Gegenteil – auf Basis vorhandener Erkenntnisse überlegen, mit welchen politischen Steuerungsmechanismen wir jetzt sofort vorhandene Energie- und CO_2-Einsparungen umsetzen und dafür sorgen können, dass jede energierelevante Entscheidung des Bürgers bewusst vorgenommen wird und entweder deutlich belohnt oder belastet wird. Wenn dem Bürger – durchaus schmerzlich – der energetisch notwendige Wandel als Paradigmenwechsel über Umschichtungen in der steuerlichen Behandlung nicht vermittelt wird, sind keine Veränderungen zur Zielerreichung zu erwarten.

Die Umstellung auf ein vorgeschlagenes CO_2-gesteuertes Bonus-Malus-System darf nicht zur steuerlichen Mehrbelastung des Bürgers führen und sollte darüber hinaus durch vielfache Energieeinsparaktivitäten eine gesamtwirtschaftliche Belebung sichern. Mit der Schaffung oder Intensivierung von politischen Rahmenbedingungen ist Sorge zu tragen, dass durch ein transparentes Bonus-Malus-System in allen Sektoren der Energiewirtschaft die Verantwortung zur Energieeinsparung auf den Bürger übergeleitet wird und wir wegkommen von der Dominanz staatlicher Verantwortung und nur diffus empfundener individueller Verantwortung. Jede unternehmerische Aktivität, die das Potenzial zur Energieeinsparung hat, ist stützenswert, auch wenn nicht jede Maßnahme gleich erfolgreich ist. Es wäre von nachhaltigem Erfolg, wenn es gerade Deutschland gelingen würde, das Wirtschaftswachstum vom Verbrauch fossiler Energie noch stärker zu entkoppeln als bisher. Als Exportnation sind wir verpflichtet, Partnerstaaten durch ressourcenschonendste Technologie die Zukunft zu weisen. Wir haben bereits heute an vielen Stellen zuviel verpasst und sollten uns wieder verstärkt der existenziellen Grundpositionen erinnern.

Für die Energiewirtschaft gelten zwei Grundpositionen:

- Als energieressourcenarmes Land kann Deutschland nur durch einen Export von energiesparender Technologie und optimaler Verfahrenstechnik, die weltweite Nachfrage genießt, das wirtschaftliche Niveau halten.
- Zur Sicherung einer technologischen Führungsposition sind im Inland Wettbewerbsbedingungen zu schaffen, bei denen das Kapital die Idee sucht und nicht die Idee das Kapital; natürlich orientiert an den aktuellen Zinsniveaus.

Um Missverständnisse zu vermeiden, soll deutlich betont werden, dass die aktuellen Anstrengungen von Politik und Gesellschaft einschließlich Industrie sicher geeignet waren, eine international vorbildliche Position zu erarbeiten, dass wir aber besonders als ressourcenarmes Land und in Anbetracht der drohenden Klimakatastrophe existenziell darauf angewiesen sind, künftig sehr viel mehr zu tun als in der Vergangenheit. Das globale Energieproblem zwingt auch andere Länder zu energiesparenden Technologien und mindestens im Automotiv-Bereich waren auf Teilgebieten andere Länder erfolgreicher. Bei der Energieeinsparung im Gebäudebereich haben wir gute Chancen, Derartiges zu vermeiden, wenn schneller und unbürokratischer gehandelt wird. Wir leben vom Export neuer Verfahren und Technologien auch in der Gebäudetechnik und dürfen uns zögerliches oder sogar falsches Handeln nicht leisten. Sowohl die lobbyistischen Interessen auf der „fossilen" Seite als auch die immer noch ideologischen Vorgaben auf der politischen Seite haben den genannten Grundpositionen zu folgen. Wenn die Politik keine klaren und wirksamen energiepolitischen Vorgaben konsequent umsetzt, wird es versäumt, die notwendige Aufbruchstimmung bei den Bürgern zu schaffen, die für einen Paradigmenwechsel notwendig ist.

Eine sofort wirksame Maßnahme zur Energieeinsparung im Sektor Haushalt ist die Steigerung der Energieeffizienz im Gebäudebestand. Die Ressource Energieeinsparung steht im Gebäudebestand direkt und unmittelbar zur Verfügung, wenn das Thema Energieeffizienz durch geeignete Maßnahmen attraktiv vermittelt wird.

Wie seriöse Berechnungen zeigen, kann die Minderung des Energiebedarfes bei Gebäuden, die vor 1978 gebaut wurden, bis zu 70 % betragen. Voraussetzung ist allerdings – im Gegensatz zu den heutigen, vielfach undurchsichtigen Einzelmaßnahmen – eine ganzheitliche Gebäudesanierung, die neben der Heizungsanlage auch die Gebäudedämmung einschließlich der Fensterverglasung umfasst. Für diese Energiebedarfs-Reduzierung muss keine neue Technologie entwickelt oder Forschungserkenntnisse praxistauglich erprobt werden. Wir müssen nur die heute verfügbaren Techniken und Technologien ganzheitlich in den Gebäuden umsetzen und dafür sorgen, dass Wärmeverlust oder Energieverschwendungsquellen vermieden werden.

Der Gesetzgeber muss die wettbewerblichen Rahmenbedingungen durchgängig so gestalten, dass hohe Primärenergiebedarfe und -verbräuche und damit hohe CO_2-Emissionen finanziell belastet werden und nachhaltig niedrige Primärenergiebedarfe und -verbräuche finanziell gefördert werden.

In allen Sektoren der Wirtschaft ist dieses Prinzip einzuführen und anzuwenden, damit Glaubwürdigkeit in das politische Handeln einfließt und der Bürger über klare, zuverlässige Vorgaben die Ernsthaftigkeit des Paradigmenwechsels erkennt. Das CO_2-gesteuerte Bonus-Malus-Verfahren ist bilanztechnisch so auszugestalten, dass unter Einbeziehung der heute fehlgeleiteten Subventionen, die lt. Spiegel (19/2006) zwischen mindestens 55 Mrd. Euro und 145 Mrd. Euro pro Jahr liegen, eine Anschubfinanzierung gesichert wird, die eine ganzheitliche energetische Gebäudesanierung fördert.

Der finanzielle Ausgleich zwischen CO_2-Emittenten und CO_2-Reduzierern kann über branchenspezifische, variable CO_2-Werte als Standards so erfolgen, dass jede Branche die Umstellung auf „saubere" Energie selbst finanziert, ohne Steuermittel zu beanspruchen. So wie der Preis die Warenströme steuert, so sollte künftig auch der spezielle CO_2-Preis die CO_2-Menge steuern. Die Höhe der finanziellen Belastung kann die Politik je nach Erkenntnis der globalen Klimaproblematik festlegen. Wird in allen energierelevanten Sektoren dieses Prinzip eingehalten, entsteht einerseits Betroffenheit und Engagement bei den Bürgern, andererseits aber Glaubwürdigkeit, die sowohl in der Industrie wie auch in der Gesellschaft zu praktikablem Ideenreichtum und endlich mehr unternehmerischem Handeln führt. Die heutige Bereitstellung nicht systemgebundener Einzeltechnologien wird dann zur Mittel-Verschwendung und zum Risiko, wenn eine Effizienzsteigerung oder Wirkungsgradverbesserung des Gesamtsystems nicht nachweisbar ist. Nur die Orientierung am Gesamtwirkungsgrad der Wohn- oder Gebäudeeinheit sollte Maßstab werden.

Die Instrumente zur ordnungsrechtlichen Begleitung dieses einfachen Bonus-Malus-Prinzips sind im Gebäudebereich heute vorhanden. Durch die Möglichkeit der Quantifizierung des Energiebedarfes eines Gebäudes durch den neu geschaffenen Energieausweis kann die Reduzierung des Energiebedarfes und damit auch der CO_2-Emissionen nach einer ganzheitlichen Gebäudesanierung direkt finanziell gefördert werden, wenn der hohe Primärenergiebedarf entsprechend belastet wird. Auch der bereits eingeführte Emissionshandel könnte im Gebäudebereich oder in Gebäudegebieten ergänzend angewendet werden oder Kontrollfunktion übernehmen, sofern keine kostenintensive, bürokratische Behörde aufzubauen ist.

Die häufig diskutierte steuerliche Abschreibungsmöglichkeit erscheint nicht ausreichend, da der dringend erneuerungsbedürftige Gebäudebestand der Häuser, die vor 1978 gebaut wurden, nur teilweise erfasst würde und außerdem auch finanztechnisch anerkannte Abschreibungstitel bei einem Gebäude den Eigenkapitalbeitrag nicht positiv beeinflussen.

Bei der direkten Förderung dagegen, die gekoppelt ist an eine ganzheitlich zertifizierte Energiereduktion des Gebäudes, kann das Fördervolumen wertsteigernd als Eigenkapital eingebracht werden und damit lohnen sich Energieeinsparinitiativen auch für fremd genutzte Gebäude. Die direkte Förderung einer Energiebedarfs-Reduzierung von z. B. 300 kWh/m² auf 70 kWh/m² kann als hocheffiziente Maßnahme auch prozentual bei den Gesamtmaßnahmen am höchsten direkt gefördert werden.

Die Hauptargumente für eine direkte finanzielle Förderung von systemgebundenen Energieeinspar-Investitionen sind überzeugend und auch geeignet, den eingangs genannten Paradigmenwechsel in der Förderpolitik zu sichern und damit eine nachweisliche, reelle Energieeinsparung zu erreichen:

1. Die direkte finanzielle Förderung wird gekoppelt an den ganzheitlichen energetischen Erfolg der Energieeinsparmaßnahmen des Gebäudes und ist ausgerichtet an der im Energieausweis dokumentierten Primärbedarfs-Reduzierung von z. B. 300 kWh/m² auf 70 kWh/m².
2. Es werden nicht Einzel-Produkte oder Einzel-Maßnahmen gefördert, die bei schlechter Installation energetisch fast unwirksam sind, sondern es werden hohe Systemwirkungsgrade gesichert, die eine Reduzierung des Energiebedarfes garantieren.
3. Der innovative Wettbewerb jedes Einzel-Produktes und jeder Einzel-Maßnahme wird forciert und auf Tauglichkeit im System geprüft. Auch Rohrleitungssysteme und Gebäudeabdichtungen werden dann mit einbezogen.

4. Nicht mehr einseitige Interessengruppen, Lobbyisten oder Ideologen entscheiden über Produkte, Verfahren oder Technologieprozesse, die gefördert werden, sondern der Markt wird zusammen mit den Marktpartnern die energieeffizientesten Produktkombinationen der gesamten Systemkette erarbeiten und kontinuierlich verbessern.
5. Die Dienstleistung des Handwerkers wird im vollen Umfang gefördert, so dass die Schattenwirtschaft im Bau- und Heizungshandwerk unattraktiv wird. Im Jahre 2005 wurden in der gesamten Schattenwirtschaft ca. 350 Mrd. Euro umgesetzt. Der Bundeshaushalt 2006 betrug ca. 261 Mrd. Euro.
6. Die Gewährleistungsansprüche der Bauherren fordern eine qualitativ hochwertige Installationsleistung bei der Umsetzung und stützen das Generalunternehmertum, so dass potentiellen Bauherren die Koordination der verschiedenen Gewerke abgenommen wird und damit die Hemmschwelle zur Einleitung umfänglicher Sanierungsmaßnahmen deutlich gesenkt wird.
7. Contracting-Verträge werden einfacher integrierbar, stützen die qualitativ hochwertige Installation und reduzieren die finanzielle Belastung des Kreditnehmers.
8. Der Energieausweis wird sich als hochwertiges Instrument zur energetischen Bewertung eines Gebäudes qualifizieren, sowohl in der bedarfsorientierten Version als auch in der verbrauchsgesteuerten Fassung.

Werden die Gebäude, die vor 1978 gebaut wurden und ca. 80 % aller Gebäude darstellen, nach diesem Förderprinzip energetisch erneuert, so könnten in kürzester Zeit die maximal möglichen Energieeinsparungen umgesetzt werden. Um hier dem gepflogenen Einwand, der Vorlage einer genauen Energieeinspar-Rechnung, zu begegnen, sei daran erinnert, dass es um einen Paradigmenwechsel bei der Energieeinsparung geht, in der Maximalwerte zur Einsparung umgesetzt werden sollen. Der Strategiewechsel soll erreichen, dass nicht durch eine interpretierbare, zeitraubende Detailrechnung, die nur zur Vollbeschäftigung von Beamten, Juristen und Controllern führt, die fast letzte Chance zur grundsätzlichen Neuorientierung verpasst wird.

Ein weiterer wichtiger Aspekt ist, dass durch das CO_2-gesteuerte Bonus-Malus-Prinzip ein zur heutigen Infrastruktur konformer Technologiewandel gestützt würde. Die vorhandenen Gas- und Stromnetze sowie die Heizölversorgungsstrukturen können in Verbindung mit der Bereitstellung und Einspeisung von Bio-Gas, Bio-Strom und Bio-Öl einen wirksamen Beitrag zur Reduzierung fossiler Energieträger und damit der CO_2-Emission leisten.

Für den heutigen Wärme- und Kältemarkt sollte die Reduzierung der CO_2-Emissionen verknüpft werden mit einer zunehmenden Substituierung von Erdgas durch Bio-Gas und von fossil erzeugtem Kraftwerks-Strom durch dezentralen Bio-Strom sowie von Heizöl durch Bio-Heizöl, um damit die heutigen Infrastrukturen bei der Energieversorgung von Erdgas und Heizöl vollumfänglich nutzen zu können. Die Beimischung biogener Brennstoffe muss so erfolgen, dass heutige, auch ältere Heizungsendgeräte ohne technische Veränderungen bis zu 100 % biogen betrieben werden können. Die Beimischung biogener Kraftstoffe auch für Heizungszwecke könnte als Orientierung dienen. Im Automobilbereich ist dies durch das Biokraftstoff-Quotengesetz bereits realisiert. Verpflichten sich die heutigen Versorger als Energieerzeuger zu diesem leisen, aber wirkungsvollen Technologiewandel hin zu immer CO_2-ärmerer Energienutzung, ergibt sich die einmalige Chance für die Versorger zu einer innovativen Imagebildung.

Das schwerwiegende Argument, dass durch eine mögliche Zerschlagung von Energieverteilung und Energieerzeugung die verfassungsrechtlichen Eigentumsgarantien verletzt werden, kann nur gegenstandslos werden, wenn die Besitzer selbst erkennen, dass allein aus Wettbewerbsgründen ein profitabler Netzbetrieb nicht die Zukunft sein wird. Außerdem ist das Geschäft der Netzerhaltung und Sicherheit grundsätzlich verschieden von einer innovativen Energieerzeugung. Bisher scheint es diese Einsicht nicht zu geben, so dass der Gesetzgeber wohl gezwungen sein wird, hoheitliche Rechte, die durch die Klimaproblematik erwachsen sind, – wenn es sein muss – auch aggressiver wahrzunehmen. Der Schlüssel zu einer innovativen und mehr dezentralen Energieerzeugung liegt in der Höhe der Durchleitungsgebühren. Diese Gebühren dürfen sich nur zusammensetzen aus minimalen administrativen Kosten und dem notwendigen Erhaltungs- und Sicherheitsaufwand. Eine profitable Ergebnisquelle darf der Netzbetrieb aus hoheitlichen Überlegungen nicht sein. Wird eine derartige Lösung mit einer geeigneten Kontrolle nicht durchgesetzt, verhindern heutige Netz-Monopole in erheblichem Umfang die innovative Zukunftsgestaltung.

Durch KWK-Anlagen – insbesondere solche, die mit biogenen Brennstoffen betrieben werden – könnte auch der Kältemarkt CO_2-neutral versorgt werden, wenn der Staat seine hoheitlichen Pflichten bei der Netzbetreibung wahrnimmt und den Technologiewandel „weg von Großkraftwerken" und hin zu dezentraler Energieeinspeisung nach dem einfachen Bonus-Malus-Prinzip glaubwürdig unterstützt.

Zwar sind diese Ziele anspruchsvoll und aus der bisherigen Erfahrung fast unrealistisch, doch es muss daran erinnert werden, dass wir vor der größten technischen Herausforderung – oder auch technischen Revolution – stehen und dies den Bürgern auch zu vermitteln haben und zwar als eine Chance besonders für Deutschland. Der Bürger trägt drastische Maßnahmen dann mit, wenn damit glaubhaft und wirksam eine nachhaltige Problemlösung verbunden ist. Dass diese Maßnahmen beispielgebend sein sollten – auch für andere Länder einschließlich China und Indien – versteht sich aus unserer Verpflichtung zur Technologieführerschaft und der Exportabhängigkeit, die bei den Grundpositionen erwähnt wurden.

Eine „fast"-Unabhängigkeit von der fossilen Energieversorgung wäre durch diese Maßnahmen des Ressourcenschutzes gesichert. Auch die zu erwartenden heftigen Widerstände bedingt durch die Monopolstruktur heutiger Versorgung und die sicher auch praktischen Widerstände durch temporär attraktive Preisgestaltung, dürften keine Inkonsequenzen bei der Erreichung geringerer CO_2-Emissionen nach sich ziehen. Ein nachhaltiger Rückgang der CO_2-Emissionen ist nur zu erzielen, wenn kompromisslos und über einfache, transparente Methoden frei von lobbyistischen Verzerrungen die Eigeninitiativen angespornt und gestützt werden. Der heute notwendige Ressourcenschutz ist – wie bereits erwähnt – kein Verwaltungsakt, sondern eine umfängliche unternehmerische Herausforderung, die auf einer gleichgerichteten anspruchsvollen Grundkonzeption für alle Wirtschaftszweige basieren muss.

Natürlich hilft keine nervöse Reaktion oder Panikmache und auch nur begrenzt ein populistischer Aktionismus wie Glühbirnentausch, Flugverbot, Flaschenpfand oder Geschwindigkeitsbegrenzung. Mit einer konzeptionslosen Sammlung gemütsabhängiger Vorschriften wird das globale Klimaproblem nicht gelöst. Die Bevölkerung erwartet vom Verordnungsgeber zielgerichtetes konzeptionelles Handeln und klare Rahmenbedingungen in allen Segmenten der Wirtschaft einschließlich einer Beseitigung prinzipieller Barrieren, so dass eine sichere Problemlösung zum Vorteil für den Ressourcenschutz und die Gesellschaft erwirtschaftet werden kann. Mit an vorderster Stelle steht hier sicher die konsequente Wahrnehmung hoheitlicher Interessen, so dass über einen fairen Wettbewerb die Versorgung mit „sauberer" Energie gesichert oder aufgebaut werden kann. Energieeinsparung muss modern, glamourös und „in" werden und mindestens für Deutschland mehr und mehr zum „ethisch" guten Ton gehören.

Kontakt

Dr. Heinrich-H. Schulte
E-Mail: dr.schulte-marburg@web.de

Energiepreise in der Diskussion

Dr. Felix Christian Matthes, Öko-Institut e. V.

Als um das Jahr 2000 die Preise für die (qualitativ) hochwertige Rohölsorte Brent im Bereich von etwa 25 bis 30 Dollar je Fass ($/bbl) lagen, hat es wahrscheinlich kein Analytiker für möglich gehalten, dass im August 2006 die Preise für diese Rohölsorte ein Niveau von 78 $/bbl erreichen würden. Noch Mitte der neunziger Jahre des letzten Jahrhunderts hatte der Preis bei etwa 15 $/bbl gelegen. Nachdem dann die Ölpreise bis zum Januar 2007 wieder auf bis zu 50 $/bbl nachgegeben hatten, stiegen sie im März 2007 dann wieder auf Niveaus von teilweise deutlich über 60 $/bbl an. Beide Sachverhalte, die nicht erwarteten Preisniveaus und kurzfristigen Schwankungen im Bereich von 30 %, sind zumindest für die Entwicklung der Ölpreise in den letzten 2 Dekaden neu. Wenn sich auch die immer neuen Rekorde bei den Ölpreisen und deren Volatilität in den letzten beiden Jahren bei einem Vergleich der inflationsbereinigten Daten wieder erheblich relativieren (in Preisen von 2004 lagen die Ölpreise während der zweiten Ölpreiskrise Ende der 70er/Anfang der 80er bei über 80 $/bbl), scheinen die Zeiten des billigen Öls endgültig vorüber zu sein. Oder sind die rasanten Preissteigerungen der letzten Jahre vielleicht doch erst der Anfang von noch viel gravierenderen Preisentwicklungen, die für die nächsten Jahre erwartet werden können?

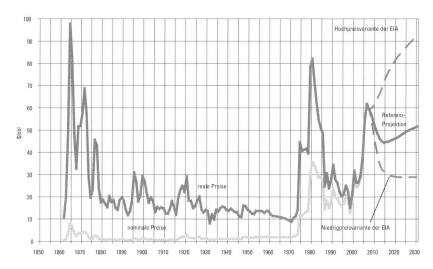

Abb. 1
Entwicklung der nominalen und realen Rohölpreise, 1860-2030
Quellen: BP, DOE-EIA, eigene Berechnungen

Während die Energy Information Agency des US-Energieministeriums in ihrem Ausblick (Februar 2007) für das Jahr 2030 eine Bandbreite der inflationsbereinigten Rohölpreise von immerhin 36 bis 96 $/bbl (im Referenzfall knapp 100 $/bbl) für möglich hält (Abbildung 1), bringen einige Analytiker, wie der Energie-Investmentbanker Matthew Simmons, für die nächsten Jahre nominale Preise von 200 bis 250 $/bbl ins Gespräch. Die damit deutlich werdenden Unsicherheiten lassen sich auf eine ganze Reihe unterschiedlicher Entwicklungen zurückführen:

1. Nie waren in den letzten Dekaden die Kapazitätsreserven der Ölförderungen so stark in Anspruch genommen wie heute. Bereits kleinere Förderausfälle bewirken auf den hochnervösen Ölmärkten starke Preisausschläge. Die in den Zeiten niedriger Ölpreise stark zurückgefahrenen Investitionen in neue Felder zeigen ihre Spätfolgen. Die zentrale Frage für die zukünftige Preisentwicklung ist, ob die notwendigen Investitionen schnell genug nachgeholt werden können.
2. Während der Rohölverbrauch, trotz des enormen Wachstums in China, aber auch der ungebremsten Nachfrage in vielen Industriestaaten (v. a. in den USA), niemals zu Versorgungsengpässen geführt hat, sind für Mineralölprodukte (Heizöl, Benzin, Diesel) immer wieder Versorgungsengpässe entstanden (Umweltschutznachrüstungen in vielen Raffinerien, Naturkatastrophen wie die letztjährige Hurrikan-Saison). Der Rohölpreis ist also durchaus auch den Preisen bei den Produkten gefolgt.
3. Eine Vielzahl politischer Verwerfungen und Konflikte, teilweise verbunden mit Attacken auf Öl-Anlagen (Irak, Westafrika, Südamerika etc.), haben zu Risikoaufschlägen auf den Ölpreis geführt, die von manchen Analytikern in einer Bandbreite von 10 bis 20 $/bbl gesehen werden.
4. Last but not least verstärken die aktuellen Preisniveaus die Position derjenigen Analytiker, die den Förderhöhepunkt bei Öl für unmittelbar bevorstehend halten und zunehmende Zeichen einer globalen Verknappung von Öl ausmachen.
5. Die zunehmende Volatilität der Energiepreise auf den globalen Märkten hat Energierohstoffe wieder attraktiv für die Spekulation gemacht. Spekulative Akteure scheinen auf den internationalen wie auch auf den regionalen und nationalen Energiemärkten wieder eine wachsende Rolle zu spielen.

Letztlich lässt sich die reale Entwicklung als Mischung aller genannten Einflussfaktoren erklären. Für die zukünftige Einschätzung sind nur zwei Faktoren sicher: Erstens ist Öl – wie alle fossilen Brennstoffe – eine endliche Ressource, bei der der Förderhöhepunkt, wenn nicht in den nächsten Jahren, so doch in den nächsten zwei bis drei Dekaden bevorstehen wird. Zweitens wird sich die weltweite Förderung in den nächsten Jahrzehnten mit hoher Wahrscheinlichkeit wieder im Nahen Osten konzentrieren, also einer Region, die bis auf weiteres durch eine Vielzahl politischer Instabilitäten und Unwägbarkeiten charakterisiert sein wird.

Obwohl die Abhängigkeit vom Öl vor allem den Verkehrssektor – und in deutlich eingeschränktem Maße – einen Teil des Raumwärmesektors betrifft, werden die zukünftigen Ölpreisentwicklungen die Preise der anderen Energieträger maßgeblich prägen. Nach den Erfahrungen der letzten Dekaden folgt die Dynamik der Importpreise für Erdgas und Steinkohle (für den Kraftwerkseinsatz) sehr eng den Entwicklungen bei Rohöl. Die jährlichen Veränderungsraten der Erdgas- und Steinkohleimportpreise sind in den letzten 30 Jahren weitgehend identisch mit den jährlichen Preisänderungen für den Import von Rohöl. Zumindest für den Import von Erdgas und Steinkohle wird der Ölpreis noch für die absehbare Zukunft den maßgeblichen Einflussfaktor bilden.

Die knapper werdenden Reservekapazitäten bei der Rohölförderung sind jedoch nicht nur für die international gehandelten, fossilen Brennstoffe Preis bestimmend. Vergleichbar turbulente Preisentwicklungen zeigen sich für nukleare Brennstoffe. So ist auch der Spotmarktpreis für als so genanntes Yellow Cake gehandeltes Uranoxid von 1995 bis Anfang 2007 um den Faktor 6,5 gestiegen, allein im Zeitraum Januar 2006 bis Januar 2007 haben sich die Uranpreise von bereits hohem Niveau verdoppelt.

Für die inländischen Verbraucherpreise bilden die Importpreise jedoch nur eine von mehreren Bestimmungsgrößen. Neben den Preisen auf den internationalen Energiemärkten sind die folgenden Einflussgrößen von signifikanter Bedeutung:

- die Wechselkursentwicklung zum US-Dollar, da die meisten Brennstoffe auf den internationalen Märkten in Dollar gehandelt werden,
- die Kosten für den Weitertransport und die Weiterverarbeitung der verschiedenen Energieträger,
- das Marktmodell für die Preisbildung bei den verschiedenen Endenergieträgern,
- die Preisaufschläge durch die verschiedenen staatlichen Interventions- und Lenkungsinstrumente.

Während kaum davon ausgegangen werden kann, dass sich die Preisbildung für importierte Steinkohle und importiertes Erdgas deutlich von der Ölpreisentwicklung abkoppelt, sind hinsichtlich der Endabgabepreise bei den verschiedenen Energieträgern unterschiedliche Entwicklungen zu erwarten.

Die Größenordnung der Kosten für die Weiterverarbeitung von Rohöl sowie die Produktmargen können über einen Vergleich der Importpreise für Rohöl und leichtes Heizöl bestimmt werden, da sich für beide Produkte ein Preis auf den internationalen Ölmärkten bildet. Im langfristigen Mittel zeigt sich, dass die Grenzübergangspreise für leichtes Heizöl um etwa 30 % über dem Niveau der Rohölpreise liegen, wobei in einzelnen Jahren durch die jeweilige Lage von Angebot und Nachfrage erhebliche Abweichungen von dieser groben Faustformel festzustellen sind. Die Endverbraucherpreise sind damit abhängig von der Lage auf den globalen Rohöl- und Produktmärkten. Sollten die oberen Werte der einschlägigen Vorausschätzungen (siehe oben) eintreffen, würde sich auch der Heizöleinsatz nochmals massiv verteuern.

Die einzige Dämpfung der Preisausschläge auf den internationalen Brennstoffmärkten ergibt sich damit über die staatlichen Steuern und Abgaben auf Mineralölprodukte, die natürlich auch ein grundsätzlich höheres Preisniveau bedingen. Für leichtes Heizöl summiert sich der Anteil der Mineralölsteuer auf ca. 10 % des Endkundenpreises (ohne Mehrwertsteuer), mit Mehrwertsteuer liegt der Anteil staatlicher Abgaben bei ca. 25 %. Eine grundsätzlich andere Relation ergibt sich hier bei Kraftstoffen. So lag der Anteil von Steuern und Abgaben (einschließlich Mehrwertsteuer) für Ottokraftstoff Ende 2006 bei etwa 60 % des Endabgabepreises, bei Diesel in der Größenordnung von 50 %. Für die genannten Mineralölprodukte ist vor diesem Hintergrund zu erwarten, dass sich – ohne weitere Änderungen bei der Besteuerung – die Veränderungen der globalen Ölpreise mit einer entsprechend starken Dämpfung in den Endabgabepreisen niederschlagen werden.

Eine etwas andere Situation ergibt sich für die Preisbildung bei Erdgas. Traditionell folgen die Abgabepreise für Erdgas für die meisten Einsatzgebiete der Heizölpreisentwicklung. So ist bei näherer Analyse der Preisentwicklungen für Erdgas festzustellen, dass die Differenz zwischen den Importpreisen für Erdgas und den Endabgabepreisen für die verschiedenen Einsatzfelder über die Zeit keineswegs einen mehr oder weniger konstanten Betrag für Netznutzung und Strukturierung zeigt. Während die Erdgas-Importpreise von 1996 bis Anfang 2007 um über 4 Euro je Gigajoule (Euro/GJ) gestiegen sind, hat sich der Preis für Haushaltskunden (ohne Steuern) im gleichen Zeitraum um fast 9 Euro/GJ verteuert (Abb. 2).

Eine Schlüsselfrage ergibt sich vor diesem Hintergrund mit der zukünftigen Rolle der Ölpreisbindung im liberalisierten Erdgasmarkt. Wenn sich ein wirksamer Gas-zu-Gas-Wettbewerb entwickeln sollte, dürfte sich die Differenz zwischen Import- und Endabgabepreisen für bestimmte Verbrauchsprofile nur in einem relativ stabilen Band bewegen, das durch Netznutzungsentgelte und

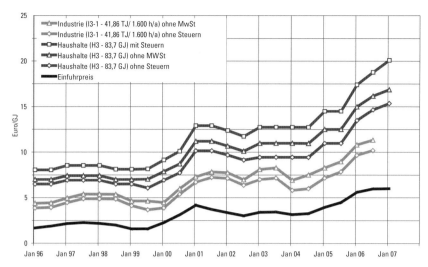

Abb. 2
Entwicklung der Importpreise sowie Erdgas-Abgabepreise für Industrie und Haushalte (mit und ohne Steuern), 1996-2007

Quellen: Eurostat, BAFA, eigene Berechnungen

Strukturierungskosten (sowie die Margen) bestimmt wird. Angesichts der Tatsache, dass die Endabgabepreise für Erdgas (ohne Steuern) heute etwa beim Zwei- (industrielle Verbraucher) bis Dreifachen (Haushaltskunden) der Grenzübergangspreise liegen, wäre im Rahmen einer erfolgreichen Etablierung eines Gas-zu-Gas-Wettbewerbes und im Gegensatz zur heutigen Ölpreisbindung der Endverbraucherpreise eine erhebliche Abdämpfung der weltmarktbedingten Preisschwankungen zu erwarten: Ölpreisbedingte Schwankungen der Importpreise würden sich mit einer Dämpfung von 50 % (Industrie) bzw. 60 % (Haushaltskunden) bei den Endkundenpreisen niederschlagen.

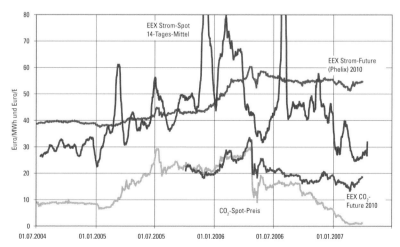

Abb. 3
Entwicklung der Strom- und CO_2-Zertifikatspreise, 1996-2007

Quellen: EEX, eigene Berechnungen

In ganz anderer Weise stellt sich die Entwicklung der Preisentwicklungen auf den Strommärkten dar. Mit dem Übergang zum Wettbewerb ist hier auf den Großhandelsmärkten die Preisbildung entlang der Durchschnittskosten durch die Grenzkostenpreisbildung abgelöst worden. Idealtypisch bilden sich damit die Preise an den kurzfristigen Grenzkosten der letzten zum Einsatz kommenden Stromerzeugungsoption. Da dies bis auf weiteres mit hoher Wahrscheinlichkeit ein mit Steinkohle oder Erdgas betriebenes Kraftwerk sein wird, hat die Existenz von Kraftwerken mit sehr viel niedrigeren Grenzkosten, die ggf. den Weltmarktentwicklungen deutlich weniger ausgesetzt sind (Braunkohle, Kernenergie, Wasserkraft), keinen Einfluss auf das Niveau der Großhandelspreise für Strom. Der Betrieb dieser Kraftwerke vergrößert damit nur die erzielbaren Deckungsbeiträge der Betreiber, die in die Refinanzierung von Investitionen bzw. in die Profite fließen. Augenfällig wird dies bei den inzwischen an der Strombörse EEX in Leipzig gehandelten French Power Futures, die trotz des großen Anteils der Kernenergie in Frankreich sehr stabil den kontinentaleuropäischen Preisentwicklungen folgen, die wiederum weitgehend den Preistrends für die global gehandelten Brennstoffe Steinkohle und Erdgas sowie seit 2005 den Entwicklungen bei den CO_2-Emissionszertifikaten folgen. Sowohl diese fundamentalen Trends als auch die Entwicklung von Angebot und Nachfrage auf dem europäischen Stromerzeugungsmarkt sowie die nach wie vor deutlich zu hohe Marktkonzentration im Bereich der Stromerzeugung (in vielen Ländern, auch in Deutschland, weisen die Konzentrationsindikatoren auf hoch konzentrierte Angebotsmärkte hin) haben dazu geführt, dass sich die Preise für Strom auf dem Großhandelsmarkt von Anfang 2005 bis Mitte 2006 etwa verdoppelt haben, inzwischen aber – nur teilweise entlang der zurückgegangenen Preise für CO_2-Zertifikate – wieder zurückgegangen sind.

Ungeachtet dieser massiven Preisanstiege bilden die Netznutzungsentgelte die größte Kostenposition für die Endverbraucherpreise, zumindest im Niederspannungssegment. Die Nutzung der Übertragungs- und Verteilungsnetze bildet einen Kostenblock, der zwischen 40 und 50 % der Endverbraucherpreise repräsentiert. Hier werden der Übergang vom verhandelten zum regulierten Netzzugang und die absehbare Einführung der Anreizregulierung für die Netznutzungsentgelte einen zunehmenden Kostendruck entfalten. Die Potenziale für verminderte Durchleitungskosten bewegen sich in verschiedenen Schätzungen im Band zwischen 10 und 30 % im Vergleich zum aktuellen Niveau der Netznutzungsentgelte. Während in den letzten Jahren die Gewinne der Energieversorgungsunternehmen vor allem im Netzbereich erwirtschaftet wurden, verlagert sich die Gewinnwirtschaftung zunehmend in den Bereich der Stromerzeugung und damit noch stärker in Richtung der großen Stromversorgungsunternehmen E.ON, RWE, EnBW, Vattenfall Europe und STEAG.

Aber auch im Strombereich bilden – zumindest für Privatverbraucher – staatliche Steuern und Abgaben einen erheblichen Kostenblock. Neben den großen Anteilen der Mehrwert- und Stromsteuer (die mit ca. 2,5 bzw. 2 ct je Kilowattstunde – ct/kWh – den größten Abgabenblock bilden) sind hier noch die Konzessionsabgaben zu erwähnen, die im Mittel ca. 1,8 ct/kWh betragen. Im Vergleich dazu bilden die Umlagen für die nicht privilegierten Stromverbraucher – d. h. vor allem die Haushalts- und Kleinverbrauchskunden – zur Förderung der Kraft-Wärme-Kopplung (KWK, ca. 0,3 ct/kWh) und die erneuerbaren Energien (derzeit ca. 0,6 ct/kWh) einen deutlich geringeren Kostenblock – auch wenn manche Facette der öffentlichen Debatte das Gegenteil vermuten lässt.

Auch für die zukünftige Entwicklung der Strompreise müssen tendenziell steigende Preise vermutet werden, die durch eine verschärfte Regulierung der Netznutzungsentgelte nur teilweise kompensiert werden kann. Selbst Handlungsoptionen wie die Laufzeitverlängerung der Kernkraftwerke werden vor dem Hintergrund der Preisbildungsmechanismen auf den liberalisierten Strommärkten nicht zu geringeren Stromkosten führen (Kernkraftwerke kommen aufgrund ihrer Kosten- und Einsatzstruktur als Preis setzende Grenzkraftwerke kaum in Frage). Da die kurzfristigen Grenzkosten moderner Kraftwerke im Regelfall unter denen alter Anlagen liegen werden (die als Grenzressource wiederum das Preisniveau bestimmen), verbleiben für neue Kraftwerke – abhängig von ihrer Effizienzsteigerung gegenüber den Altanlagen – im Vergleich zum Strompreisniveau Deckungsbeiträge für die Bedienung von Kapitalkosten und Margen.

Zusammenfassend kann festgehalten werden, dass sich die generelle Entwicklung des Preisniveaus vor allem auf die globalen Ölmärkte ausrichten wird. Die Entwicklungen hier werden für die verschiedenen Energieträger wegen der unterschiedlichen Dämpfungseffekte und Marktstrukturen in unterschiedlichem Umfang auf die Endenergieträgerpreise ausstrahlen:

- am stärksten und in der Dynamik am wenigsten gedämpft für Heizöl,
- bei erfolgreicher Etablierung eines Gas-zu-Gas-Wettbewerbs und der Abkehr von der Ölpreisbindung der Endabgabepreise für Erdgas deutlich gedämpfter,
- abhängig vom Erfolg der Regulierung sowie den Entwicklungen bei der Marktkonzentration in der Stromerzeugung noch etwas geringer für die Strompreise.

Eine Rückkehr zu den Energiepreisniveaus der 90er Jahre erscheint im Lichte der aktuellen Trends weitgehend ausgeschlossen. Im Gegenteil, die derzeitig erreichten Preisniveaus auf den globalen Ölmärkten bilden keineswegs den oberen Rand der vorstellbaren Preisentwicklungen. Preisprognosen für die zentralen Energieträger Öl, Erdgas und Steinkohle waren noch nie mit so großen Unsicherheiten behaftet wie heute.

Wenig überraschend rücken bei dieser Entwicklung der globalen Rohstoffmärkte die staatlich induzierten Preisbestandteile für die verschiedenen Energieträger in den Fokus der Diskussion. Dabei sollten jedoch zwei Aspekte nicht vernachlässigt werden. Erstens sollte nicht ausgeblendet werden, dass dem Aufkommen der meisten Steuern, Abgaben und Umlagen relativ genau eingrenzbare „Gegenleistungen" gegenüberstehen: Niedrigere Sozialversicherungs- und Rentenbeiträge über das Ökosteuer-Aufkommen, die Finanzierung der kommunalen Infrastruktur durch die Konzessionsabgabe und die Förderung wichtiger Zukunftstechnologien (Kraft-Wärme-Kopplung und erneuerbare Energien) über die verschiedenen – vergleichsweise niedrigen – Umlagen, mit denen die Netzentgelte beaufschlagt werden. Zweitens wirken die staatlich induzierten Kostenbestandteile dämpfend auf die über die globalen Rohstoffmärkte vermittelten Energiepreisausschläge, dies allerdings um den Preis generell höherer Preisniveaus. Wenn man der Theorie folgt, das Preisvolatilitäten die wirtschaftliche Verletzbarkeit von Wirtschaft und Verbrauchern stärker prägen als das Preisniveau, so können derartige Abgaben – ob intendiert oder nicht intendiert – eine wichtige Rolle für die Anpassung an die zukünftig in jedem Falle höheren Preisniveaus und die damit erforderlichen Maßnahmen (Erhöhung der Energieeffizienz, Entwicklung alternativer Energien etc.) spielen.

Kontakt

Dr. Felix Christian Matthes, Öko-Institut e. V.
E-Mail: f.matthes@oeko.de

Heizungsanlagen in Deutschland:

Erhebungen des Schornsteinfegerhandwerks
an Öl- und Gasfeuerungsanlagen 2006

*Dr. Dieter Stehmeier, Bundesverband des Schornsteinfegerhandwerks –
Zentralinnungsverband (ZIV)*

Mit den jährlich bundesweiten Erhebungen durch das Schornsteinfegerhandwerk über

- Mängel an Feuerungsanlagen,
- Mängel an Lüftungsanlagen,
- CO-Messungen an Gasfeuerstätten,
- Messungen nach der 1. BImSchV an Öl- und Gasfeuerungsanlagen und
- Emissionsmessungen an Feuerungsanlagen für feste Brennstoffe

werden den Landes- und Bundesbehörden, den Fachfirmen und den Fachverbänden unabhängige und fachgemäße Informationen vorgelegt.

Über 180 Mio. Daten sind für die Erstellung dieser Erhebungen von den rund 8.000 Bezirksschornsteinfegermeistern zu erheben. Diese Daten werden zunächst bei den zuständigen Kreisgruppen bzw. Innungen zusammengefasst. Aus diesen Zusammenfassungen erstellen dann die Landesinnungsverbände jeweils landesweite Übersichten. Der Bundesverband des Schornsteinfegerhandwerks – Zentralinnungsverband (ZIV) sammelt schließlich die Ergebnisse der 16 Länder und erstellt die Bundes-Übersicht.[1]

Die Ergebnisse der Messungen nach der Ersten Verordnung zur Durchführung des Bundes-Immissionsschutzgesetzes (Verordnung über kleine und mittlere Feuerungsanlagen – 1. BImSchV) müssen vom Schornsteinfegerhandwerk den jeweiligen für den Immissionsschutz zuständigen obersten Landesbehörden sowie dem Bundesministerium für Umwelt, Naturschutz und Reaktorsicherheit alljährlich vorgelegt werden. Die Ergebnisse an Öl- und Gasfeuerungsanlagen für das Jahr 2006 werden nachfolgend vorgestellt und interpretiert.

Messungen nach der 1. BImSchV an Öl- und Gasfeuerungsanlagen

Etwa 6.425.000 Ölfeuerungsanlagen wurden 2006 auf Rußgehalt, Vorhandensein von Ölderivaten (unverbrannten Ölbestandteilen) im Abgas sowie auf Einhaltung der Abgasverlustgrenzwerte überprüft.

Davon

- wurde bei 139.300 Anlagen (2,2 %) die zulässige Rußzahl überschritten,
- enthielten 12.900 Anlagen (0,2 %) Ölderivate und
- hielten 459.900 Anlagen (7,3 %) die Abgasverlustgrenzwerte nicht ein.

Von den etwa 8.336.000 auf Einhaltung der Abgasverlustgrenzwerte überprüften Gasfeuerungsanlagen

- hielten 422.700 (5,1 %) die Anforderungen der 1. BImSchV nicht ein.

Entwicklung der 1. BImSchV-Ergebnisse

Ab 1974 wurden bundesweit erstmals Ölfeuerungsanlagen nach bundeseinheitlichen Vorgaben überwacht. Ab 1981 wurden die raumluftabhängigen Gasfeuerungsanlagen in die Überwachung mit einbezogen, die raumluftunabhängigen ab 1985.

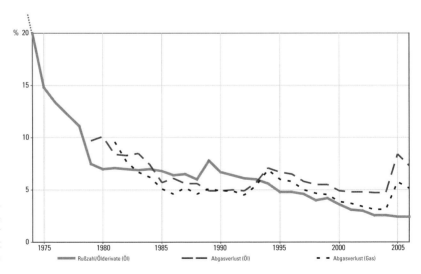

Abb. 1
Anteile der Öl- und Gasfeuerungsanlagen, die die Grenzwerte der 1. BImSchV nicht einhielten

Die Entwicklung von 1974 bis 2006 ist in Abb. 1 dargestellt. Die Überprüfungen der Schornsteinfeger führten zu einem stetigen Rückgang der zu beanstandenden Anlagen. Jeweils nach einer Verschärfung der Anforderungen nach der 1. BImSchV mit entsprechenden Übergangsfristen ist ein kurzfristiger Anstieg erkennbar.

Altersstruktur der Feuerungsanlagen

Von den überprüften Ölfeuerungsanlagen waren fast

- 0,9 Mio. (14,3 %) älter als 23 Jahre und
- 0,5 Mio. (8,7 %) älter als 27 Jahre.

Von den überprüften raumluftabhängigen Gasfeuerungsanlagen waren fast

- 0,6 Mio. (7,8 %) älter als 23 Jahre und
- 208.000 (3,0 %) älter als 27 Jahre.

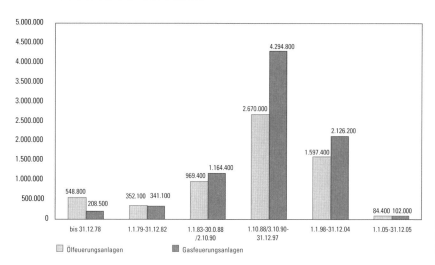

Abb. 2
Altersstruktur der Feuerungsanlagen

Theoretisches Einsparpotenzial bei Öl- und Gasfeuerungsanlagen

Ziel der Überwachung der kleinen und mittleren Feuerungsanlagen durch das Schornsteinfegerhandwerk ist es, die Schadstoffemissionen zu vermindern. Die Senkung zu hoher Abgasverluste führt aber auch zu Energieeinsparungen und dadurch indirekt zur Verminderung der erzeugten Abgas- und somit Schadstoffmengen, insbesondere auch der CO_2-Emissionen.

Unter der Annahme, dass die aufgrund zu hoher Abgasverluste beanstandeten Feuerungsanlagen durch Wartung auf wenigstens 2 Prozentpunkte niedrigere Abgasverluste eingestellt wurden als die Grenzwerte nach der 1. BImSchV, beträgt die gesamte direkte Brennstoffeinsparung durch die Messungen des Schornsteinfegerhandwerks 2006 annähernd 37 Mio. Liter Heizöl und 41 Mio. m³ Erdgas.

Diese Einsparung entspricht einer Energie von jährlich über 0,7 Mrd. kWh, womit ungefähr 37.300 Einfamilienhäuser mit einer Wohnfläche von 150 m² und einem spezifischen Heizenergieverbrauch von 130 kWh/m² beheizt werden können. Durch die Verringerung des Brennstoffverbrauchs wird die Schadstoffemission im gleichen Maße reduziert. So wurden unter den vorgenannten Voraussetzungen 2006 mehr als 171.000 Tonnen Kohlendioxid, etwa 146 Tonnen Stickoxide und fast 109 Tonnen Schwefeldioxid durch kleine und mittlere Feuerungsanlagen weniger erzeugt.

Die abgeschätzten Brennstoffeinsparungen und Emissionsminderungen stellen das absolute Minimum dar. Nimmt man z. B. an, dass bei fehlender Überwachung die Abgasverluste aller Feuerungsanlagen nur um 1 Prozentpunkt höher gewesen wären als 2006 festgestellt, wären 2006 ungefähr 380 Mio. Liter Heizöl und 461 Mio. m³ Erdgas mehr verbraucht worden. Das entspräche einer CO_2-Menge von 1,8 Mio. Tonnen. Mit jedem zusätzlichen Prozentpunkt höheren Durchschnittsverbrauchs würden sich die Werte entsprechend erhöhen.

Kontakt

Dr. Dieter Stehmeier, Bundesverband des Schornsteinfegerhandwerks – Zentralinnungsverband (ZIV)
E-Mail: ziv-stehmeier@schornsteinfeger.de

Fußnoten

[1] Bundesverband des Schornsteinfegerhandwerks – Zentralinnungsverband (ZIV), Erhebungen des Schornsteinfegerhandwerks 2006

Perspektiven für den Wärmemarkt

Hocheffiziente Brennwerttechnik und schwefelarmes Heizöl kombiniert mit regenerativen Energien

Prof. Christian Küchen, Institut für wirtschaftliche Oelheizung e. V. (IWO)

Die stark gestiegenen Weltmarktpreise für Energie und die evidente Abhängigkeit Deutschlands von russischem Erdgas haben die Diskussion um die Zukunft der Energieversorgung in Deutschland stark angefacht. Bei den Verbrauchern hat dies zu spürbarer Verunsicherung geführt, welche Heiztechnik mittelfristig die verlässlichsten Perspektiven bietet. Eine Folge ist die Investitionszurückhaltung bei den rund zwei Millionen Besitzern veralteter Heizungen. Eine weitere: Das Interesse an Techniken zur Nutzung regenerativer Energie ist enorm gestiegen. Die Bundesregierung haben diese Entwicklungen zusätzlich motiviert, den Diskurs über ein „Regeneratives Wärmegesetz" in Gang zu setzen. Bis 2020 soll der Gesamtbeitrag der erneuerbaren Energien im Wärmemarkt der Bundesrepublik Deutschland auf mindestens 12 % steigen, um den Bedarf an fossilen Brennstoffen zu verringern und die Versorgungssicherheit zu erhöhen.

Wenn im Zusammenhang mit der Nutzung regenerativer Energien im Wärmemarkt von nachwachsenden Rohstoffen die Rede ist, macht sich die Debatte häufig zuallererst an Stichworten wie beispielsweise Stückholz oder Pellets fest.

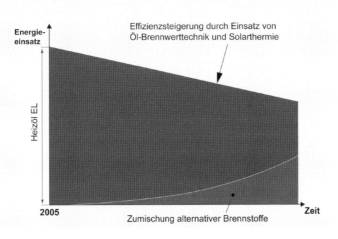

Abb. 1
Die Steigerung der Energieeffizienz und im nächsten Schritt die Beimischung alternativer Brennstoffe kann den Rohölbedarf in den kommenden Jahren spürbar reduzieren.
(Grafik: IWO)

Dabei ist es mehr als unrealistisch, dass der Energieträger Holz eine praktikable und auch wirtschaftliche Alternative für die Wärme- und Warmwasserversorgung von mehr als 25 Millionen öl- und gasbeheizten Haushalten in Deutschland darstellen kann. Stückholz und Pellets dürften überdies mit Blick auf die Emissionsbelastung und verfügbare Brennstoffkapazitäten keine künftigen Kandidaten für die Marktführerschaft im Wärmemarkt sein.

Das unterstreicht auch die derzeitige Verteilung des Primärenergieverbrauches in Deutschland. Mineralöl stellt mit 36,2 % den mit Abstand größten Anteil, gefolgt von Erdgas mit 22,5 %. Vergleichsweise gering ist mit 3,7 % dagegen noch der Anteil, den erneuerbare Energien beisteuern. Die Statistik der Schornsteinfeger weist zurzeit allein gut 6,4 Millionen Ölheizungen in Deutschland aus. Realistisch betrachtet könnte dieser Anlagenbestand selbst auf längerfristige Sicht nur mit immensem technischem und finanziellem Aufwand durch komplett andere Systeme ersetzt werden. Das macht weder unter ökonomischen noch unter ökologischen Aspekten Sinn.

Kurzfristig: Potenzial der „Energiequelle Effizienz" erschließen

Statt einer einseitigen und gesetzlich verordneten Erhöhung des regenerativen Energieanteils im Wärmemarkt – das sehen im Kern die Vorschläge für ein „Regeneratives Wärmegesetz" vor – sollte der Steigerung der Energieeffizienz im Wärmemarkt Vorrang gegeben werden. Dabei ist eine technologieoffene Herangehensweise gefragt: Der Verbraucher sollte nicht verpflichtet werden, erneuerbare Energien zu nutzen, wenn er auch andere, wirtschaftlichere Maßnahmen zur Energieeinsparung ergreifen kann.

Der erste Schritt, den Rohölbedarf für die Erzeugung von Raumwärme (Heizöl-Absatz in Deutschland 2005: 24,7 Mio. t) zu senken und auf diesem Wege die Versorgungssicherheit langfristig zu erhöhen, ist dabei die Steigerung der Energieeffizienz.

Gerade im Wärmemarkt lassen sich durch die Modernisierung der Anlagentechnik, vor allem durch Brennwerttechnik plus ergänzender thermischer Solarunterstützung, große Energieeinsparpotenziale erschließen. Allerdings müssten dazu auch die staatlichen Rahmenbedingungen, wie z. B. Anreizprogramme für Energieeinsparinvestitionen, entsprechend ausgestaltet werden. Das zentrale Bewertungskriterium solcher Programme muss die Verringerung des Primärenergiebedarfs sein.

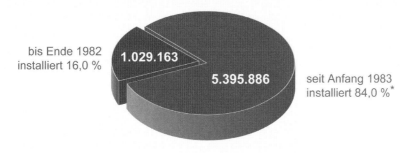

Abb. 2
Energiequelle Effizienz: In Deutschland wurden zum Jahresbeginn 2006 noch mehr als eine Million Ölheizkessel betrieben, die mindestens 23 Jahre alt sind. (Grafik: IWO)

Bundesregierung fördert Öl-Brennwerttechnik

Ein wichtiger Schritt in diese Richtung ist mit der Anfang dieses Jahres zwischen Bundesregierung und Mineralölwirtschaft getroffenen Vereinbarung zur Förderung der Öl-Brennwerttechnik sowie der neuen schwefelarmen Heizölsorte getan. Die Vereinbarung beinhaltet unter anderem eine Steuerpräferenz für schwefelarmes Heizöl ab 1. Januar 2009, die Sicherstellung einer flächendeckenden Belieferung mit der neuen Heizölsorte bis zum 1. Januar 2008 sowie eine verbesserte staatliche Förderung der Brennwerttechnik.

So wird seit dem Start des umgestalteten CO_2-Gebäudesanierungsprogramms der Kreditanstalt für Wiederaufbau (KfW) am 1. Januar 2007 bei Maßnahmen zur Heizungserneuerung auf Basis fossiler Energieträger ausschließlich der Einbau von Brennwertkesseln im Rahmen der Maßnahmenpakete gefördert. In den KfW-Programmen „Wohnraum Modernisieren" und „Ökologisch Bauen" wird auch die Installation von Brennwertkesseln als Einzelmaßnahme (Programm „Wohnraum Modernisieren") bzw. in Kombination mit solarthermischen Anlagen gefördert. Auch hier werden Niedertemperaturkessel nicht mehr berücksichtigt.

Die Umsetzung ihrer Vereinbarung wollen Bundesregierung und Mineralölwirtschaft ab 2008 in einem jährlichen Monitoringbericht dokumentieren. Darin werden neben der Anzahl der neu installierten Öl-Brennwertgeräte unter anderem auch die Indikatoren für die flächendeckende Versorgung und Inanspruchnahme der KfW-Fördermittel für Öl-Brennwertkessel festgehalten werden.

Schwefelarmes Heizöl ist der optimale Brennstoff für die Nutzung der verbrauchsarmen Brennwerttechnik bei Ölheizungen. Deshalb hat die Bundesregierung im Zuge des Biokraftstoffquotengesetzes eine Steuerspreizung je nach Schwefelgehalt des Heizöls umgesetzt: Während ab Januar 2009 das konventionelle Heizöl mit 1,5 Cent je Liter höher belegt wird, bleibt der Mineralölsteuersatz für schwefelarmes Heizöl unverändert.

Abb. 3
„Heizöl EL schwefelarm" im Langzeittest: Die Brennkammer eines neuen Ölheizkessels (links vor Beginn der Versuchsreihe) weist auch nach 1.800 Betriebsstunden mit schwefelarmem Heizöl kaum Ablagerungen auf (rechts). (Foto: IWO)

Langfristig: Potenzial der biogenen Flüssigbrennstoffe nutzen

Eine weitere Reduzierung des Rohölbedarfs ergibt sich, wenn – wie bereits beim Dieselkraftstoff praktiziert – Heizöl EL nicht mehr allein aus Rohöl hergestellt wird, sondern auch Anteile von Biokomponenten enthalten kann. Auf europäischer Ebene existiert bereits eine Norm, die EN 14 213, die die Anforderungen an sogenannten Biodiesel als Brennstoff und als Mischkomponente für Heizöl EL festlegt. Die deutsche Heizölnorm, die „Flüssige Brennstoffe – Heizöl – Teil 1: Heizöl EL", erlaubt diese Beimischungen bislang nicht. Zurzeit wird eine Vornorm (DIN 51603-6) für ein Heizöl erarbeitet, das auch Biokomponenten enthalten darf. Ziel des zuständigen Arbeitskreises ist es, einen Brennstoff zu normieren, der in den bestehenden 6,4 Millionen Ölheizungen eingesetzt werden kann.

Eine wesentliche Voraussetzung für Änderungen in der Heizölnorm ist der positive Abschluss von Untersuchungen zu den Auswirkungen von Heizöl EL, dem ein beispielsweise aus Raps gewonnener Biobrennstoff beigemischt ist, auf die derzeit im Markt befindliche Anlagentechnik. Nur wenn die bestehenden, gegebenenfalls geringfügig modifizierten Anlagen emissionsarm und zuverlässig mit den neu entwickelten Brennstoffen weiter zu betreiben sind, können regenerative flüssige Brennstoffe im Wärmemarkt wirklich an Bedeutung gewinnen.

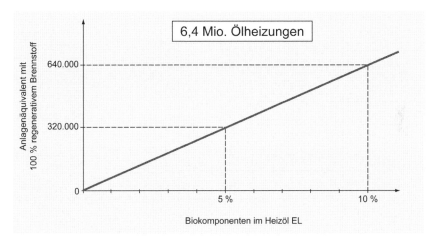

Abb. 4
Kleiner Prozentsatz, große Wirkung: Nur 5 % Biokomponenten im Heizöl EL entsprächen einem Anlagenäquivalent von 320.000 Einheiten, die 100 % mit regenerativen Brennstoffen betrieben werden.
(Grafik: IWO)

1. Generation: Pflanzenöle und FAME

Grundsätzlich gibt es verschiedene Möglichkeiten, aus nachwachsenden Rohstoffen alternative Flüssigbrennstoffe herzustellen.

Aus Raps, Sonnenblumenkernen oder Sojabohnen gewonnenes Pflanzenöl ist relativ einfach herzustellen. Im Vergleich zu Heizöl EL hat es jedoch eine höhere Viskosität, ein anderes Siedeverhalten sowie unbefriedigende Kälteeigenschaften. Auch die Langzeitstabilität, die für die Lagerung im Kundentank von Bedeutung ist, unterscheidet sich vom konventionellen Heizöl EL. In reiner Form lässt es sich in vorhandenen Anlagen kaum einsetzen.

Wesentlich dichter an dem bekannten Heizöl EL ist man hingegen, wenn das Pflanzenöl mit Methanol zu Fettsäuremethylester (FAME) veredelt wird. Dieser Brennstoff findet sich bereits als Beimischung im Dieselkraftstoff für Fahrzeuge. Dennoch ist auch FAME wie Pflanzenöl chemisch und biologisch wesentlich „aktiver" als rein mineralölstämmiges Heizöl. Insofern muss vor dem Einsatz dieser Biobrennstoffe geklärt werden, inwieweit sich die zurzeit in der Ölheizungstechnik genutzten Installationswerkstoffe, insbesondere Kunststoffteile etwa in Filtern, Pumpen, Zuleitungen und Tankanlagen, mit ihnen vertragen.

Dieser Klärung dienen umfangreiche Labor- und Feldtests. IWO untersucht derzeit, wie sich Mischungen aus FAME und Heizöl EL im Langzeitverhalten über mehrere Heizperioden in Praxisanlagen verhalten. Einbezogen sind insgesamt elf Ölheizanlagen, davon fünf mit Öl-Brennwerttechnik. Beteiligt sind auch Feldanlagen, die bereits bei Langzeituntersuchungen im Zuge der Einführung des schwefelarmen Heizöls im Einsatz waren. So werden in der Testreihe Betriebsbedingungen sichergestellt, die dem heutigen Anlagenbestand entsprechen. Auch die Heizöllager der Testanlagen spiegeln einen repräsentativen Querschnitt der gängigsten Tankvarianten in der Praxis wider. Die ersten Zwischenergebnisse der Langzeituntersuchungen werden voraussichtlich Ende 2007 vorliegen.

2. Generation: Synthetische Öle

Eine zurzeit technisch aufwändigere Lösung stellen synthetische Flüssigbrennstoffe aus Biomasse dar. Im BTL-Verfahren (biomass-to-liquids) hergestellt, können ihre Eigenschaften exakt definiert werden, so dass sie in jeder Hinsicht denen von Heizöl EL entsprechen oder diese sogar übertreffen.

Bekannt ist der zweistufige Produktionsprozess bereits seit den 20er Jahren. Damals stand die Verflüssigung von Kohle im Vordergrund. Im ersten Schritt wird aus kohlenstoffhaltigen Ausgangsstoffen, wie zum Beispiel Rest- oder Ganzpflanzen, ein Synthesegas aus Kohlenmonoxid und Wasserstoff hergestellt. Im zweiten Produktionsschritt, der sogenannten Fischer-Tropsch-Synthese, werden daraus unter definierten Druck- und Temperaturverhältnissen mittels Eisen- und Kobaltkatalysatoren wiederum Paraffine (Kohlenwasserstoffe) gebildet.

Durch die Wahl der Prozessbedingungen können maßgeschneiderte Brennstoffe erzeugt werden. BTL-Brennstoffe sind schwefelfrei und aromatenarm und damit ein besonders hochwertiger Brennstoff. Sie können aller Voraussicht nach in den vorhandenen Heizungsanlagen ohne Modifikationen problemlos genutzt werden und weisen Vorteile im Emissionsverhalten sowie bei der Lagerstabilität auf.

Dieses hier nur kurz skizzierte Verfahren ist zwar im Vergleich zur Herstellung von FAME erheblich aufwändiger, hat aber in ersten kommerziellen Anlagen

(z. B. CHOREN, Freiberg) bereits gezeigt, dass BTL eine wichtige Option für die Herstellung flüssiger Brennstoffe darstellen kann. Der Aufbau entsprechender Anlagenkapazitäten hängt von der künftigen Entwicklung der Energiepreise ab.

Ein anderes Verfahren zur Nutzung von Fetten und Ölen wird heute schon in großtechnischem Maßstab eingesetzt. So entsteht in Finnland zurzeit eine Anlage mit einer Kapazität von 170 t/a, in der z. B. Tierfette, aber auch beliebige Öle gecrackt und hydriert werden, um hochwertige Kohlenwasserstoffe herzustellen.

In Deutschland werden derzeit von rund 12 Millionen Hektar Ackerfläche etwa 10 % für den Raps-Anbau genutzt. Verestert lassen sich daraus bis zu 1,5 Millionen Tonnen Rapsmethylester erzeugen. Weil beim BTL-Prozess aber nicht nur die ölhaltigen Bestandteile der Pflanze, sondern die gesamte Biomasse verarbeitet wird, lässt sich eine ca. dreimal größere Ausbeute pro Hektar Ackerfläche im Vergleich zur FAME-Produktion erzielen. Unabhängig von der jeweils verwendeten Biomassebasis, darauf deuten die ersten Forschungsergebnisse hin, können qualitativ hochwertige BTL-Brennstoffe mit sehr positiver CO_2-Bilanz erzeugt werden. Je nach Herstellungsverfahren werden im Vergleich zu konventionellen Brennstoffen rund 90 % der CO_2-Emissionen vermieden.

Potenzialabschätzung

Flüssige Biobrennstoffe weisen eine hohe Energiedichte auf und lassen sich anders als feste Brennstoffe mit moderner Verbrennungstechnik nahezu rückstands- und schadstofffrei verbrennen. Hinzu kommt der nicht zu unterschätzende Vorteil, dass die gesamte Infrastruktur zur flächendeckenden Versorgung mit diesem „biogenen Heizöl EL" bereits besteht.

Bei derzeit 6,4 Millionen Ölheizungen in Deutschland entspräche die Beimischung von 5 % Biokomponenten einem Äquivalent von 320.000 Anlagen, die vollständig mit regenerativen Brennstoffen betrieben würden.

Welche Größenordnung das ist und wie hoch die damit verbundene Entlastung der Umwelt durch den geringeren Ausstoß an Treibhausgasen wäre, zeigt der Vergleich beispielsweise zum Pelletmarkt. Einschließlich der rund 26.000 Pelletanlagen, die 2006 neu installiert wurden, beläuft sich ihre Gesamtzahl derzeit auf rund 70.000 Einheiten. Das entspricht lediglich einem Fünftel dessen, was durch 5 % Bemischung von Biokomponenten in bestehenden Ölheizungen erreichbar wäre.

Abschätzungen für Deutschland zeigen, dass Beimischungen von Biokomponenten in einer Größenordnung von 5 % durchaus realistisch sind: Bei einem Heizölbedarf von rund 24,7 Millionen Tonnen im Jahr 2005 entspräche das einem Jahresbedarf von rund 1,2 Millionen Tonnen FAME. Diese Menge könnte durchaus in Deutschland produziert werden. Aber selbst ein Import von FAME oder von Pflanzenölen zur Herstellung von FAME, beispielsweise aus Osteuropa, wäre eine Möglichkeit, auch einen größeren Bedarf zu decken. Eine Beimischung von 5 % stellt keine natürliche Grenze dar.

Dezentrale Systeme im Vorteil

Insgesamt zeichnen sich im Wärmemarkt Entwicklungen ab, die den Einsatz dezentraler Heizsysteme mit einem eigenen Energievorrat eher fördern. Die Nutzung effizienter Heiztechnik und der Solarthermie sowie Dämmmaßnahmen führen dazu, dass sich die Zeiträume, in denen zusätzliche Energie zur Beheizung benötigt wird, deutlich verkürzen. Der Energiebedarf im Wärmemarkt geht dadurch insgesamt zurück. Nicht oder nur kaum zurück geht allerdings die Spitzenlast an Heizenergie, denn an kalten Wintertagen brauchen alle Gebäude in einer Region gleichzeitig Energie. Die Sonne kann normalerweise gerade dann keinen Beitrag leisten. Geringer Energiebedarf insgesamt, eine kurze Energiebedarfsperiode sowie vergleichsweise hohe Spitzenlasten sind systembedingt wenig geeignet für einen wirtschaftlichen Betrieb netzgebundener Energieträger wie Fernwärme, Strom oder Gas. Zur Deckung von Bedarfsspitzen ist es vielmehr sinnvoll, auf einen dezentral gespeicherten Energievorrat wie den gefüllten Öltank zurückzugreifen. So kann insgesamt die Versorgungssicherheit wirtschaftlich gewährleistet werden.

Die Zukunftsperspektiven der Ölheizung im Wärmemarkt sind also trotz der vorherrschenden Devise „weg vom Öl" nach wie vor gut. Moderne Öl-Brennwertgeräte erzielen einen Effizienzgrad, der von den meisten anderen Systemen kaum erreicht wird. Die Kombination mit Solarthermie zur Warmwassererzeugung und Heizungsunterstützung zählt fast schon zur Standardlösung. Und ein adäquater Brennstoff für diese Heiztechnik wird immer zur Verfügung stehen. Dafür sprechen die nach wie vor beträchtlichen globalen Ölreserven und langfristig die alternative Nutzung flüssiger Brennstoffe aus nachwachsenden Rohstoffen.

Weitere Informationen und Service zum Thema Heizen mit Öl unter:
www.iwo.de
Institut für wirtschaftliche Oelheizung e. V. (IWO)
E-Mail: info@iwo.de

Wohnungswirtschaft – Energieeffizienz und Wirtschaftlichkeit

Hermann Behle / Anette Chabayta / Dr. Uwe Wullkopf, LUWOGE Consult GmbH

Die Energienachfrage wird nach fast allen verfügbaren Prognosen global bis 2030 erheblich steigen, insbesondere in Schwellenländern wie China und Indien. Die Vorräte fossiler Brennstoffe werden knapp. Angesichts dessen sind global weiter steigende Energiepreise wahrscheinlich, und der Klimawandel könnte sich weiter beschleunigen. Um dem entgegenzusteuern, müssen unter Nachhaltigkeitsgesichtspunkten vor allem der Marktanteil alternativer Energien erhöht und Energieeinsparungen konsequenter getätigt werden.

Dass diese beiden Maßnahmen in Deutschland immer noch nicht konsequent genug ergriffen werden, wird oft mit ihrer angeblichen Unwirtschaftlichkeit begründet.

Die LUWOGE consult, ein junges Beratungsunternehmen der LUWOGE, dem Wohnungsunternehmen der BASF, weist nach, dass unter bestimmten Bedingungen Wärmedämminvestitionen im Wohnungsbestand durchaus wirtschaftlich sein können, auch und gerade dann, wenn sie im Hinblick auf die energetische Verbesserung besonders ehrgeizig sind.

Mit Hilfe einer ganzheitlichen Betrachtung der wohnungswirtschaftlichen, betriebswirtschaftlichen und technischen Parameter hat die LUWOGE consult ein Rechenmodell entwickelt, mit dem die Wirtschaftlichkeit der Investition einer energetischen Sanierung ermittelt werden kann, um letztlich die optimale Rendite zu erzielen. Je nach Marktlage können unterschiedliche Strategien für ein Gebäude optimal sein.

Das Null-Heizkosten-Haus kann unter bestimmten Bedingungen unter allen möglichen Strategien die rentabelste sein. Für dieses Gebäude wurden technisches und wirtschaftliches Know-how in einem innovativen Konzept miteinander verbunden.

Das Null-Heizkosten-Haus – Pilotprojekt Pfingstweide

Die LUWOGE hat das Projekt Null-Heizkosten-Haus im Ludwigshafener Stadtteil Pfingstweide mittlerweile abgeschlossen. Innerhalb von sechs Monaten konnte ein einfaches Mehrfamilienhaus aus den 70er Jahren in ein Null-Heizkosten-Haus verwandelt werden.

Wohnungswirtschaft - Energieeffizienz und Wirtschaftlichkeit

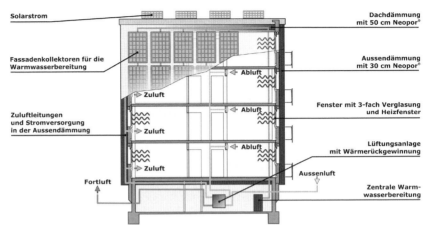

Abb. 1
Das Konzept

Die Umsetzung des Pilotprojektes erfolgte im Rahmen eines Gesamtkonzeptes für das Wohngebiet Pfingstweide. Unter Berücksichtigung veränderter Bedingungen auf dem Wohnungsmarkt, wie beispielsweise technischer Fortschritt und demographischer Wandel, soll der Bestand im Stadtteil Pfingstweide aufgewertet, das soziale und kulturelle Umfeld gefördert und somit der Nachfrage angepasst werden. Dabei setzt die LUWOGE in den kommenden Jahren auf eine Bandbreite von sozialen, wirtschaftlichen und ökologischen Maßnahmen. Zusammengefügt zu einem Gesamtkonzept werden diese dazu beitragen, aus dem Wohngebiet der 70er Jahre einen Stadtteil für modernes und attraktives Wohnen zu schaffen.

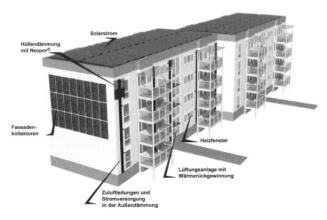

Abb. 2
Nach der
Modernisierung

Hermann Behle / Anette Chabayta / Dr. Uwe Wullkopf

Das Projekt Null-Heizkosten-Haus verspricht die Reduktion des Heizenergiebedarfs auf ein Sechstel, entsprechend 20 Kilowattstunden pro Quadratmeter Nutzfläche und Jahr, und hat das vollständige Abkoppeln von künftigen Energiepreiserhöhungen zur Folge. Für die Mieter des modernisierten Hauses bedeutet dies, künftig nur noch eine konstante Warmmiete zu zahlen. Dies wird erzielt zum einen durch die Verbesserung der thermischen Gebäudehülle, die der Vermeidung von Wärmeverlusten dient, zum anderen durch den Einsatz einer neu aufgebauten Anlagentechnik. Durch das aufeinander abgestimmte Konzept wird eine neue Qualität erreicht, die sich in sehr guter Behaglichkeit, Wohngesundheit und trotzdem vertretbaren Baukosten zeigt. Neben mehr Komfort und sinkenden Nebenkosten ist der positive Nebeneffekt der, einen Beitrag zur CO_2-Reduzierung und damit einen wichtigen Umweltbeitrag zu leisten.

Das vierstöckige Haus wurde komplett, in bewohntem Zustand, modernisiert. Mit Hilfe der Anbringung technischer Elemente in der gedämmten Außenwand konnte der Wohnbereich von den Bautätigkeiten weitestgehend verschont bleiben. Neben der Nachrüstung von acht Quadratmeter großen, vorgestellten, thermisch getrennten Balkonen, wurden die bisherigen Loggien verglast, wodurch zusätzliche Wohnfläche entstanden ist, sowie die Bäder komplett saniert und auf den Stand der Zeit gebracht.

Rundum isoliert durch innovative Gebäudedämmung

Das Null-Heizkosten-Haus wurde komplett, von der Kellerdecke bis zum Dach, mit dem BASF-Dämmstoff Neopor® umhüllt. Dieser silbergraue Stoff ist der Nachfolger des seit Jahrzehnten eingesetzten Dämmstoffes Styropor® und das Ergebnis intensiver Forschung im Rahmen der Verbesserung der Wärmedämmeigenschaften. Das Rohgranulat enthält mikroskopisch kleine Graphitplättchen, die die Wärmestrahlen reflektieren und absorbieren und somit die Wärmeleitfähigkeit deutlich verringern. Der Vorteil im Vergleich zu Styropor® liegt darin, dass mit weniger Rohstoff eine bessere Wärmedämmung erzielt wird, der Nutzen für die Umwelt liegt auf der Hand. Studien zufolge ergibt die alleinige Wärmedämmung ein leicht erschließbares Energieeinsparpotenzial von über 50 % (Institut Wohnen und Umwelt). Die eingesetzten Gelder für den Wärmeschutz amortisieren sich meist schon in wenigen Heizperioden.

Ein ausgeklügeltes System

Für behagliche Wärme im Null-Heizkosten-Haus sorgt ein ausgeklügeltes Heiz- und Lüftungssystem mit Wärmerückgewinnung, das den Heizenergiebedarf erheblich reduziert. Wärmetauscher mit geprüftem und zertifiziertem Rückgewinnungsgrad prognostizieren eine Einsparung von über 80 % (η_{WRG}>80 %). Der Restwärmebedarf wird mithilfe von Solarkollektoren auf dem Dach und an der Hausfassade gedeckt, die die Energie für Strom und Warmwasser gewinnen.

Die Wärmeverteilung in den einzelnen Räumen des Gebäudes erfolgt durch die Zuluft, die zentral über einen Zuluftnacherhitzer erwärmt wird. Dies erfolgt mittels Zulufttemperaturfühler im Hauptzuluftkanal, der in Abhängigkeit zur Außentemperatur gesteuert wird. Damit wird eine Deckung der Grundheizlast erreicht. Die Verteilung der Zuluft im Luftverteilungssystem, das innerhalb der Dämmung auf der Fassade angebracht ist, wurde hydraulisch abgeglichen.

Wenn es trotzdem noch zu kalt ist
Ein kleiner Restwärmebedarf bleibt. Abgedeckt wird dieser unter Berücksichtigung der Energieeffizienz durch eine elektrische Glas- und Widerstandsheizung, wie sie seit kurzem von der österreichischen Firma Glastherm angeboten wird.

Eine im Fensterglas integrierte Heizung sorgt für die notwendige Zusatzwärme im Haus. Durch die im Inneren der Scheibe enthaltene durchsichtige Metallbedampfung werden bei Anlegen einer Niederspannung (12-24 V) Wärmestrahlen erzeugt, die in die Wohnung gelangen. Die zwischen den Fensterscheiben integrierten Zwischenräume sind mit einem Edelgas gefüllt, das wiederum verhindert, dass die Wärme nach Außen entweicht. Die raumweise Nacherwärmung wird pro Zimmer über einen eigenständigen Raumthermostaten für die Fensterbeheizung gesteuert.

Das Klima
Während die Heizfenster Temperaturspitzen abdecken, sorgen kontrollierte Be- und Entlüftungsanlagen für das richtige Klima. In das ausgeklügelte System ist ein Pollenfilter eingebaut, der nicht nur Allergikern Linderung verschafft, sondern insgesamt für ein sauberes Raumklima sorgt.

Weiterhin wird durch die Wärmerückgewinnung die Zuluft erwärmt, in alle Räume geleitet und mittels Überströmgitter in die Räume mit Luftverschlechterung geleitet, von wo aus diese über regulierbareAblufteleme nte abgesaugt wird. So entsteht ein gewollter Unterdruck im WC, der die Ausbreitung unangenehmer Gerüche im Haus verhindert.

Der Brandschutz wird durch geprüfte Brandschutzklappen nach DIN 1946 gewährleistet, da die Einhaltung der DIN 18017 bei einem Projekt dieser Größe nicht ausreicht. Zur Vermeidung von Schallübertragungen oder Geräuschen sind Schalldämpfer in den Lüftungsrohren eingesetzt worden.

Durch die über 20 Jahre festgeschriebene Einspeisevergütung ist mit der Erwirtschaftung eines Überschusses zu rechnen, der beispielsweise wiederum die Kosten für die Wartung der Lüftungsanlage (Filter, Brandschutzklappen etc.) deckt.

Das Wasser
Die Warmwasserbereitung erfolgt mithilfe einer thermischen Solaranlage, die an der Südfassade des Hauses angebracht wurde. Zur Gewährleistung einer Legionellenschutzschaltung und zur Nachheizung wurde eine elektrische Heizpatrone in den Pufferspeicher eingesetzt. Der zusätzlich benötigte Strom wird über eine Photovoltaikanlage (440 m²) auf dem Flachdach erzeugt.

Fazit

Mit dem Pilotprojekt Null-Heizkosten-Haus zeigt die LUWOGE consult, dass es nicht nur technisch möglich ist, ältere Mietshäuser in bewohntem Zustand zu einem Energiesparhaus zu modernisieren, sondern die Investition in eine energetische Modernisierung höchst rentabel ist. Es ist davon auszugehen, dass mit diesem Konzept eine neue Ära in der Altbausanierung angebrochen ist.

Kontakt

Hermann Behle / Anette Chabayta / Dr. Uwe Wullkopf,
LUWOGE Consult GmbH
E-Mail: info@luwoge-consult.de

Hochhaus auf höchstem Niveau saniert

Bernd Kirschner, HOWOGE Wohnungsbaugesellschaft mbH

Vor gut einem Jahr wurden den Mietern des Doppelwohnhochhauses in der Berliner Schulze-Boysen-Straße 35-37 umfangreiche Instandsetzungs- und Modernisierungsarbeiten angekündigt. Ihr Ziel bestehe darin, die Wohnbedingungen zu verbessern, die Betriebskosten zu senken und das Gebäude grundlegend zu sanieren, hieß es in dem Schreiben. Das Wohnquartier gehört zum Bestand eines der großen städtischen Wohnungsunternehmen Berlins, der HOWOGE Wohnungsbaugesellschaft mbH, und wurde von der Deutschen Energie-Agentur (dena) für das Modellvorhaben „Niedrigenergiehaus im Bestand" ausgewählt. In diese Kategorie fallen Häuser mit einem Heizwärmebedarf von jährlich 50 kWh/m² und weniger. Das Pilotprojekt lotet den Spielraum von Primärenergiebedarfssenkungen im Altbau und effektive technische Möglichkeiten dazu aus, wobei der Einheit von hoher thermischer Qualität der Gebäudehülle und dem Einsatz energieeffizienter Anlagentechnik besondere Bedeutung beigemessen wird. Der Rahmen für die Teilnahme war durch Vorgaben abgesteckt, die das von der HOWOGE vorgeschlagene Hochhaus durchweg erfüllt. In neunmonatiger Bauzeit wurde es von Kopf bis Fuß saniert und auf ein beispielhaftes energetisches Niveau gebracht. Es ist derzeit das größte Niedrigenergiehaus in Deutschland. Wir haben unser Versprechen gegenüber den Mietern in allen Punkten gehalten. Wir möchten aufgrund unserer Erfahrungen Bauherren Mut machen, den Niedrigenergiehaus-Standard auch bei großen Wohnanlagen ins Auge zu fassen, weil die Mehraufwendungen im Verhältnis zum Nutzen gering sind.

Unser Wohnungsunternehmen verfügt über einen Bestand von 48.500 Wohnungen und hat sich durch seine zielstrebige Bestandssanierung auf dem Berliner Wohnungsmarkt einen Namen gemacht. Insgesamt sind bisher mehr als eine Milliarde Euro in die Komplettsanierung und Wohnumfeldgestaltung der überwiegend industriell errichteten Wohnquartiere geflossen. Dabei blieben die Mieten bezahlbar. Laut einer Mieterumfrage sind mehr als zwei Drittel der Mieter mit ihren Quartieren zufrieden. Mit 3,4 % liegt der Leerstand in den sanierten Beständen unter dem Berliner Durchschnitt. Im Ergebnis der erfolgreichen Umsetzung seiner Modernisierungsstrategie ist es gelungen, den Anteil der Heiz- und Warmwasserkosten an den Gesamtbetriebskosten von 48 auf 30 % zu senken. Mit der erfolgreichen Umgestaltung des in die Jahre gekommenen Doppelwohnhochhauses in das landesweit größte Niedrigenergiehaus setzte die HOWOGE gewissermaßen den Schlusspunkt unter die Sanierung ihrer Plattenbauten.

Standard industriellen Bauens der 70er Jahre

Mit 296 Wohnungen und über 18.000 m² Wohnfläche verkörperte das von 18 auf 21 Geschosse ansteigende Typenhochhaus den Standard industriellen Bauens der 70er Jahre. Auf eine durchgehende Stahlfundamentplatte gegründet, erreichen die Wohntürme 54 bzw. 62 m Höhe. Der Baukörper besteht aus zwei unmittelbar aneinandergrenzenden Hochhäusern. Die Außenwände sind vom Ursprung her als Dreischichtplatten mit 10 bzw. 19 cm starker Tragschale, 5 cm dicker Wärmedämmschicht und 6-cm-Wetterschale aus Beton ausgeführt. Die Ortbetonwände des Erdgeschosses verfügten über keine Dämmung, was auch für die Bauteile des über der obersten Wohnetage befindlichen Dachgeschosses galt. Witterungseinflüsse hatten dem Erscheinungsbild und der Funktionsfähigkeit der Außenwandkonstruktion zugesetzt. Undichte Elementfugen bildeten Wärmebrücken, die zu erheblichen Wärmeverlusten führten. Wärme für Heizung und Warmwasser liefert der regionale Energieversorger über sein Fernwärmenetz. Die Verteilung innerhalb des Gebäudes erfolgte über individuell nur in geringem Umfang regelbare Einrohrheizungen mit ungedämmten Steigleitungen. Der Verschleiß der haustechnischen Anlagen beeinträchtigte in vielen Fällen ihre Funktionstüchtigkeit.

Innovative Lösungen und kreative Partner

Unser Sanierungskonzept packte das Übel an der Wurzel. Es verband, wie vom Initiator des Pilotprojektes angestrebt, die Verbesserung des Wärmeschutzes der Gebäudehülle mit dem Einsatz moderner technischer Versorgungs- und Erzeugungsanlagen. Seine Umsetzung brauchte innovative Lösungen und kreative Partner. Mit dem Ingenieurbüro für Projektentwicklung und Baubetreuung GmbH (IPB.B), dem die Generalplanung übertragen wurde, und dem Büro ISB, Planungsbüro für Haustechnik, Ingenieurgesellschaft Schneider & Bauer mbH, fanden wir solche Partner. Dem Doppelwohnhochhaus WHH GT 18/21 begegneten die Planer und Architekten nicht zum ersten Mal, die Zielstellung Niedrigenergiehaus war jedoch Neuland.

Die zügige Realisierung eines solchen Projekts hängt nicht zuletzt von der Kooperationsbereitschaft der Bewohner ab. Die Mieter erhielten in einer Mieterversammlung Gelegenheit, sich im Detail über Umfang und Zeitpunkt der Baumaßnahmen zu informieren und konnten sich beim Auftreten von Problemen an namentlich festgelegte Ansprechpartner wenden. Für Phasen höchster baulicher Belastungen standen für kinderreiche Familien und ältere bzw. kranke Bewohner Tagesunterkünfte und Ausweichquartiere zur Verfügung.

Das Gebäude wurde zunächst in ein macheffektives Wärmedämm-Verbundsystem gesteckt. Verwendung fanden mineralische Dämmplatten der Wärmeleitfähigkeitsgruppe 035, die sehr gute Dämmeigenschaften besitzen, den

Schallschutz verbessern und nicht brennbar sind. Um die Wärmeverluste über das Dach zu verringern, wurden Fußboden und aufgehende Wände des nicht genutzten Dachgeschosses mit 140 mm starken Dämmplatten versehen. Auf der Fassade beträgt die Stärke der Dämmung überdurchschnittliche 120 mm. Der unansehnliche Waschbeton musste damit einer Putzoberfläche weichen, die der Fassade wieder ein Gesicht gibt. Nach dem Auftrag von Armierungsspachtel wurden die Platten im Bereich der Fassade verputzt und mit einem atmungsaktiven, schmutzabweisenden Fassadenfinish gestrichen. Weitere Reserven konnten durch den Austausch der Fenster erschlossen werden. Die neuen Fenster mit Dreischeiben-Isolierverglasung erreichen einen Wärmedurchgangskoeffizienten Uw = 1,1, W/(m² K). Bei den Fassadenelementen in den Loggien liegt er nur geringfügig höher. Geschlossen wird die Gebäudehülle durch die rückseitige Dämmung der Fußböden der unteren Wohnungen.

Weil beim Lüften große Mengen Wärme verlorengehen und der Niedrigenergiestandard die Luftdichtigkeit der Gebäudehülle voraussetzt, erwies sich der Einbau einer Anlage zur kontrollierten Wohnungslüftung als unverzichtbar. Damit wird die verbrauchte Luft aus allen Wohnräumen abgesaugt und über einen hocheffizienten Wärmetauscher in der zentralen Wärmerückgewinnungsanlage zur Vorerwärmung der angesaugten Frischluft genutzt, die wieder in die Wohnräume eingeleitet wird. Auf diese Weise wird eine 0,4- bis 0,8-fache Luftwechselrate pro Stunde realisiert. Der hygienisch notwendige Luftwechsel wird garantiert.

Wärmeversorgung auf modernsten Stand gebracht

Innovative Technik hielt im Rahmen der Modernisierung der Wärmeversorgung in das Gebäude Einzug. Die Planung, Realisierung und der Betrieb oblag der HOWOGE Wärme GmbH, einer Tochter der HOWOGE, die auf diesem Gebiet über reichlich Erfahrung verfügt. Es blieb bei der vertraglich vereinbarten Versorgung mit Fernwärme, jedoch eröffnet der Einsatz einer modernen Hausanschlussstation mit kombinierter Energie- und Speichersteuerung sowie integriertem Blockheizkraftwerk (BHKW) dem Wärmemanagement über Gebäudeleittechnik ganz neue Möglichkeiten. So sorgt ein Fernwärme-Pufferspeicher im Zusammenspiel mit fortschrittlicher Regelungs- und Steuertechnik für den Ausgleich von Bedarfsschwankungen und die Optimierung des Fernwärmeanschlusswertes. Der Verzicht auf Warmwasservorrangschaltung, Optimierung und Leistungsregelung der Pumpen zahlte sich in weiterer Senkung des Energiebedarfs aus. Durch eine neuartige Schaltung wird die gesamte zirkulierende Trinkwassermenge kontinuierlich entkeimt und die Gefahr von Legionellenbefall dauerhaft ausgeschlossen.

Ergänzt wird die Hausanschlussstation durch ein erdgasbetriebenes BHKW mit 20 kW elektrischer und 43 kW thermischer Leistung, das im Grundlastbetrieb mit jährlich über 8.000 Betriebsstunden gefahren werden soll. Der anfallende Strom steht für die Versorgung technischer Anlagen des Gebäudes wie Lüftungszentralen, Hausanschlussstation und Beleuchtung zur Verfügung.

Der Absenkung der Heizsystemtemperaturen von 110/70 °C auf 70/55 °C trug der Einbau neuer Heizflächen mit Thermostatventilen und systembedingter Kurzschlussstrecke Rechnung, was eine individuelle Regelung möglich macht.

Rechnung geht auf

Wir hatten den Mietern eine moderate, sozial vertretbare Umlage der Modernisierungskosten in Aussicht gestellt. In einer Vergleichsrechnung ermittelten unsere Experten den Ertrag der Komplettsanierung. Unter Zugrundelegung des beheizten Wohnvolumens nach der Energieeinsparverordnung ergab die Gegenüberstellung von Alt und Neu eine Verringerung des Primärenergiebedarfs um 33,8 % und eine Senkung der Transmissionswärmeverluste um 38,1 %.

Die Praxis muss zeigen, ob die Rechnung in allen Punkten aufgeht. Die reinen Baukosten der Sanierung des Doppelhochhauses belaufen sich auf rund 8,0 Mio. Euro. Darin enthalten sind die Mehrkosten von 422.000 Euro für die Sanierung auf Niedrigenergiehausniveau. An Geldern standen neben Eigen-

mitteln zinsgünstige Kredite aus dem CO_2-Gebäudesanierungsprogramm und Fördermittel der KfW zur Verfügung. Für die Mieter schlägt die energetische Optimierung mit einer Senkung der Betriebskosten um 0,23 Euro/m² (gegenüber Neubaustandard entsprechend Energieeinsparverordnung) zu Buche. Zum Nulltarif ist eine Modernisierung dieses Stils mit nachweisbarem Zugewinn an Wohnkomfort jedoch nicht zu haben. Nach einer überschlägigen Rechnung erhöht sich bei einer 3-Zimmer-Wohnung mit 62 m² Wohnfläche die Bruttomiete von 400 auf 441 Euro. Erste Erfahrungen zeigen, dass Leerstand künftig dennoch kein Thema mehr ist.

Mit dem erfolgreichen Abschluss dieses bundesweit beachteten Projekts unterstreicht die HOWOGE Wohnungsbaugesellschaft ihre Kompetenz in Sachen Bestandssanierung und erreicht eine neue Qualität der Kombination von bau- und anlagentechnischen Maßnahmen.

Kontakt:

Bernd Kirschner, HOWOGE Wohnungsbaugesellschaft mbH
E-Mail: gf@howoge.de

Von der maroden Mietskaserne zum zukunftssicheren Vermietungsobjekt

Niedrigenergiesanierung eines Berliner Mietshauses im Spiegel der Nachhaltigkeit

Dr. Ralf Hemmen, SynErgion Energietechnik
Dirk Schünemann, Holzbär

Vor dem Hintergrund des immer evidenter werdenden Klimawandels stellt sich zunehmend die Frage, wo und wie Energieverbräuche und damit verbundene CO_2-Emissionen mit volkswirtschaftlich und privatwirtschaftlich vertretbarem Aufwand reduziert werden können. Raumheizung und Warmwassererzeugung im Gebäudebereich beanspruchen ca. 30 % des Gesamtenergiebedarfs Deutschlands. Vom Gebäudebestand befinden sich wiederum ca. 80 % in einem nach heutigen Verhältnissen unzureichenden energetischen Zustand. In vielen, vor allem älteren Gebäuden lässt sich der Energiebedarf mittels geeigneter Maßnahmen um oftmals mehr als zwei Drittel reduzieren. Das Einsparpotenzial ist somit erheblich.

Im Segment seitens der Eigentümer selbst genutzter Gebäude und insbesondere der Neubauten hat sich diese Erkenntnis schon weit verbreitet, weil der Eigentümer-Nutzer ob der ihm zufließenden Einsparungen beim Einkauf von Energieträgern den direkten Nutzen hat. Im Segment Mietshäuser hingegen werden auch heute noch vielfach Gebäude ohne energetische Optimierung saniert, da der Einspargewinn nicht direkt dem Eigentümer, sondern dem jeweiligen Nutzer zufließt. Es stehen zwar – insbesondere für Wohnbauten – günstige Finanzierungsinstrumente wie etwa das CO_2-Gebäudesanierungsprogramm der KfW sowie die Möglichkeit von Modernisierungsumlagen nach § 559 BGB zur Verfügung, jedoch ist es oftmals und besonders bei meist vor 1945 entstandenen Gebäuden mit komplexerer Kubatur bei derzeitigen Referenzpreisen für fossile Energieträger (Erdgas, Heizöl) – noch – nicht möglich, Warmmietenneutralität zu erreichen.

Weiterhin bestimmen häufig kurzfristige Renditekriterien die Planung einer Gebäudemodernisierung. Vielfach wird ein alsbaldiger Verkauf des Objektes nach Modernisierung, häufig mit vorhergehender Aufteilung in Eigentumseinheiten, angestrebt. Dies senkt – derzeit noch – die Bereitschaft, sich auf einen gewissen Mehraufwand für eine umfassende energetische Sanierung einzulassen.

Betrachtet man hingegen die Lebensdauer von Sanierungsmaßnahmen und die daraus folgenden Intervalle einer umfassenden Modernisierung im Lebenszyklus eines Gebäudes, so betragen diese oftmals 20 bis 30 Jahre. Dies bedeutet, dass die entsprechenden Maßnahmen auch nach dieser Zeitspanne noch „funktionieren" müssen.

Nach heutigem Erkenntnisstand muss man davon ausgehen, dass ein jetzt mit einer Modernisierung begonnener Zyklus in Zeiten deutlicher Preissteigerungen oder sogar Verknappungen bei fossilen Energieträgern hineinreichen wird.

Seit einiger Zeit zeigt sich, dass der Anteil „Energie" bei den Wohn- bzw. Nutzungskosten wesentlich schneller ansteigt als die allgemeine Preis- und Einkommensentwicklung. Damit verbunden steigt die Warmmieten-Zahlungsbereitschaft der Mieter als Nutzer deutlich geringer als die Kosten für Energiebezug. Den Mieter interessiert ausschließlich, was ihn der Mietraum warm, d. h. einschließlich aller Betriebs- und Energieaufwendungen, kostet. So besteht – bei zu hohem Energiebedarf – die Gefahr, dass Energiepreissteigerungen durch Nachlässe bei der dem Eigentümer zufließenden Nettokaltmiete aufgefangen werden müssen, um überhaupt eine Vermietbarkeit zu erreichen. Dies kann dazu führen, dass mittel- bis längerfristig die Rendite aufgezehrt wird und schlimmstenfalls sogar Finanzierungen nicht mehr bedient werden können.

Auch im Falle eines angestrebten Verkaufs des Gebäudes wird sich der – gegebenenfalls zu hohe – Energiebedarf negativ bemerkbar machen. Der am Markt für Mietwohnobjekte erzielbare Kaufpreis ist über den Ertragswert unmittelbar an die erzielbare Nettokaltmiete gekoppelt und sinkt somit bei überproportional ansteigenden Energieaufwendungen. Hier setzt auch die bevorstehende Einführung des Energiebedarfsausweises (Energieausweis, auch als sogenannter „Energiepass" bekannt) an. Der Energieausweis macht, sofern er bedarfsorientiert ausgestellt wird, unter normierten Bedingungen den Energiebedarf transparent und vergleichbar. In Zukunft wird die Vorlage eines Energiepasses sowohl im Falle des Verkaufs der Immobilie als auch bei deren Neuvermietung obligatorisch sein.

Daraus ergibt sich, dass mittel- bis langfristig (und auch volkswirtschaftlich) gedacht, eine umfassende energetische Gebäudeoptimierung im Zuge einer Modernisierung unumgänglich wird, auch wenn sich kurzfristig vielleicht wegen – derzeit noch – nicht vollständig erreichter Warmmietenneutralität Nachteile ergeben sollten.

Die Grundstücksgesellschaft Karl-Kunger-Straße 3, welche aus drei Privatinvestoren besteht, suchte und erwarb ein für Berlin typisches Mietwohnhaus von vornherein mit dem Ziel – neben einer geeigneten Mikro- und Makrolage – eine beispielhafte energetische Sanierung des Gebäudes planen und durchführen zu können.

Das Gebäude Karl-Kunger-Straße 3 liegt in Berlin-Treptow, nahe der Grenze zu Kreuzberg, nahe am Lohmühlenkanal und ebenfalls nahe am Görlitzer Park sowie zu der sich rund um die Spree entwickelnden „Medienstadt" – also in einer Lage mit Potenzial. Das von der Straße aus gesehen unscheinbare Gebäude liegt mit seiner nach Süden ausgerichteten Rückseite an einem entkernten und bereits begrünten Hof. Nachstehend seien die Objekt-Kenndaten kurz umrissen:

- Altbau Mietwohnhaus Baujahr 1907
- klassischer Mauerwerksbau, weitgehend typisiert
- Vorderhaus und Seitenflügel
- 17 Wohnungen 50...95 qm, weitgehend unsaniert
- 15 Wohnungen mit Öfen, 2 mit Gasetagenheizung
- Dachgeschossausbau mit 2 Wohnungen genehmigt
- vermietbare Wohnfläche nach Sanierung und Dachausbau 1.312 qm
- typischer Einzeleigentümer-Streubesitz
- zusätzliches Lagekriterium bei der Objektauswahl: energetische Mikrolage durch nach Süden offene Hoflage
- ca. 60 % der Wohnfläche sind derzeit vermietet

Das Haus Karl-Kunger-Straße 3 wird im Rahmen des dena-Projektes „Niedrigenergiesanierung im Bestand" als Modellvorhaben umfassend energetisch saniert.

Für die gesamte Außenfassade des Gebäudes wurde ein umfassendes Wärmedämmungskonzept erstellt mit dem Ziel, ein unter den gegebenen gebäudespezifischen Bedingungen optimal konfiguriertes Wärmedämm-Verbundsystem zu planen. Die Fassade wird – mit Ausnahme der an die Nachbargebäude angrenzenden Brandschutz-Überschlagszonen, welche gemäß Bauordnung mineralisch zu dämmen sind – mit dem Hochleistungsdämmstoff Neopor der BASF gedämmt. Hier wird eine Polystyrol-Hartschaumplatte aus Neopor mit der Wärmeleitstufe WLS 032 eingesetzt. Damit kann die Dämmstärke in den meisten Fassadenbereichen auf 12 cm begrenzt werden. Dies ist von besonderer Bedeutung, da die Wandstärken im Bestand in den unteren Geschossen bereits 51 cm bzw. im Erdgeschoss sogar 64 cm betragen. Das Anbringen der Wärmedämmung führt zu einer entsprechenden Erhöhung der Wandstärke, welche auf ein Mindestmaß beschränkt werden sollte, um bei altbautypischen, relativ schmalen Fenstern den Lichteinfall nicht zu sehr zu beeinträchtigen.

Besonderes Augenmerk wird dabei auf die konstruktive Vermeidung von Wärmebrücken sowie die Sanierung vorhandener Wärmebrücken gelegt werden. Dies ist etwa bei der Behandlung vorhandener Balkone und Herstellung der An- und Abschlüsse der Dämmungen sowie im Dachbereich von Bedeutung. Die Balkone werden außenseitig der Brüstung und unterseitig mit eingedämmt. Der Anschluss der Brüstungen wird vom Mauerwerk getrennt und nach Einbringen einer Dämmschicht über einen Anker wieder mit dem Mauerwerk verbunden. Der vorhandene Bodenbelag wird auf ca. 20 cm an das Mauerwerk angrenzender Breite aufgenommen, eine Dämmschicht eingelegt und dann wieder geschlossen. So wird die Wärmebrückenwirkung des Balkons auf ein tolerables Restmaß reduziert.

Die vorhandenen, zum Teil noch aus der Erbauungszeit des Gebäudes stammenden Fenster werden durch neue Fenster mit Wärmeschutzverglasung ersetzt, welche außenbündig mit der Fassade eingebaut werden. Damit kann die Wärmedämmung problemlos den Fensterrahmen überdeckend angeschlossen werden. Wärmebrückeneffekte werden so minimiert und das gesamte Mauerwerk wird im Warmbereich liegen. Durch Entfernen der bisher als Fensteranschlag dienenden äußeren Faschen wird zudem die lichte Öffnungsweite vergrößert und damit der den Lichteinfall verschlechternde Einfluss der Erhöhung der Wandstärke infolge der Wärmedämmung kompensiert.

Auch in den Treppenhäusern werden die vorhandenen Einfachfenster durch solche mit Wärmeschutzverglasung ersetzt. In Verbindung mit der Außenwanddämmung und dem Einbau einer Abtrennung zum Eingangsbereich im Erdgeschoss werden so die Treppenhäuser mit in den Warmbereich überführt. Wärmeverluste über die Wohnungseingangstüren und die Treppenhaus-Umfassungswände werden erheblich reduziert. Luftaustausch, der durch ausschließliches Betreten des Eingangsbereichs (z.B. Briefträger, Müllabfuhr) entsteht, kann sich dann nicht mehr in die Aufgänge fortsetzen.

Nach eingehender Untersuchung des vorhandenen Dachaufbaus über dem Vorderhaus hat sich der Bauherr in Verbindung mit dem geplanten Ausbau des Dachgeschosses zu einem kompletten Neuaufbau des Daches einschließlich Tragkonstruktion entschieden. Hierdurch wird es insbesondere möglich, den kompletten auszubauenden Dachbereich mit einer Aufsparrendämmung mit einem System aus PUR-Hochleistungsdämmstoff zu versehen. Damit liegt die gesamte Tragkonstruktion im Warmbereich und Schäden durch Tauwasserbildungen durch etwaige – gegebenenfalls erst später eintretende – Undichtigkeiten in der Luftdichtigkeitsschicht wird so konstruktiv vorgebeugt. Während der Bauphase wird die Luftdichtigkeit mittels eines Blower-Door-Tests kontrolliert.

Anlagentechnisch ist eine Heizungsträgerumstellung auf zentrale Versorgung und zentrale Warmwasserbereitung geplant. Da in der Straße vor dem Haus bereits Fernwärme anliegt, ist der Anschluss an das Fernwärmenetz der Vattenfall AG vorgesehen. Hierbei handelt es sich um Wärme aus Kraft-Wärme-Kopplung.

Darüber hinaus wird ein Lüftungssystem mit Abluftwärme-Rückgewinnung eingebaut. Eine eingehende Untersuchung der Gebäudestruktur und die strangbezogene Planung der Küchen und Bäder ergab, dass es möglich ist, im Bereich der ohnehin vorhandenen Versorgungsstränge Lüftungskanäle für eine Abluftanlage in das Haus zu integrieren. Die so erfasste Abluft wird im Heizungskeller gebündelt, was den Einsatz einer Wärmepumpe zur Rückgewinnung von Abluftwärme ermöglicht. Die erforderliche Zuluft wird in jede Wohnung einzeln durch in die neuen Fenster integrierte differenzdruckgesteuerte Zulufteinlässe eingeführt. Der Einbau eines zentralen Zuluftsystems, welcher einen Kreuzwärmetauscher anstelle der Wärmepumpe ermöglicht hätte, ist im vorliegenden Fall nicht sinnvoll, da die erforderlichen Kanäle mit erheblichem Bauaufwand neu in Wohnräume hätten eingebaut werden müssen. Außerdem erscheint es bei einer zentralen Zuluftversorgung mehrerer übereinanderliegender Wohnungen über einen Strang schwierig, hygienische Probleme dauerhaft und zuverlässig auszuschließen.

Die Lüftungsanlage ermöglicht es zudem, durch Einhalten des hygienisch notwendigen Mindestluftwechsels Überfeuchtungen, welche oftmals in abgedichteten Gebäuden durch falsches oder unzureichendes Lüftungsverhalten der Mieter eintreten und häufig zu Schimmelbefall führen, zuverlässig zu vermeiden. Somit werden energiesparende und bauphysikalisch notwendige Maßnahmen synergiebildend kombiniert. Der regelmäßige Luftaustausch ist zudem wesentlich effizienter als eine freie Lüftung über geöffnete Fenster, deren Wirksamkeit stark von den momentanen Temperatur- und Windbedingungen abhängt. Kontinuierliche Lüftung über eine Lüftungsanlage verhindert zudem sich auf ein gesundheitsschädliches Maß akkumulierende CO_2-Konzentrationen, welche sonst in – insbesondere kleineren – Schlafräumen bei dicht schließenden Fenstern durch laufende Atmung der schlafenden Personen entstehen können.

Die Wärmepumpe wird im Sommer auf Betrieb gegen Außenluft umgeschaltet und zur Trinkwassererwärmung eingesetzt. Damit erhöht sich die Auslastung der Wärmepumpe deutlich.

Mit dem vorgenannten Maßnahmenbündel werden die Neubau-Grenzwerte der EnEV für ht und Qp um jeweils mindestens 30 % unterschritten.

Die Sanierung wird im weitgehend bewohnten Zustand des Gebäudes (ca. 60 %) durchgeführt. Dies erfordert eine enge Koordination der Bauarbeiten mit den Mietern. Des Weiteren ist es wesentlich, die Baumaßnahmen so zu planen und durchzuführen, dass die Belastung der Mieter minimiert wird. Hier kommt es vor allem auf zügiges und sauberes Arbeiten an. Besonderer Wert wird bei der Planung aller Maßnahmen in den Wohnungen auf weitestgehende Vermeidung von Staub bzw. dessen Erfassung und Absaugung an der Quelle gelegt. Entsprechende Auflagen werden für die einzelnen Gewerke bereits in die Ausschreibungen aufgenommen.

In der Planung und Ausführung der Sanierung werden modellhafte und auf den Mietshaus-Altbaubestand in Berlin übertragbare Ausführungslösungen erarbeitet. Besonderes Augenmerk wird dabei auf die konstruktive Vermeidung von Wärmebrücken bzw. deren energetische Sanierung, beispielsweise bei der exemplarisch beschriebenen Behandlung vorhandener Balkone und Herstellung der An- und Abschlüsse der Dämmungen sowie im Dachbereich, gelegt werden. Weiterhin kommen möglichst leistungsfähige Dämmmaterialien mit möglichst niedrigem WLS-Wert zum Einsatz, wodurch die Dämmstärken auf ein für das Fassadenbild und den Lichteinfall durch die Fenster verträgliches Maß beschränkt werden können und dennoch zukunftsweisende Dämmwerte erreicht werden.

Im Bereich der leerstehenden Wohnungen werden zudem die Grundrisse an die heutigen Nutzungsvorstellungen angepasst. Gerade bei den kleineren Wohnungen wird hier besonderes Augenmerk auf eine möglichst funktionale Ausnutzung und Gestaltung der Nutzungsbereiche gelegt. Es ist ferner vorgesehen, die im Erdgeschoss des Vorderhauses gelegenen Einheiten behindertengerecht umzubauen.

Die Entwicklung der vorgenannten Lösungsansätze ist von besonderer Bedeutung, weil ein Großteil des zwischen ca. 1880 und 1914 entstandenen Gebäudebestandes in Berlin, welcher mit über 500.000 Wohnungen mehr als 25 % des Wohnungs-Gesamtbestandes Berlins ausmacht, weitgehend typisiert gebaut wurde. Mit einer darauf angepassten Standardisierung der wärmetechnischen Sanierungsmaßnahmen wird eine leichte Übertragbarkeit auf andere Gebäude angestrebt.

Die energetische Sanierung wird über Kreditmittel aus dem CO_2-Gebäudesanierungsprogramm der KfW finanziert. Die Möglichkeit der Umlage von Kosten für Maßnahmen zur nachhaltigen Einsparung von Energie gemäß § 559 BGB (Modernisierungsumlage) wird – unter Berücksichtigung der hierfür von Gesetzgeber und Rechtsprechung gesetzten hohen Anforderungen – genutzt.

Die Kombination zinsverbilligter Darlehen und der Modernisierungsumlage ermöglicht die Refinanzierung der Kosten für die energierelevanten Maßnahmen. Die nach der Sanierung niedrigen Energiekosten ermöglichen eine höhere Netto-Kaltmiete bei weiterhin an das Markterfordernis angepassten Warmkosten für den Mieter. Bei der Neuvermietung des derzeitigen Leerstandes (ca. 40 %) können schon jetzt Mietsteigerungspotenziale genutzt werden, zumal sich eine umfassende energetische Sanierung des Gebäudes auch durch entsprechende wohnwerterhöhende Merkmale im Mietspiegel bemerkbar macht. Langfristig gesehen wird das Leerstandsrisiko bei Mieterwechsel und damit der zu kalkulierende Mietausfall gesenkt. Aufgrund der sich bereits jetzt – noch vor Beginn der Sanierung – abzeichnenden Nachfrage für Wohnungen im Hause ist eine nachhaltige Vermietbarkeit als gesichert anzusehen.

Die Zinsverbilligung und die Tilgungszuschüsse aus dem CO_2-Gebäudesanierungsprogramm sind bei der Berechnung der Modernisierungsumlage zu berücksichtigen und an die Mieter weiterzugeben. Hierbei werden die Tilgungszuschüsse unmittelbar von den die Berechnungsgrundlage bildenden anrechnungsfähigen Baukosten abgezogen. Von den so ermäßigten Baukosten wird der als Modernisierungsmieterhöhung („Modernisierungsumlage") mögliche jährliche Betrag (11 %) ermittelt, welcher jedoch noch um die jährliche Zinssubvention im zinsverbilligten CO_2-Gebäudesanierungsprogramm zu mindern ist. Beide vorgenannten Abzüge senken – je nach Wohnung und die darauf entfallenden Maßnahmen – die Modernisierungsumlage um 25 % bis 30 % gegenüber dem sonst umlagefähigen Wert. Somit profitieren auch die Mieter vom Einsatz der Mittel aus dem CO_2-Gebäudesanierungsprogramm.

Die verbleibenden Modernisierungsumlagen sind in Verbindung mit den für die neu zu vermietenden Leerstandswohnungen kalkulierten Mieten, welche sich im Rahmen des Mietspiegels bewegen, ausreichend zur Finanzierung des durch den angestrebten Niedrigenergiestandard erhöhten Finanzierungsaufwandes. Damit ist die Gesamtrentabilität des Vorhabens „Niedrigenergiesanierung" gegeben, was neben der Nachhaltigkeit ein wesentlicher Faktor zur Entscheidung für Art und Umfang der Sanierung und energetischen Modernisierung war.

Kontakt

Dr. Ralf Hemmen, SynErgion Energietechnik
E-Mail: synergion@neuenfeld.de

Dirk Schünemann, Holzbär
E-Mail: holzbaer@blinx.de

Sanierungsprojekt „Rheinstrandallee": Abschied von fossilen Energieträgern

Dr. Reinhard Jank, VOLKSWOHNUNG GmbH

Die VOLKSWOHNUNG GmbH[1], Karlsruhe, hat im Herbst 2005 ein ehrgeiziges Projekt begonnen, mit dem insgesamt 136 Wohnungen in 4 Wohnblöcken in ihrer Wärmeversorgung völlig von fossilen Energieträgern abgekoppelt werden sollten. Gleichzeitig sollte gezeigt werden, dass Energiesparmaßnahmen so effizient ausgeführt werden können, dass den Mietern dadurch keine Mehrkosten entstehen, dass das Projekt also insgesamt kostenneutral gestaltet werden kann: Aus den Kosten der energetischen Modernisierung ergibt sich zwar eine Erhöhung der Kaltmiete, die aber durch die Einsparung an Energiekosten ausgeglichen wird.

Das Projekt wird seit Anfang 2007 durch Messungen und eine Betreuung der Mieter sowie eine Rückkopplung der Betriebs- und Nutzungserfahrungen begleitet, um eine möglichst große Wirkung an Energie- und CO_2-Einsparung (und natürlich Kosteneinsparung für die Mieter) zu erzielen. Nicht zuletzt wurde es auch im Rahmen einer TV-Dokumentation durch den SWR begleitet, um in zwei Folgen im Abendprogramm der ARD zu zeigen, wie das Projekt gelaufen ist, wie dessen Akzeptanz bei den Mietern war und ob die hier gemachten Erfahrungen übertragbar sind auf weitere Projekte.

Die Sanierungsmaßnahmen wurden im Herbst 2006 abgeschlossen. Im Anschluss daran wurde die Heizzentrale von Erdgas auf Holzpellets und ein Grundlast-BHKW, das mit Pflanzenöl betrieben wird, umgestellt. Diese Anlagen sind Mitte Januar 2007 in Betrieb gegangen.

Die Gebäude werden also künftig vollständig durch Energie aus Biomasse versorgt. Die umgebaute Heizzentrale wird von der KES – Karlsruher Energieservice Gesellschaft mbH, einer gemeinsamen Tochter der VOLKSWOHNUNG und der Stadtwerke Karlsruhe – betrieben. Die Wärme wird zu einem kostendeckenden Wärmetarif an die VOLKSWOHNUNG verkauft, die diese Kosten den Mietern im Rahmen der NK-Abrechnung weitergibt.

Im Folgenden soll eine erste Bilanz des Projektes gezogen werden, die z. T. noch auf Planungsdaten basiert. Anfang 2008 wird es möglich sein, das Projekt durch Evaluierung der begleitenden Messungen im Detail auszuwerten.

Abb. 1
Infrarot-Bilder
Rheinstrandallee/
Kranichweg vor und
nach der Sanierung

Die Maßnahmen

Die betroffene Liegenschaft besteht aus 4 Wohnblöcken aus den Jahren 1967/68 mit einer Wohnfläche von insgesamt 8.870 m^2 (beheizte Fläche 8.415 m^2, die einzelnen Blöcke haben Wohnflächen zwischen 2.000 und 2.600 m^2). Die Anzahl der Wohneinheiten in den 4 Gebäuden beträgt 3 x 36 bzw. 1 x 28 (Kranichweg 4), insgesamt also 136 Wohneinheiten. Zwei der vier Blöcke (Lindenallee 2 und Kranichweg 2) waren bereits 2002 energetisch saniert worden, die restlichen beiden (Rheinstrandallee 5 und Kranichweg 4) wurden in 2006 modernisiert, wobei sowohl umfassende energetische Verbesserungen als auch weitere Maßnahmen zur Wohnumfeldverbesserung durchgeführt wurden.

Der Sanierungs-Standard

Für die einzelnen Hüllflächen (Kranichweg 4) ergaben sich folgende Werte vor und nach der Sanierung (in W/m^2.K):

Tab. 1
U-Werte (W/m^2.K)
der Hüllflächen vor
und nach der Sanierung, Kranichweg 4

	U-Wert vor Sanierung	nach Sanierung	max. zulässiger Wert nach EnEV bei Neubauten
Außenwand	1,60	0,22	0,35
Flachdach	0,96	0,18	0,25
Kellerdecke	3,22	0,44	0,40
Fenster	3,50	1,30	1,70

Zur Sicherstellung einer bauphysikalisch sinnvollen Lüftung wurde eine Anlage zur kontrollierten Entlüftung installiert, die die Zuluft über definierte Zuluftöffnungen in den Fenstern in die Wohnungen bzw. aus der Küche und den Nassräumen über das Dach absaugt. Diese Zuluftöffnungen sind feuchtegeregelt, d. h. sie öffnen nur voll bei hoher relativer Luftfeuchte im Raum. Die Regelung stellt den aus hygienischen Gründen erforderlichen Mindest-Luftaustausch von 0,5 h^{-1} sicher.

Die sechs auf dem Dach installierten Lüftungsventilatoren sind volumenstromgeregelt und weisen einen sehr geringen Stromverbrauch von rechnerisch 0,11 Whel/m^3 auf. Der Jahresstrombedarf für das entlüftete Gebäude beträgt 2.500 kWhel/a (entspricht < 90 kWh pro Jahr und Wohneinheit bzw. 1,11 kWhel pro m^2 Wfl.) mit Stromkosten von ca. 500 Euro/a für das gesamte Gebäude (28 Wohneinheiten). Eine Wärmerückgewinnung aus der Fortluft wurde nicht vorgesehen, weil der bauliche Aufwand für die dann erforderliche zentrale Zuführung der Zuluft zu groß gewesen wäre.

Zusätzlich zur Dämmung aller Hüllflächen (Außenwand, Fenster, Kellerdecke, Flachdach sowie Rollläden) werden in den beiden neu sanierten Gebäuden – wie auch in den beiden bereits früher sanierten Blöcken – Wärmemengenzähler für die Online-Abrechnung des WW-Bedarfs (und des Kaltwasserverbrauchs) installiert. Wegen der vertikalen Heizungsanschlüsse, über die nur übereinander liegende Räume über jeweils einen Strang versorgt werden, können hingegen keine wohnungsweisen Wärmemengenzähler zur Erfassung der Heizenergie installiert werden. Stattdessen werden die Heizkörper mit elektronischen Heizkostenverteilern ausgestattet, die per Funk ausgelesen werden.

Im Gebäude Kranichweg 4 werden die alten Thermostatventile durch moderne 2-Zonenregler ersetzt, mit denen die Mieter unterschiedliche Temperaturen im Wohn- und Schlafbereich „programmieren" können. Hierdurch sollten weitere Einsparungen an Heizenergie möglich sein, die jedoch erst im Rahmen der messtechnischen Begleitung quantifiziert werden können, vor allem im Vergleich mit dem Gebäude Rheinstrandallee 5, das „nur" neue Thermostatventile erhält.

In Verbindung mit den neuen Rücklaufverschraubungen können die Heizkörper optimal einreguliert und so der Aufwand an Pumpstrom – zusätzlich zur Reduzierung des Pumpstroms durch hocheffiziente druckdifferenzgeregelte Umwälzpumpen in der neuen Hausstation – weiter reduziert werden. Alle vier Blöcke werden derzeit über ein Nahwärmenetz mit einer Länge von 150 m aus einer Heizzentrale mit 2 Erdgaskesseln (installierte Heizleistung bisher 775 kWth) versorgt.

Neben diesen direkt energierelevanten Maßnahmen gibt es eine Reihe weiterer Modernisierungs-Maßnahmen, wie Erneuerung der Elektro-, Wasser- und Abwasser-Steigleitungen, des Aufzugs, der Sanitäreinrichtungen in den Wohnungen, der Elektro- und Telefon-Installation, der Außenbeleuchtung sowie Verlegung eines Breitbandkabels. Ferner werden die Müllplätze und sonstige Außenanlagen neu gestaltet. Die Kosten für diese Maßnahmen liegen bei über 50% der Gesamt-Modernisierungskosten und damit über den Kosten der energetischen Modernisierung (ohne die Maßnahmen zur Umstellung der Heizzentrale auf Biomasse).

Über die Maßnahmen am Gebäude hinausgehend wurde für dieses Projekt beschlossen, die derzeit bestehende Wärme-Versorgung mit Brennwert-Gaskesseln (775 kWth) aufzugeben und durch eine Wärmeerzeugung mit Holzpellets (2 x 300 kWth) zu ersetzen. Neben der Energieeinsparung erfolgt also ein Umstieg auf erneuerbare Energie, zumindest bei der Wärmeversorgung. Um einen Teil des Stromverbrauchs in den vier Wohnblöcken ebenfalls durch erneuerbare Energien bereitzustellen, wurde in der Heizzentrale zusätzlich zu den Pellet-Kesseln ein kleines Pflanzenöl-BHKW installiert. Die bei der Stromerzeugung durch das BHKW entstehende Abwärme wird als Heizwärme bzw. zur Bereitstellung von Warmwasser genutzt. Das BHKW hat eine elektrische Leistung von 25 kW und eine thermische Leistung von 44 kW. Es wird in der Grundlast betrieben und deckt voraussichtlich ca. 40% des Wärme- und Strombedarfs der 4 versorgten Wohnblöcke.

Kostenstruktur und Finanzierung

Die gesamten Modernisierungskosten für den Block Kranichweg 4 (2.255 m^2 Wfl.) einschließlich Honorar- und sonstiger Nebenkosten, jedoch ohne anteilige Kosten für die Heizzentrale, betragen 1,914 Mio. Euro oder 849 Euro/m^2 (brutto; siehe nachfolgende Tabelle). Davon entfallen 48,7% auf Instandsetzungsmaßnahmen. Von den verbleibenden Modernisierungskosten (51,3% der Gesamtkosten), die nach Mietrecht auf die Kaltmiete umgelegt werden können, entfallen ca. 400.000 Euro auf energierelevante Maßnahmen („nachhaltige Einsparung von Energie und Wasser"), also 176 Euro/m^2. Dabei wurden die Vollkosten des Wärmeschutzes der Hüllflächen berücksichtigt und nicht lediglich die Grenzkosten (also die Mehrkosten für erhöhten Wärmeschutz). Die Kosten für die Umstellung der Heizzentrale auf Holzpellets sind hierin nicht enthalten, weil diese nach der Umstellung auf Wärmelieferung durch die KES im Wärmetarif enthalten sind.

Somit ergibt sich folgende Kostenstruktur:

	Investition	
	Euro	Euro/m²
Gesamtkosten	1.914.074	848,7
davon Instandhaltung	886.086	392,9
davon Modernisierung	1.020.488	452,5
Modernisierung energetisch	397.190	176,1
Modernisierung nicht-energetisch	623.298	276,4

Tab. 2 Kostenstruktur der Instandhaltungs- und Modernisierungsmaßnahmen, Kranichweg 4, 2.255 m² Wfl.

Die Energie- und CO_2-Bilanz

Die Energiebilanz vor und nach der Sanierung ist zunächst durch die Energieeinsparung infolge des zusätzlichen Wärmeschutzes sowie des kontrollierten Luftwechsels vorgegeben. Die Berechnung nach der in der EnEV vorgegebenen Methode, bezogen auf die o.g. reale Wohnfläche und nicht auf A_N, ergab für das Gebäude Kranichweg 4 eine sehr gute Übereinstimmung zwischen dem rechnerischen Bedarf an Wärmeenergie (q_W = 167,7 kWh/m²) für Heizung und Warmwasser und dem in 2004 tatsächlich festgestellten witterungsbereinigten Bedarf (q_W = 161,2 kWh/m²). Der künftige Heizenergiebedarf nach der Sanierung soll rechnerisch bei q_H = 45,4 kWh/m² liegen bzw., unter Berücksichtigung des Warmwasserverbrauchs nach EnEV (13,4 kWhth/m² A_N), bei q_W = 58,8 kWh/m².

Die rechnerische Gesamtbilanz der beiden zu sanierenden Blöcke vor und nach der Sanierung für die 4 Szenarien

(0) keine Sanierung, Beibehaltung der Heizzentrale mit 2 Erdgaskesseln mit zusammen 775 kWth,
(1) nach Sanierung; vorhandene Erdgaskessel (installierte Heizleistung 775 kWth) werden weiter betrieben und nur die Hausübergabestationen in den zwei Blöcken sowie die WW-Verteilung werden erneuert,
(2) nach Sanierung; vorhandene Erdgaskessel werden durch 2 Holzpellet-Kessel mit zusammen 600 kW Heizleistung ersetzt,
(3) nach Sanierung; zusätzlich zu den beiden Pellet-Kesseln wird ein Pflanzenöl-BHKW mit 25 kWel und 44 kWth installiert

sieht wie folgt aus:

	q_H [1]	WW [1]	e_p [2]	PE [3]	ΔPE [3]	ΔCO_2 [3]
	kWhth/m²	kWhth/m²	-	kWhPE/m²	um x %	um x %
(0) vor Sanierung, Gas-BWT	153,4	13,5	1,25	209,9		
(1) nach Sanierung, Gas-BWT	45,3	13,5	1,20	70,6	66,2	66,2
(2) nach Sanierung, Holzpellets	45,3	13,5	1,25 [4]	73,6 (11) [6]	64,8 (95)	90
(3) nach Sanierung, Holzpellets mit PÖL-BHKW	45,3	13,5	nicht def.	47,7 [5] (7,2)	77,1 (96,6)	108

1) q_h … spezif. Heizenergiebedarf
   WW … WW-Bedarf: in der EnEV vorgegeben
2) e_p … Anlagenaufwandszahl (kWhPE/kWhth)
3) PE..Primärenergie; ΔPE bzw. ΔCO_2 … Reduzierung um x %
4) bei der Ermittlung von e_p wurden Pellets/Pflanzenöl als Primärenergie angesetzt
5) mit Primärenergie-Gutschrift für erzeugten Strom
6) Werte in Klammern: nur fossiler Energie-Anteil (für PÖl wurde der gleiche Primärenergie-Faktor angesetzt wie für Pellets)

Tab. 3 Energie- und CO_2-Bilanz Kranichweg 4 vor und nach der Sanierung

Bereits die Sanierung alleine ermöglicht also eine enorme Primärenergieeinsparung um den Faktor 3, d. h. um etwa zwei Drittel (Vergleich des spezifischen Erdgas-Einsatzes vor und nach der Sanierung). Durch den Umstieg auf Pellet-Kessel ändert sich am Primärenergieeinsatz zunächst wenig (er wird höher, weil der Wirkungsgrad der Erdgaskessel besser ist). Allerdings ist der Energieträger dann nicht mehr die fossile Energie Erdgas, sondern die regenerative Energie Holz. Hierfür wäre nach EnEV ein Primärenergiefaktor von 0,1 einzusetzen (d. h. der fossile Anteil durch Aufbereitung und Transport beträgt 10 % der regenerativen Energie Holz; laut Gemis liegt dieser Anteil bei 14 %, dieser Wert wird hier übernommen). Für den CO_2-Emissionsfaktor ergibt sich aus Gemis² ein Wert 0,04 t CO_2/ MWh; somit wird eine Reduzierung der CO_2-Emission im Vergleich zum Ausgangszustand um 90 % erreicht.

Durch den zusätzlichen Einsatz des Pflanzenöl-BHKW (el. Wirkungsgrad 30 %), das wegen der niedrigen Heizleistung (44 kWth) nahezu durchgehend in Grundlast betrieben werden kann, wird zunächst – wegen der zusätzlichen Erzeugung von Strom – mehr Primärenergie in der Heizzentrale eingesetzt, als wenn nur die Pellet-Kessel betrieben würden. Allerdings erfolgt eine Primärenergieeinsparung am Standort anderer Kraftwerke entsprechend der vom BHKW erzeugten Menge an Strom, die im Kraftwerk nicht mehr erzeugt werden muss. Mit einem mittleren Kraftwerkswirkungsgrad in Deutschland von 35 % bzw. einem CO_2-Emissionsfaktor des deutschen Kraftwerks-Mix von 0,65 t CO_2 pro MWhel ergeben sich die in der letzten Zeile von Tab. 3 genannten Werte. Demnach wird durch den zusätzlichen Einsatz des PÖl-BHKW sogar mehr CO_2 eingespart (108 %) als vor der Sanierung insgesamt emittiert wurde (was durch die Stromgutschrift im Kraftwerk bewirkt wird). Man kann daher sagen, dass in der Summe aller Maßnahmen die derzeitige CO_2-Emission der Heizzentrale Lindenallee von fast 500 t CO_2/a vor den Sanierungsmaßnahmen, die 2002 begonnen wurden, ab dem Jahre 2007 praktisch auf Null t CO_2/a reduziert werden.

Da laut Gemis infolge der zur Bereitstellung der Holzpellets erforderlichen fossilen Energie ein Anteil an fossiler Energie in der Endenergie von 14 % erforderlich ist, liegt der Verbrauch an fossilen Energieträgern nach der Umstellung auf die Pellet-Kessel noch bei effektiv 11 kWhPE/m², unter Berücksichtigung des PÖL-BHKW und der dadurch erzielbaren Stromgutschrift sinkt der „effektive Einsatz an fossiler Energie" weiter auf 7,2 kWhPE/m². Bei einem Passivhaus, dessen Restenergiebedarf z. B. durch einen Gaskessel und durch Solarkollektoren (Warmwasserbereitstellung) gedeckt wird, läge dieser Wert bei 30 bis 40 kWhPE/m². Bezogen auf den Verbrauch an fossiler Energie ermöglicht unser Projekt demnach eine noch wesentlich weiter gehende Verbesserung als eine Sanierung nach Passivhaus-Standard.

Wirtschaftlichkeit

Die Kosten der energetischen Sanierungsmaßnahmen wurden oben angegeben. Ob diese Maßnahmen wirtschaftlich sind, hängt zunächst vom Ausmaß der erreichten Einsparung ab. Die entsprechenden Rechenergebnisse wurden oben genannt. Da die Rechnung mit den realen Daten vor der Modernisierung (Ist-Zustand) gut übereinstimmt, gehen wir davon aus, dass die Rechenergebnisse auch für den Zustand nach der Sanierung realistisch sein werden.

Die Wirtschaftlichkeit von Energiespar-Investitionen wird ferner stark vom Energiepreis beeinflusst. Die Heizzentrale in der Lindenallee wird seit 1997 mit 2 BWT-Erdgaskesseln betrieben. In den vergangenen Jahren gab es die bekannten Steigerungen beim Erdgaspreis. Der Durchschnittspreis (brutto) entsprechend dem Erdgastarif der Stadtwerke Karlsruhe (also Arbeitspreis plus Leistungspreisanteil der Heizzentrale Lindenallee nach Erdgas-Sondertarif) von 2000 bis 2006 (Stand April 2006) ist in Abb. 2 angegeben. Diese Entwicklung entspricht einem mittleren Anstieg des Erdgaspreises von 2000 bis 2006 um 8 % jährlich.

Um die weitere Entwicklung bis 2012 abzuschätzen, wurde in Abb. 2 ab 2007 angenommen, dass sich der Erdgaspreis bis 2012 weiter jährlich um 3 % erhöht, wobei zusätzlich der Anstieg der MwSt. in 2007 von 16 auf 19 % berücksichtigt wurde. (Die Entwicklung der Gaspreise kann nicht vorausgesagt werden. Meist wird heute unterstellt, dass das durch die Preissteigerungen der letzten Jahre erreichte hohe Energiepreisniveau „nicht mehr sinkt". Da andererseits die Lieferengpässe bzw. der Nachfrageanstieg nach Öl weiter bestehen, muss von weiter steigenden Ölpreisen ausgegangen werden und damit auch von weiter steigenden Gaspreisen.)

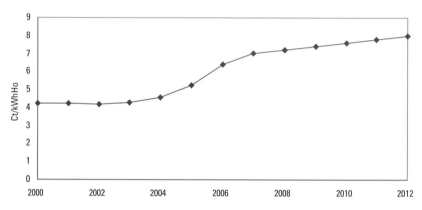

Abb. 2 Entwicklung des Brutto-Durchschnittspreises von Erdgas in Karlsruhe von 1997 bis 2006 bzw. bei einem weiteren Anstieg um 3 % jährlich ab 2007 bis 2012 (in Ct/kWhHo einschließlich der Leitungskosten)

Mit der in Abb. 2 angegebenen Entwicklung des Durchschnitts-Erdgaspreises von 2000 bis 2006 (real) bzw. dann weiter mit einer angenommenen Preissteigerung von 3 % jährlich bis 2012 und unter Berücksichtigung der ab 2007 höheren Mehrwertsteuer ergibt sich die in Abb. 3 gezeigte Entwicklung der durchschnittlichen monatlichen Energiekosten (Heizung und Brauchwarmwasser) für eine Wohnung im Gebäude Kranichweg 4 mit einer Wohnfläche von 99 m² ohne Modernisierung (obere Kurve), nach Modernisierung (untere Kurve) sowie nach Modernisierung und Umstellung von Gas auf Biomasse (Dreiecke; hier mit einem Pellet-Preis (Preisstand Ende 2006) von 3,68 Ct/kWh brutto bzw. einem Pflanzenölpreis von 6,15 ct/kWh brutto; für Pellets wurde ebenfalls angenommen, dass der Preis jährlich um 3 % ansteigt; der Pflanzenölpreis wurde als konstant angenommen).

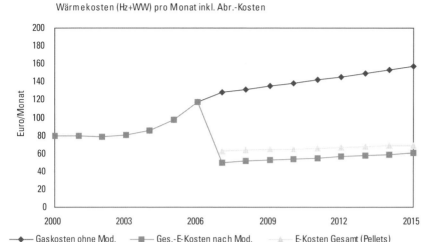

Abb. 3
Monatliche Wärmekosten (Heizung, Warmwasser) ohne Modernisierung bzw. nach Modernisierung und Weiterversorgung mit Erdgas bzw. Umstellung auf Pellets (Dreiecksymbole) bei einem mittleren Anstieg des Gaspreises und des Pellet-Preises ab 2007 um 3 % pro Jahr

Wegen der Modernisierungskosten hat die Volkswohnung den Mietern angekündigt, dass die Kaltmiete ab 2007 um 0,74 Euro/m²*Monat erhöht wird bzw. darauf folgend in 2009 und 2011 um jeweils 0,25 Euro/m²*Monat. Dieser Modernisierungszuschlag resultiert zu weniger als 50 % aus energiebedingten Modernisierungsmaßnahmen an den Gebäuden, der etwas größere Teil der Modernisierungskosten dient Wohnumfeld- oder Komfortverbesserungen (s. Abschnitt 1).

Kompensieren sich diese Mieterhöhungen und die Reduzierung der Wärmekosten? Diese Frage beantwortet der Vergleich der Entwicklung der Warmmiete ohne und mit Modernisierung (Abb. 4):

Die Gesamt-Miete in Abb. 4 setzt sich aus folgenden Komponenten (von unten) zusammen:

- Energiekosten (im Falle der Pellets inklusive Kapitalkosten der Heizzentrale)
- Betriebskosten (Kosten für Wärmeablesung und Stromkosten/Wartung der Heizzentrale; letzteres im Falle der Pellets in den Energiekosten enthalten)
- Kaltmiete (in allen Varianten gleich)
- Heizzentrale-Instandhaltungskosten (nur für die Gasvarianten, hier eigentlich in der Grundmiete enthalten; im Fall der Pellets in den Energiekosten enthalten)

- Sonstige Nebenkosten (für alle Varianten gleich)
- Zuschlag für energetische Modernisierung (Anteil der energetischen Modernisierungskosten am Gesamt-Modernisierungszuschlag von 0,74 Euro/m2*Monat ab 2007)
- Mod.-Zuschlag „Sonstiges" (Anteil der nicht-energetischen Modernisierungskosten am Gesamt-Modernisierungszuschlag von 0,74 Euro/m2*Monat ab 2007)

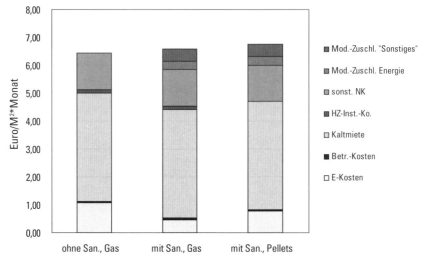

Abb. 4 Vergleich der Struktur der Gesamtmiete im Jahr 2007 ohne Modernisierung, mit Modernisierung unter Beibehaltung der Gasheizzentrale sowie mit Modernisierung und Pellet/Pflanzenöl-Heizzentrale anstelle von Erdgas

Aus Abb. 4 ergibt sich zunächst, dass die „Sonstigen Nebenkosten", deren Höhe aus der NK-Abrechnung des Jahres 2006 übernommen wurde, nahezu gleich hoch sind wie die energiebedingten Kosten, ferner, dass die Gesamt-Mietkosten nach der Modernisierung in 2007 nur wenig höher sind als sie ohne Modernisierungsmaßnahmen gewesen wären. Wenn man berücksichtigt, dass die „nicht-energiebedingten Modernisierungskosten" der Komforterhöhung bzw. der Wohnumfeldverbesserung dienen, also einen deutlich verbesserten Wohnwert für die Mieter ergeben, so kann man sagen, dass sich die Maßnahmen für die Mieter insgesamt sehr vorteilhaft darstellen und zusätzlich die weiter oben genannten außerordentlichen ökologischen Vorteile ermöglichen. Die Kosten der energetischen Modernisierung alleine werden beim derzeitigen Energiepreisniveau durch die Einsparung bei den Energiekosten überkompensiert, so dass sogar ein Teil der Kosten der nicht-energetischen Modernisierung durch die Verringerung der Energiekosten im Vergleich zum Zustand ohne Modernisierung (beim derzeitigen Gaspreis) mit abgedeckt werden kann. Dies wurde erst möglich, seit die Energiepreise den jüngsten Preisschub gemacht haben, also etwa seit Herbst 2005. Bei den vorher bestehenden Erdgas- bzw. Heizölpreisen waren diese energetischen Sanierungsmaßnahmen nur dann rechnerisch wirtschaftlich, wenn für die Kosten der energetischen Sanierung nur die Mehrkosten angesetzt wurden, die bei einer ohnehin anstehenden Sanierung der Hüllflächen für zusätzlichen Wärmeschutz und hocheffiziente Fenster entstanden. Beim Preisstand für Erdgas und Holzpellets vom Frühjahr 2006 wäre die Holzpellets-Heizzentrale im Vergleich zum Erdgas genau kostengleich gewesen. Dies hat sich durch die Preiserhöhungen bei den Holzpellets im 2. Halbjahr 2006 zu Ungunsten der Pellets verschoben. Künftige Preisentwicklungen beim Gas und bei den Pellets können dies wieder umkehren.

Dieses positive Ergebnis war allerdings nur möglich durch das KfW-Förderprogramm mit einem sehr günstigen Zinssatz von 0,65 % sowie dem Restschulderlass für die Maßnahmen im Heizwerk von 15 % der Investitionen, entsprechend 60.000 Euro.

Einbeziehung der Mieter

Die o. g. Werte, soweit sie Rechenwerte sind, beziehen sich auf eine „Standard-Nutzung" der Wohnungen, was die eingestellten Innentemperaturen und das Lüftungsverhalten angeht. Wir wissen aber, dass das energetische Verhalten der Nutzer höchst unterschiedlich sein kann, mit Unterschieden im Energieverbrauch pro Wohnung um bis zu einem Faktor 3. Die neue technische Ausstattung der Wohnungen verlangt gewisse Änderungen im bisher gewohnten Verhalten, die nur zu erwarten sind, wenn die Mieter die Notwendigkeit von Verhaltensänderungen verstehen und möglicherweise sogar Hinweise erhalten, wenn sie sich suboptimal verhalten. Aus diesem Grund erhielten die Mieter nach Abschluss der Sanierung eine Broschüre und werden im Rahmen von Mieterversammlungen über das neue System und die daraus resultierenden Konsequenzen für das Nutzerverhalten im Detail informiert. Darüber hinaus wird in 10 Wohnungen ein Messprogramm in Zusammenarbeit mit der FHS Karlsruhe durchgeführt, mit dem einerseits eine wohnungsweise monatliche Energiebilanz erstellt werden und andererseits, durch Messung der Innentemperaturen, der Luftqualität (Feuchte, CO_2-Konzentration) und der Frequenz der Fensteröffnungen sowie des WW-Verbrauchs, auch ein Bezug der ermittelten Energiebilanz zum jeweiligen Nutzerverhalten hergestellt werden kann. Die Mieter sollen diese Monats-Energiebilanzen zusammen mit einem Vergleich von Soll- und Ist-Werten erhalten. Im Rahmen von Beratungsgesprächen werden den Mietern diese Bilanzen erläutert und gegebenenfalls Rückschlüsse auf sinnvolle Verhaltensänderungen diskutiert. Insbesondere erfolgt ein anonymisierter Vergleich der Energiebilanzen aller untersuchten Wohnungen, um es den Mietern zu ermöglichen, ihren Energieverbrauch in der Wohnanlage insgesamt einzuordnen.

Ergebnis / Perspektiven

Für eine umfassende energetische Sanierung der beiden hier diskutierten Wohnblöcke ergaben sich Kosten von ca. 176 (Kranichweg 4) bzw. 214 Euro/m^2 (Rheinstrandallee 5), im Mittel knapp 200 Euro/m^2. Damit ist eine drastische Reduzierung des Einsatzes von Primärenergie zur Deckung des Heizenergiebedarfs und des Bedarfs an Warmwasser vom Ausgangswert von über 220 kWhPE/m^2 auf ca. 70 kWhPE/m^2 erreichbar. Nicht nur die Kosten dieser energetischen Modernisierung, sondern auch die der sonstigen Modernisierung, die annähernd in gleicher Höhe liegen, umgerechnet auf Jahreskosten, werden beim heutigen Gaspreis (Arbeitspreis der SW Karlsruhe in 2006: 5,11 Ct/kWhHo netto) durch die Minderkosten beim Gasverbrauch annähernd kompensiert, insbesondere wenn man berücksichtigt, dass die Kaltmiete auch ohne Modernisierungsmaßnahmen künftig mit der gleichen Rate wie in der Vergangenheit ansteigen wird. Ein Umstieg von Erdgas auf Holzpellets ist bei derzeitigen Energiepreisen (Ende 2006) und den bestehenden Finanzierungsbedingungen durch die KfW fast kostenneutral und ermöglicht eine weitere erhebliche Reduktion des Verbrauchs an fossilen Energieträgern und der CO_2-Emissionen.

Die Warmmiete (Kaltmiete plus Kosten für Heizung und WW) nach der Modernisierung (einschließlich des Modernisierungszuschlages und der Investitionskosten für die neue Pellets/Pflanzenöl-Heizzentrale, letztere finden sich im Wärmepreis wieder) liegt zum Preisstand Ende 2006 geringfügig höher als die Warmmiete ohne Modernisierung. Dieses Maßnahmenpaket ist demnach für den Mieter (und den Vermieter) fast als kostenneutral und mit wieder zunehmendem Preisabstand Erdgas/Holzpellets als kostendämpfend anzusehen und ermöglicht – unter Berücksichtigung der Stromgutschrift für den vom Pflanzenöl-BHKW erzeugten Strom – eine Reduzierung der CO_2-Emissionen um annähernd 100 %.

Eine alleinige Umstellung von Erdgas auf Holzpellets ohne Gebäudesanierung würde im konkreten Beispiel zunächst – wegen des niedrigeren Preises für Pellets im Vergleich zu Erdgas – eine Senkung der Energiekosten für die Mieter ermöglichen. Da jedoch eine Sanierung der 38 Jahre alten Gebäude ohnehin ansteht, ist diese Variante hier nicht sinnvoll. Weil andererseits die verfügbaren Mengen an Holzpellets auf längere Sicht gesehen begrenzt sind, sollten diese so effizient wie möglich genutzt werden, d.h. sie sollten nicht zur Deckung von „Verschwendungspotenzialen" eingesetzt werden (was auch für fossile Energieträger gilt).

Bei erfolgreichem Verlauf des Gesamtvorhabens, das kontinuierlich dokumentiert werden wird, u.a. durch Evaluierung der Messergebnisse im Rahmen einer Untersuchung für die EU, kann belegt werden, wie eine wirtschaftlich optimale Energie- und Klimaschutz-Strategie im Mietwohnbau künftig aussehen könnte.

Kontakt

Dr. Reinhard Jank, VOLKSWOHNUNG GmbH
E-Mail: reinhard.jank@volkswohnung.com

Fußnoten

[1] VOLKSWOHNUNG GmbH, die Wohnungsgesellschaft der Stadt Karlsruhe, vermietet oder verwaltet ca. 15.000 Wohnungen in Karlsruhe und der umgebenden Region.

[2] GEMIS: Gesamtemissionen Integrierter Systeme – ein Modell des Öko-Instituts e.V. zur Ermittlung der Emissionen verschiedener Energiesysteme (Standardmodell in Deutschland)

Energie- und CO_2-Einsparung durch Modernisierung der Wärmeversorgung: Sanierungsvarianten im Vergleich

Martin Dobslaw, E.ON Ruhrgas AG

Viele Mietwohnungsobjekte in Deutschland entsprechen hinsichtlich des Wärmeschutzes und der Wärmeversorgung nicht mehr dem heutigen Stand der Technik. Die Heizungs- und Warmwasserbereitungs-Anlagen stammen zum Teil noch aus den 70er Jahren. Aufgrund ihres Alters und des überholten technischen Standards sind sie sehr häufig nicht nur unkomfortabel und störungsanfällig, sondern arbeiten auch sehr ineffizient. Dies führt in Verbindung mit der unzureichenden Dämmung der Gebäudeaußenflächen zu einem hohen Energieverbrauch, der unnötige Kosten und Umweltbelastungen (CO_2-Ausstoß) verursacht. Gleichzeitig entsprechen solche Objekte nicht mehr den Anforderungen des Wohnungsmarktes und den Erwartungen der Mieter. Aus verschiedenen Gründen besteht also Handlungsbedarf. Dabei stellt sich für die Gebäudeeigentümer stets die Frage, mit welchen Maßnahmen unter Berücksichtigung wirtschaftlicher und ökologischer Aspekte die besten Ergebnisse erzielt werden können. Die Technische Kundenberatung Marketing der E.ON Ruhrgas AG hat für eine „typische" Wohnanlage verschiedene Modernisierungsvarianten untersucht. Die Ergebnisse liefern interessante Anhaltspunkte, die sich auf vergleichbare Objekte übertragen lassen.

Bild 1
Außenaufnahme des Beispielprojekts

Die Untersuchung bezieht sich auf eine Wohnanlage aus dem Jahr 1963, die zum Liegenschaftsbestand einer Wohnungsbaugenossenschaft gehört. Die Anlage besteht aus sieben mehrgeschossigen Gebäudekomplexen in Reihenbauweise mit insgesamt 100 Wohneinheiten (Gesamtwohnfläche ca. 6.400 m²). Seit Errichtung der Gebäude wurden – abgesehen vom Einbau doppelverglaster Fenster im Jahre 1988 – keine Maßnahmen zur Verbesserung des Wärmeschutzes ergriffen. Die Häuser sind derzeit mit unterschiedlichen dezentralen Heizsystemen ausgestattet (Gasetagenheizungen, Kohleöfen, Nachtstromspeicherheizungen), die teilweise in Eigenleistung von den Mietern installiert wurden. Warmwasser wird ebenfalls durch unterschiedliche Gerätelösungen (z. B. Durchlauferhitzer) bereitgestellt.

Hinsichtlich der Altersstruktur gleichen diese Gebäude einem beachtlichen Teil des deutschen Wohnungsbestands (vgl. Abb. 1). Bei vielen Wohnungsgesellschaften stammen bis zu 60 % der Liegenschaften aus den 50er und 60er Jahren. Obwohl hier Jahr für Jahr ein erhebliches Modernisierungsvolumen bewältigt wird, besteht nach wie vor ein hoher Erneuerungsbedarf. Nicht ohne Grund spielt die Sanierung in den Investitionsplanungen wohnungswirtschaftlicher Unternehmen eine entscheidende Rolle. Das lässt sich auch an der veränderten Struktur der Bauleistungen ablesen: Rund zwei Drittel der Investitionen entfallen inzwischen auf die Modernisierung und Instandhaltung, während das Neubauvolumen kontinuierlich zurückgeht.

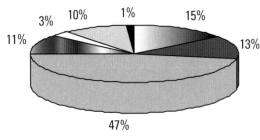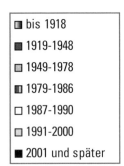

Abb. 1
Altersstruktur des
Wohnungsbestands
in Deutschland
Quelle: Statistisches
Bundesamt

Höhere Energieeffizienz steigert Marktchancen

Maßnahmen zur energetischen Optimierung können den Wert und die Attraktivität von Gebäuden erheblich steigern. Sie verbessern die Vermietbarkeit und damit die Wettbewerbsfähigkeit auf einem Wohnungsmarkt, der zunehmend von einem Angebotsüberhang bis hin zu Leerständen und wachsenden Ansprüchen auf Seiten der Nachfrager gekennzeichnet ist. Mieter erwarten heute nicht nur eine bequeme, gleichmäßige Beheizung der Wohnungen, die gute Regelbarkeit der Wärmezufuhr und eine schnelle, komfortable Warmwasserversorgung, sondern auch einen niedrigen Heizenergieverbrauch. Nicht zuletzt angesichts des aktuellen Energiepreisniveaus wächst ihre Sensibilisierung bezüglich der Nebenkosten: Auf die Heiz- und Warmwasserkosten entfallen rund 40 % der „zweiten Miete". Energieeffiziente Gebäude haben also bessere Vermarktungschancen.

Dieser Trend wird aller Voraussicht nach durch den „Gebäude-Energieausweis", der ab 2008 bei Vermietung und Verkauf von Wohnungen vorgelegt werden muss, noch weiter verstärkt. Der Ausweis dokumentiert den energetischen Zustand des Gebäudes anhand eines Energiekennwerts, der den jährlichen Brennstoffverbrauch im Verhältnis zur Gebäudenutzfläche wiedergibt. Wohnungsgesellschaften können dieses Instrument und die von ihm ausgehenden Impulse daher zunehmend in ihre Vermarktungs- und Investitionsstrategien einbeziehen. Bei dem beschriebenen Projekt will die Wohnungsbaugenossenschaft durch die umfassende energetische Sanierung der Gebäude mehrere Ziele erreichen:

- Reduzierung der Energieverbräuche
- Senkung der Heiz- und Warmwasserkosten
- Steigerung der Mieterzufriedenheit
- Sicherung einer dauerhaften Vermietbarkeit zu angemessenen Preisen
- Senkung des CO_2-Ausstoßes

Gleichzeitig soll durch den Einsatz einer technisch optimalen Lösung das Ausfallrisiko der Wärmeversorgung minimiert werden.

Umfassende Sanierungsplanung

Die geplanten Maßnahmen zielen zum einen darauf, die energetische Qualität der Gebäudehülle deutlich zu verbessern, etwa durch Dämmung der Außenwände, der obersten Geschossdecke zum unbeheizten Dachboden, der Kellerdecke sowie evtl. Austausch der Doppelverglasung gegen eine moderne Wärmeschutzverglasung.

Gleichzeitig soll die gesamte Haustechnik (Heizungs- und Sanitärtechnik) erneuert werden. Für die Wärmeversorgung wurden dabei drei Modernisierungsvarianten untersucht:

1. Errichtung von drei Heizzentralen mit Gas-Brennwertkesseln, die jeweils eine Gebäudegruppe versorgen (BW-zentral)
2. Zusätzliche Ausstattung der drei Heizzentralen mit gasbetriebenen Mini-Blockheizkraftwerken (BW-BHKW) zur Wärmegrundlastversorgung
3. Ausstattung der einzelnen Wohnungen mit Brennwert-Gasetagenheizungen (BW-GEH) als Kombigeräte für Heizung und Warmwasserbereitung

Die Warmwasserbereitung bei den Modernisierungsvarianten (1) und (2) erfolgt über wohnungsweise angeordnete Plattenwärmetauscher (Wohnungsstationen). Der Einsatz regenerativer Energien wie z. B. solarthermischer Anlagen als Ergänzung zu den Varianten (1) bzw. (2) kommt aufgrund der baulichen Gegebenheiten und der Lage der Gebäudekomplexe nicht in Betracht.

Alle drei Modernisierungsvarianten wurden unter Berücksichtigung der Energieeinsparverordnung (EnEV) und der oben genannten Ziele sowie unter Berücksichtigung der örtlichen und baulichen Gegebenheiten auf ihre Wirtschaftlichkeit (auf Basis einer Vollkostenrechnung) sowie ihre ökologischen Auswirkungen (CO_2-Minderung) untersucht.

Vollkostenbetrachtung als Vergleichsgrundlage

Im ersten Schritt wurde der Ist-Zustand hinsichtlich des Gesamtenergieverbrauchs des Gebäudekomplexes ermittelt und auf dieser Grundlage Modellrechnungen für die zu prognostizierenden Energieverbräuche aufgestellt. Da ca. 75 % der Wohnungen mit Gasetagenheizungen ausgerüstet sind, sind für die Wohnungen mit Nachtspeicherheizungen bzw. Kohleöfen angenäherte Verbrauchswerte unterstellt worden. Im Anschluss daran wurden mittels der durch die Modernisierung der Gebäudehülle verbesserten U-Werte die künftigen Heiz- und Warmwasserbedarfswerte berechnet und in Abhängigkeit von den unterschiedlichen Wärmeerzeugungssystemen der jeweils erforderliche Endenergieeinsatz bestimmt.

Anschließend nahmen die Beratungsingenieure von E.ON Ruhrgas mit Unterstützung des Ingenieurbüros HATEB GmbH Haustechnik Bohnen, Ginsheim eine Ermittlung der Investitionskosten für die Sanierung der Haustechnik vor. Sie beinhaltet bei den zentralen Lösungen die Erstellung der drei Heizzentralen ohne bzw. mit BHKW, den Einbau von Fernleitungen, Verteilleitungen in den Kellern, Steigesträngen innerhalb der Kamine sowie die Montage der Wohnungsstationen mit Anschlüssen an die vorhandenen Warmwasser- und Heizungsleitungen in den Wohnungen.

Die Kostenermittlung für die Modernisierungsvariante „Brennwert-Gasetagenheizungen" (dezentrale Lösung) sieht den Austausch der vorhandenen Wärmeerzeuger (Gasetagenheizungen, Kohleöfen usw.) gegen moderne Brennwert-Gasetagenheizungen vor. Darüber hinaus sind anfallende Baunebenkosten einbezogen worden (z. B. für das Verschließen von Durchbrüchen, Beiputzen der Anschlüsse usw.).

Bewertung der Modernisierungsvarianten aus Vermieter- und Mietersicht

Bei den Berechnungen zur Ermittlung des erforderlichen Investitionsvolumens wurden die aktuellen KfW-Fördermittel berücksichtigt.

Aus Vermietersicht ergibt sich für die Heizzentralen mit BHKW-Modulen das höchste Investitionsvolumen (ca. 434.000 Euro), gefolgt von den BW-GEH und den BW-Zentralen ohne BHKW. Die Differenz von ca. 100.000 Euro zwischen den Varianten (1) und (2) resultiert unter anderem daraus, dass neben der Erstinvestition für die BHKWs bei einer Laufzeit von 15 Jahren (Betrachtungszeitraum) nach acht Jahren eine Generalüberholung notwendig ist.

Abb. 2
Gesamtkosten der Maßnahmen im Vergleich (Netto)

Tab. 1 zeigt für alle drei Varianten die für die Wohnungsgenossenschaft entstehenden jährlichen Aufwendungen. Sie setzen sich aus den Instandhaltungskosten und dem Kapitaldienst zusammen.

	Kapitaldienst	Instandhaltung	Jährliche Aufwendungen
BW zentral	29.500 Euro/a	5.600 Euro/a	35.100 Euro
BW + BHKW	48.700 Euro/a	11.300 Euro/a	60.000 Euro
BW-GEH	35.300 Euro/a	7.500 Euro/a	42.800 Euro

Tab. 1
Jährliche Aufwendungen der Wohnungsgenossenschaft im Vergleich
Berechnungsgrundlage: Zinssatz 5 %, Laufzeit Wärmeerzeuger 15 Jahre, Laufzeit BHKW ca. 8 Jahre, Rohrleitungen ca. 30 Jahre, Instandhaltungsfaktoren gemäß VDI 2067

Für die Mieter ergeben sich durch die Gesamtmodernisierung (bautechnische Maßnahmen plus Anlagentechnik) im Vergleich zum Ist-Zustand spürbare Senkungen der Energiekosten. Die höchste Heizkosteneinsparung wird durch den Einsatz der BW-Zentralen mit BHKW erreicht: Sie beträgt mehr als 50 % (siehe Tab. 2).

Tab. 2 Mieterrelevante Kostenbetrachtung: Heizkosten pro m² bezogen auf die Tarifsituation des örtlichen Energieversorgungsunternehmens (Stand 03/2007)

	Monatliche Heizkosten pro m²
Ist-Zustand	1,40 Euro
BW zentral	0,73 Euro
BW + BHKW	0,68 Euro
BW-GEH	0,86 Euro

Fazit

Wie aus Abb. 3 hervorgeht, ist bei der zentralen BW-Anlage der Aufwand des Eigentümers am geringsten und der Nutzen der Mieter am größten. Aus wirtschaftlicher Sicht wäre daher diese Variante zu empfehlen.

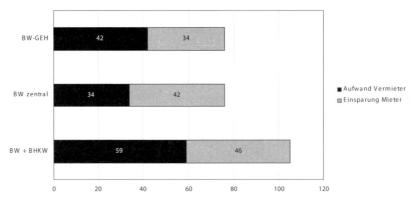

Abb. 3 Aufwand und Nutzen für Mieter und Vermieter (in Euro pro Wohneinheit/Monat)

Gebäudetechnische Maßnahmen und die Erneuerung der Anlagentechnik führen zu einer deutlichen CO_2-Einsparung. Die höchste CO_2-Einsparung wird in Kombination mit einer BHKW-Anlage erzielt. Diese Gesamtmaßnahme reduziert den jährlichen CO_2-Ausstoß im Vergleich zum Ist-Zustand um 245 Tonnen. Das entspricht einer Einsparung von über 60 %.

Die beiden Modernisierungsvarianten BW-Zentral und BW-GEH führen in Verbindung mit bautechnischen Maßnahmen zu einer Einsparung von 203 bzw. 205 Tonnen.

	CO_2-Ausstoß	CO_2-Einsparung
Ist-Zustand	400	
BW zentral	197	203
BW + BHKW	155	245
BW-GEH	194	205

Tab. 3
CO_2-Ausstoß und -Einsparung der Varianten im Vergleich (Tonnen pro Jahr)

Vor dem Hintergrund aktueller Debatten um Klimaschutz, Energieeffizienz und CO_2-Minderung zeigt die Studie, dass der Einsatz von Erdgas der Wohnungswirtschaft zahlreiche Optionen für bedarfsgerechte Modernisierungskonzepte bietet.

Kontakt

Martin Dobslaw, E.ON Ruhrgas AG
E-Mail: martin.dobslaw@eon-ruhrgas.com

Modernisierungskonzepte für Heizungsanlagen im Geschosswohnungsbau

Wolfgang Rogatty, Viessmann Werke GmbH

Steigende Preise für Heizöl und Gas treiben die zweite Miete in die Höhe und stellen Wohnungswirtschaft und Mieter vor Probleme. Bei älteren Gebäuden kann eine energetische Modernisierung Abhilfe schaffen. Moderne Brennwertkessel für Öl oder Gas, gegebenenfalls ergänzt durch eine Solaranlage, gedämmte Wände und neue Fenster mit Wärmeschutzverglasung können die Heizkosten drastisch senken. Beispiele aus der Praxis zeigen, dass mit marktgängigen technischen Maßnahmen die Heizkosten im Gebäudebestand um bis zu 80 % – in einigen Fällen sogar um über 90 % – reduziert werden können. Sogar Niedrigenergiehaus- und Passivhausniveau sind möglich. Als willkommener Nebeneffekt erhöht die energetische Modernisierung auch die Attraktivität und Vermietbarkeit einer Immobilie.

Beispiele weisen den Weg

Abb. 1
Nach der Modernisierung: Das 1961 gebaute Mehrfamilienhaus in der Rislerstraße 7-13 in Freiburg ist heute ein energiesparendes Niedrigenergiehaus.

Wie groß die Energieeinsparpotenziale im Gebäudebestand sind, zeigt das Beispiel zweier Mehrfamilienwohnhäuser in Freiburg (Abb. 1). Die 1961 gebauten, weitgehend vergleichbaren Gebäude wurden im Rahmen des dena-Modellvorhabens „Niedrigenergiehaus im Bestand" einer umfassenden energetischen Modernisierung unterzogen. Ziel war die Begrenzung des Primärenergiebedarfs auf maximal 40 kWh/(m² a) für das Haus „Rislerstraße 1-5" und auf maximal 60 kWh/(m² a) für das Haus „Rislerstraße 7-13". Die unterschiedlichen Modernisierungsstandards wurden gewählt, um möglichst umfangreiche Erfahrungen sammeln zu können. Die Freiburger Stadtbau GmbH, Eigentümerin der beiden Wohnhäuser, wollte mit diesem Projekt Erkenntnisse für die zukünftige Modernisierung zahlreicher weiterer, ebenfalls zu ihrem Besitz gehörender Wohngebäude gewinnen.

Beide Gebäude sind dreigeschossig und vollständig unterkellert. In der Rislerstraße 1-5 sind 18, in der Rislerstraße 7-13 sind 24 Wohneinheiten – jeweils Drei- und Vier-Zimmer-Wohnungen – untergebracht. Insgesamt ergibt sich eine Gesamtwohnfläche für beide Häuser von rund 2737 m². Die Beheizung der Wohnungen erfolgte bis zur Modernisierung durch Einzelöfen, die mit Kohle, Gas oder Öl befeuert wurden. Zur Warmwasserbereitung waren in den Wohnungen Gas-Durchlauferhitzer installiert. Beide Gebäude haben Außenwände aus 30 cm starken Hohlblocksteinen sowie zum Teil aus Hochlochziegeln, die nicht wärmegedämmt waren. Die Geschossdecken sind aus Beton mit eingelegten Hohlkörpersteinen. Als Fenster waren bis zur Modernisierung Holzverbundfenster eingesetzt.

Im Zuge der Modernisierung der Bausubstanz erhielten beide Wohngebäude entsprechend der jeweiligen energetischen Zielsetzung unterschiedliche Fassaden-, Speicherboden- und Kellerdeckendämmungen, wärmedämmende Fenster mit Zwei- bzw. Dreischeibenwärmeschutzverglasung sowie luftdichte Haus- und Kellertüren. Um auch die Wärmeverluste durch Undichtigkeiten in der Gebäudehülle zu minimieren, wurde das Wärmedämmverbundsystem luftdicht verklebt. Damit der für die Gesundheit und Behaglichkeit, aber auch zur Vermeidung von Bauschäden (Feuchtigkeit, Schimmel) wichtige Luftaustausch in den Räumen gegeben ist, erhielten beide Gebäude Lüftungsanlagen. Die Tabelle 1 führt die verschiedenen Maßnahmen im Einzelnen auf, die in den beiden Häusern durchgeführt wurden.

Rislerstraße	1-5 Passivhaus KfW 40	7-13 Niedrigenergiehaus KfW 60
Fenster	Uw = 0,8 W/(m²K)	Uw = 1,3 W/(m²K)
Fassadendämmung	20 cm (WLG 035)	20 cm (WLG 040)
Speicherbodendämmung	26 cm (WLG 040)	20 cm (WLG 040)
Kellerdeckendämmung	21 cm (WLG 040)	10 cm (WLG 035)
Dämmschürzen	5 cm (WLG 035)	entfällt
Haus-, Keller- und Speichertüren	luftdicht	luftdicht
zentrale Lüftungsanlage	kontrollierte Be- und Entlüftung mit Wärmerückgewinnung	kontrollierte Abluftanlage
Solaranlage	Flachkollektoren 25 m²	Flachkollektoren 25 m²
Heizung	Gas-Brennwert, zentral	Gas-Brennwert, zentral
Primärenergiebedarf	38,8 kWh/(m²a)	58,2 kWh/(m²a)
Uw: Wärmedurchgangskoeffizient von Fenstern und Fenstertüren WLG: Wärmeleitfähigkeitsgruppe		

Tab. 1 Maßnahmen zur energetischen Modernisierung in den Häusern Rislerstraße 1-5 sowie Rislerstraße 7-13

Um den auch nach einer umfassenden Wärmedämmung nach wie vor noch bestehenden Wärmebedarf für die Wohnraumbeheizung und Warmwasserbereitung zu decken, wurden sämtliche Einzelöfen sowie die dezentral installierten Durchlauferhitzer entfernt und durch eine Dachheizzentrale ersetzt. In beiden Häusern erzeugt nun ein unter dem Dach angebrachtes modernes Gas-Brennwertwandgerät mit einem modulierenden Brenner (Leistung zwischen 16 und 66 kW) und einem Norm-Nutzungsgrad von 109 % die benötigte Wärme (Abb. 2). Die Auslegung des Wärmeerzeugers orientierte sich an dem für die Warmwasserbereitung erforderlichen Wärmebedarf.

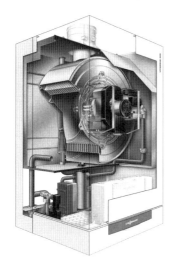

Abb. 2 Gas-Brennwert-Wandgerät für höhere Leistungen, wie es in den beiden Häusern in der Rislerstraße zum Einsatz kommt.

Die Brennwerttechnik bietet das Maximum hinsichtlich effizienter Brennstoffausnutzung. Zusätzliche Maßnahmen können den Energieverbrauch jedoch noch weiter senken. Deshalb erhielten die beiden Wohngebäude jeweils eine 25 m² große Solaranlage zur Warmwasserbereitung (Abb. 3). So kann ein erheblicher Anteil der im Jahr für die Warmwasserbereitung erforderlichen Energie durch die Sonne bereitgestellt werden.

Abb. 3 Solaranlagen und Gas-Brennwert-Wandgeräte versorgen die gut wärmegedämmten Häuser in der Rislerstraße.

Die beiden energetisch modernisierten Mehrfamilienhäuser in der Rislerstraße in Freiburg setzen bezüglich der Energieeinsparpotenziale neue Maßstäbe. So sank der Heizwärmebedarf in der Rislerstraße 7–13 um rund 80 % auf 36 kW/(m² a), in der Rislerstraße 1–5 um ca. 93 % auf nur noch 15 kW/(m² a). Einsparungen bei den Heizkosten in dieser Größenordnung sind nur dann möglich, wenn – wie im Falle der beiden Freiburger Wohnhäuser – alle Möglichkeiten der energetischen Modernisierung ausgenutzt werden. Ist dies z. B. wegen eines begrenzten Modernisierungsbudgets nicht möglich, stellt sich die Frage nach der Bedeutung und Auswirkung einzelner Maßnahmen.

Priorität einzelner Maßnahmen

Die Frage, wann welche Modernisierungsmaßnahme (Heizungsmodernisierung, Wärmedämmung, neue Fenster etc.) sinnvoll und wirtschaftlich ist, lässt sich im Detail nur nach einer genauen Analyse des jeweiligen Gebäudes beantworten. Grundsätzlich muss gelten:

- zuerst die wirtschaftlichste Maßnahme
- zuerst die Maßnahme, deren Erfolg nicht von anderen Verbesserungen abhängt
- immer auf die Möglichkeit achten, Maßnahmen an fällige Renovierungsarbeiten zu koppeln

Eine Reihe von Wirtschaftlichkeitsargumenten sprechen für die bevorzugte und frühzeitige Erneuerung alter Heizungsanlagen. Zum Ersten: Die Energieeinsparung wirkt sich sofort durch verringerte Kosten aus, so dass eine frühere Amortisation der Modernisierungsmaßnahme eintritt. Zum Zweiten: Das Verhältnis zwischen Investitionsvolumen und Kostenersparnis ist bei der Heizungserneuerung von allen gängigen Modernisierungsmaßnahmen in der Regel am günstigsten (Abb. 4).

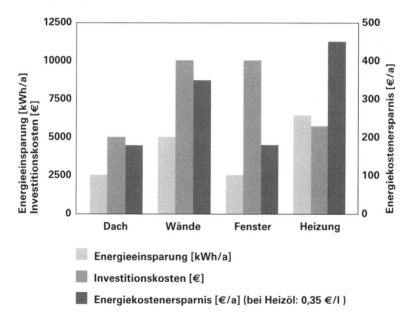

Abb. 4
Das Verhältnis zwischen Investitionsvolumen und Kostenersparnis ist bei der Heizungserneuerung am günstigsten.

Jedoch sprechen nicht nur hohe Energieeinsparungen und die damit verbundenen deutlichen Verringerungen der Heizkosten für die Erneuerung veralteter Heizungsanlagen. Das Alter der Anlagen und der durch geringere Energieausbeute bedingte höhere Lastbetrieb führen zu Ermüdungserscheinungen und oft hohe Anfälligkeit. Reparatur- und Wartungskosten bei Defekten und Ausfall der Heizung belasten die Betriebskosten. Die Leistungsfähigkeit neuer Heizungsanlagen spiegelt sich auch in der Zuverlässigkeit im laufenden Betrieb und einer insgesamt vorteilhaften Kostenbilanz.

Hinzu kommt: Wird die alte Heizungsanlage erneuert, können gleichzeitig vielfältige Gestaltungsfreiräume ausgenutzt werden, um dem Mieterbedarf besser zu entsprechen und die Vermietbarkeit zu verbessern. Dazu zählen je nach den örtlichen Rahmenbedingungen die Umstellung von dezentralen auf zentrale Lösungen oder umgekehrt; eine Verbesserung der Warmwasserversorgung, um Komfortansprüchen gerecht zu werden, bis hin zu individuellen Wärme- und Warmwasserlösungen für spezielle Mietergruppen, wie z. B. Menschen mit einem Handicap oder Senioren.

Möglichkeiten der effizienten Wärmeversorgung

Bei den Wohnhäusern in der Freiburger Rislerstraße entschieden sich Planer und Bauherr für eine zentrale Wärmeversorgung mit einem Gas-Brennwert-Wandgerät auf dem Dachboden und einer thermischen Solaranlage zur Unterstützung der Warmwasserbereitung. Die Heiztechnik bietet heute eine Vielzahl von Möglichkeiten, um Mehrfamilienhäuser wirtschaftlich und komfortabel mit zentral oder dezentral angeordneten Wärmeerzeugern zu beheizen. Dabei reichen die Lösungen für eine Modernisierung vom flexiblen Austausch vorhandener Anlagen bis hin zur grundsätzlichen Neukonzeption.

Für eine zentrale Wärmeversorgung, wie in den Wohnhäusern in der Rislerstraße, sprechen bei Berechnungen nach der Energieeinsparverordnung (EnEV) energetische Vorteile gegenüber der dezentralen Beheizung der einzelnen Wohnungen. Darüber hinaus kann die Anlage bei einer Modernisierung installiert werden, ohne in einzelne Wohnungen eingreifen zu müssen. Auch die Steuerung und Fernüberwachung der Anlage – z. B. aus einer Leitzentrale – wirkt sich für viele Objekte vorteilhaft aus.

Eine zentrale Wärmeversorgung wurde bisher überwiegend mit einem oder mehreren bodenstehenden Kesseln realisiert, die in einer Heizzentrale im Keller untergebracht sind. Mehrkesselanlagen aus zwei und mehr Heizkesseln sind dann sinnvoll, wenn auf eine besonders hohe Betriebssicherheit Wert gelegt wird. Bei Störung eines Kessels kann in einer Mehrkesselanlage die Wärmeversorgung durch den oder die anderen Kessel aufrechterhalten werden.

Durch die Möglichkeit, mehrere Wandgeräte in einer so genannten Kaskade gemeinsam zu betreiben, nimmt aber der Anteil von Heizzentralen mit Wandgeräten zu. Sie bieten die Gelegenheit, auch größere Anlagen als Dachheizzentralen aufzubauen. Mit der Kaskadenregelung kann die addierte Wärmeleistung aller angeschlossenen Wandgeräte bis hinunter zur kleinstmöglichen Leistung eines einzelnen Wandgerätes abgerufen werden. Damit wird der Modulationsbereich einer Anlage aus z. B. vier Vitodens 200-W drastisch erweitert und die Gesamtleistung reicht bis 420 kW (Abb. 5). Da maximal acht dieser Geräte in einer Kaskade zusammengefasst werden können, sind sogar Leistungen bis zu 840 kW möglich.

Bei einer dezentralen Wärmeversorgung von Wohneinheiten werden meistens keine bodenstehenden Kessel, sondern Wandgeräte eingesetzt (montiert in Küche, Flur oder Bad). Für eine dezentrale Anlagentechnik im Mehrfamilienhaus spricht die einfache verursachergemäße Zuordnung der Betriebskosten. Hinzu kommt, dass der Vermieter kein Inkassorisiko trägt. Die Warmwasserbereitung kann bei dieser Art der Wärmeversorgung entweder mit Kombiwasserheizern, die das Trinkwasser nach dem Durchlauferhitzerprinzip erwärmen, oder in Speicher-Wassererwärmern erfolgen, die separat unter oder neben dem Wandgerät installiert sind (Abb. 6).

Abb. 5 (links) Zentrale Wärmeversorgung eines Mehrfamilienhauses mit Wandgerätekaskade

Abb. 6 (rechts) Modernes Gas-Brennwertwandgerät mit untergestelltem Speicher-Wassererwärmer mit 120 oder 150 Litern Speicherinhalt

Gerade bei der Modernisierung der Heiztechnik in Mehrfamilienwohnhäusern bieten Gas-Wandgeräte besondere Flexibilität. Schon bei der Planung und Durchführung von Modernisierungsmaßnahmen eignet sich die Umstellung auf bzw. die Beibehaltung von dezentraler Wärmeversorgung – können doch die einzelnen Wohnungen Zug um Zug (z. B. bei einem Mieterwechsel) auf den neuesten Stand gebracht werden.

Neue Abgas-/Zuluftsysteme für Gas-Brennwert-Wandgeräte bieten die Möglichkeit, bis zu fünf Brennwertkessel an eine gemeinsame vertikale Abgasleitung anzuschließen (Abb. 7). Diese so genannte vertikale Mehrfachbelegung eignet sich deshalb besonders gut für die Modernisierung im Geschosswohnungsbau. Die gemeinsame Abgasleitung kommt mit einem Durchmesser von 100 Millimetern aus und kann durch die meisten vorhandenen Schornsteine geführt werden. Ist ein zweiter Schornstein verfügbar, so können an dem einen Schornstein nach und nach die neuen Brennwertgeräte mit der gemeinsamen Abgasleitung angeschlossen werden, während an dem anderen die alten, noch auszutauschenden Heizkessel verbleiben. Das in den Brennwert-Wandgeräten durch den Brennwerteffekt anfallende Kondenswasser kann über ein Rohr entweder direkt in die gemeinsame Abgasleitung oder in eine dafür separat vorgesehene Abflussleitung abgeführt werden.

Fazit

Die energetische Modernisierung eines Gebäudes ist der wirkungsvollste Schutz vor steigenden Energiekosten. Wie Beispiele aus der Praxis zeigen, können bereits mit marktüblichen Mitteln – u. a. Einbau von Brennwertheizungen und Solaranlagen, Wärmedämmung der Gebäudehülle usw. – Standards wie bei neu erbauten Niedrigenergie- und Passivhäusern erreicht werden.

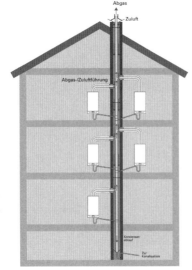

Abb. 7
Bis zu fünf Gas-Brennwert-Wandgeräte vom Typ Vitodens 200-W können an einer gemeinsamen vertikalen Abgasleitung angeschlossen werden.

Der Heizungstechnik kommt dabei eine besondere Bedeutung zu. Sie ist nicht nur eine der effektivsten Maßnahmen zur Verringerung der Energiekosten, sondern bietet zudem das günstigste Verhältnis zwischen Investitionsvolumen und Kostenersparnis. Moderne, energiesparende Wärmeerzeugung im Mehrfamilienhaus ist in zahlreichen Varianten möglich und bietet so die Gestaltungsfreiheit, um das Wohnungsangebot nachfragegerecht zu gestalten:

- Für die zentrale Wärmeversorgung von Mehrfamilienhäusern werden heute neben bodenstehenden Kesseln für Öl oder Gas auch platzsparende Gas-Wandgeräte mit höherer Leistung angeboten. Reicht dies nicht aus, können bis zu vier solcher Wärmeerzeuger in einer Kaskade zusammengeschaltet werden. Der Platzbedarf solcher Kaskadenanlagen ist gering und erlaubt – auch wegen des vergleichsweise geringen Gewichtes der Wandgeräte – die Unterbringung der Heizzentrale auf dem Dachboden.
- Soll im Rahmen einer Modernisierung von der herkömmlichen, dezentral in jeder Wohneinheit installierten Heiztechnik auf die effizientere Brennwerttechnik umgerüstet werden, so bietet die vertikale Mehrfachbelegung einer Abgasleitung besondere Vorteile. Bis zu fünf Gas-Brennwert-Wandgeräte können an einer gemeinsamen Abgasleitung angeschlossen werden, die durch einen Schornstein geführt wird. Ist ein zweiter Schornstein vorhanden, so kann der Austausch – z. B. bei einem Mieterwechsel – schrittweise erfolgen. Während an dem einen Schornstein nach und nach die neuen Brennwertgeräte angeschlossen werden, verbleiben an dem anderen die alten Wärmeerzeuger.

Pauschale Musterlösungen für eine Heizungserneuerung bzw. energetische Modernisierung wird es nie geben können. Für jeden Gebäudetyp muss unter Berücksichtigung der jeweiligen baukonstruktiven, heizungstechnischen und wirtschaftlichen Rahmenbedingungen die passende Lösung gefunden werden. Es gilt, maximale Einsparpotenziale durch anforderungsgerechte Auswahl von Systemen und deren Komponenten auszuschöpfen. Abzuwägen sind auch die Nutzung von Fördermöglichkeiten und die wirtschaftlichen Folgen, wie z. B. die Mietwertsteigerung. Letztlich fließen gesteigerter Komfort und niedrigere Nebenkosten in das Wohnungsmarketing ein.

Kontakt

Wolfgang Rogatty, Viessmann Werke GmbH
E-Mail: info@viessmann.com

Energiecontracting in der Wohnungswirtschaft: Auswege aus dem mietrechtlichen Dilemma

Jürgen Pöschk, Geschäftsführer, Energie- und Umwelt- Managementberatung Pöschk

Energieeffizienz ist derzeit eines der wenigen energiepolitischen Themen, bei denen es einen „lagerübergreifenden Konsens" gibt. Niemand wird sich dem Bestreben ernsthaft entgegenstellen, Energiesparen als Energiequelle zu nutzen, die Importabhängigkeit zu reduzieren, das Klima zu schützen und letztlich im Handwerk Arbeitsplätze zu schaffen oder zu sichern. Steigt man aber von den Höhen energiepolitischer Gipfel in die Niederungen des Alltags hinab, so fällt auf, dass es hier und da erheblich bei der praktischen Umsetzung klemmt. Im hier näher zu behandelnden Bereich „Energiedienstleistungen" kann geradezu von einem energie- und umweltpolitischen Paradox gesprochen werden.

- Haben wir eine etablierte Energiedienstleistungswirtschaft, in der intelligent gesetzte Rahmenbedingungen einen Marktwettbewerb um die Erschließung von Energiesparpotenzialen entfachen?
- Kann man in Deutschland eine Wärmedämmung leasen?
- Sind die rechtlichen Voraussetzungen dafür gegeben, ein an Kriterien der Energieeffizienz ausgerichtetes Energiecontracting im Wohnungsbestand breit einzuführen?

Leider sind die hier exemplarisch gestellten Fragen durchgehend mit einem klaren NEIN zu beantworten. Nimmt man die politische Rhetorik zum Thema Energieeffizienz, die Brüsseler Vorgaben, Hemmnisse in diesem Bereich zu beseitigen und die Überlegungen, Arbeitsplatzsicherung und Klimaschutz zu verbinden, ernst, besteht ein erheblicher politischer Handlungsbedarf.

Dieser bezieht sich auf Fragen des Miet-, Steuer- und Bilanzrechts. Aus Gründen der politischen Durchsetzungsfähigkeit sollten etwaige Reformvorhaben primär im energie- und umweltpolitischen Kontext und von den dort beheimateten Akteuren diskutiert und vorangetrieben werden. Nichts wäre fataler als eine weitere Blockade aufgrund sachfremder Interessenkonflikte, die in dieses Themenfeld hineingetragen würden. Das hier zu bearbeitende Feld taugt nicht für verbandspolitische Kuhhändel nach dem Strickmuster: „Nachgeben in Fragen des Kündigungsschutzes gegen Zustimmung für eine Contractinglösung, aber nur, wenn auch das Gesamtpaket um dies und jenes erweitert wird."

Nachfolgend werden Fragen des rechtlichen Regelungsbedarfs exemplarisch am Beispiel des Energieliefercontractings diskutiert. Gleiche oder ähnliche

Diskussionen sind allerdings auch für das in der Wohnungswirtschaft noch nicht etablierte Energiesparcontracting zu führen, das Maßnahmen an der Gebäudehülle mit einbezieht.

Contracting:
Ein wirksames Instrument für Energieeffizienz und Klimaschutz

Energieliefercontracting – auch gewerbliche Wärmelieferung genannt – stellt ein Instrument dar, das dauerhafte Energieeinsparungen ermöglicht. Nur wird hiervon nicht im gewünschten Maße Gebrauch gemacht.

Dabei werden die Vorteile des Contractings von niemandem ernsthaft in Frage gestellt: Gewerbliche Wärmelieferung bedeutet professionalisierten Anlagenbetrieb, bei dem das betriebswirtschaftliche Eigeninteresse des Contractors als „Energiesparquelle" wirkt. Bekanntermaßen ist nichts motivierender als der Kostendruck auf das eigene Portemonnaie. Denn: Jede unnütz verbrauchte Kilowattstunde wirkt direkt auf das Betriebsergebnis des Contractors, der ja Wärme und nicht Brennstoff als Produkt verkauft.

Dies bedeutet, dass der Contractor ein betriebswirtschaftliches Eigeninteresse hat, effiziente Heizungstechnik einzusetzen und mit höchstem Wirkungsgrad zu betreiben. Contracting beinhaltet im Prinzip einen eingebauten „Ökomechanismus". Dass dies beim Betrieb von Heizungsanlagen durch den Gebäudeeigentümer, der Brennstoffkosten 1:1 durchreicht, nicht unbedingt so ist, ist ebenfalls bekannt.

Für den Mieter kann Contracting demnach bedeuten, dass er sich zumindest ein Stück gegen künftige Energiepreissteigerungen versichert. Denn nichts wirkt Kosten treibender als ein nicht optimierter Anlagenbetrieb. In verschiedensten Untersuchungen wurde ermittelt, dass Heizungsanlagen in der wohnungswirtschaftlichen Alltagspraxis vielfach mit Anlagenwirkungsgraden betrieben werden, die alles andere als optimal sind. Aber wen wundert's? Gehört die Beheizung von Wohnungen wirklich zwingend zur Kernkompetenz von Vermietern und Verwaltern? Anders bei Contractoren, die sich als Wärmelieferanten auf dieses Geschäft spezialisiert haben.

Rechtliche Hemmnisse bei der Umsetzung von Contracting
in der Wohnungswirtschaft

Nach den jüngsten BGH-Urteilen ist Contracting kaum mehr rechtssicher im vermieteten Wohnungsbestand einzuführen.

Im Kern stehen zwei Fragen im Fokus der Mietrechtsprechung:

1. Darf bei bestehenden Mietverträgen ohne Zustimmung des Mieters auf Contracting umgestellt werden?
2. Welche Kosten der gewerblichen Wärmelieferung sind bei einem Übergang im Rahmen bestehender Mietverträge in welcher Form auf den Mieter umlegbar?

Zusammengefasst werden beide Fragen von der Rechtsprechung so beantwortet, dass ein Übergang mit Umlage aller anfallenden Kosten ohne Zustimmung jedes einzelnen Mieters kaum rechtssicher möglich ist (siehe hierzu den Beitrag Dr. Beyer – ehemaliger Richter am BGH – in: Jürgen Pöschk (Hrsg.): Jahrbuch Energieeffizienz in Gebäuden 2006).

Infolge der genannten Problematik gehen Wohnungsunternehmen beim Umstellen auf Contracting ein schwer kalkulierbares Risiko ein. Daraufhin ist der Markt seit dem Frühjahr 2006 rapide zurückgegangen – praktisch eingebrochen.

In der Versorgungswirtschaft besteht zudem die Befürchtung, dass die Rechtsprechung des BGH auf die Fernwärme ausstrahlt, die nach Aussagen des ehemaligen BGH-Richters Dr. Beyer keine rechtlich begründbare Sonderrolle besitzt.

Contractoren fokussieren aktuell eher auf Industrie und Gewerbe und öffentliche Einrichtungen.

Die beiden genannten Fragen bilden auch den Kern, der bei einer mietrechtlichen Neuregelung des Contractings zu bewältigen ist.

Die erheblichen Energiespar- und Klimaschutzpotenziale, die über Contracting in der Wohnungswirtschaft zu realisieren wären, liegen also derzeit weitgehend brach. Gleiches gilt für die weiteren Positiveffekte von Contracting, wie Schaffung und Sicherung von Arbeitsplätzen im ausführenden Handwerk, Mittelstandsförderung, Sicherung der Vermietungsfähigkeit durch Begrenzung des möglichen Heizkostenanstiegs infolge effizienter Heizungsanlagen etc.

Anforderungen an rechtliche Neuregelungen des Themenfeldes Contracting in der Wohnungswirtschaft

Lösungsansätze dürften nur dann Realisierungschancen besitzen, wenn sie „wohnungspolitisch unbedenklich" sind. Keine Bundes- oder Landesregierung oder politische Partei wird sich die Finger an einem Lösungsmodell verbrennen, das z. B. „sozialpolitischen Sprengstoff" enthält.

Nur wenn vorab ein Konsens aller relevanten Akteursgruppen gefunden wird, wird es möglich sein, Lösungskonzepte mit Aussicht auf Realisierung in der energie- und umweltpolitischen Arena zu platzieren.

Für eine adäquate Ausgestaltung der Details einer rechtlichen Regelung ist daher die Berücksichtigung der Interessenlagen aller drei Akteursgruppen (Vermieter, Mieter und Contractoren) eine unabdingbare Voraussetzung:

- Aus Sicht der **Vermieter** muss weiterhin die Möglichkeit zur finanziellen Entlastung (Investitions- und Instandhaltungskosten), Aufgabenentlastung (Anlagenbetrieb) und damit auch Risikoabwälzung (Betriebsrisiken) mittels Contracting bestehen. Gleichzeitig muss aus Gründen der Sicherung der Vermietbarkeit und der Erhaltung von Mieterhöhungsspielräumen die Kostensituation langfristig kalkulierbar (Preisanpassungsregelungen) sein.
- **Contractoren** müssen als Wirtschaftsunternehmen schwarze Zahlen schreiben. Ein Umstand, der eigentlich selbstverständlich erscheint, aber vor dem Hintergrund der Kostenorientiertheit der gängigen Abrechnungspraxis für Betriebskosten immer wieder erklärungsbedürftig ist. Ferner muss sich der Contractor gegen künftige Entwicklungen seiner Einkaufskonditionen – vor allem beim Brennstoff – über Preisanpassungsklauseln absichern können.
- **Mietervertreter** werden erklärtermaßen darauf achten, dass Mieter im Falle der Umstellung auf Contracting grundsätzlich und dauerhaft nicht schlechter gestellt sind als dies bei einer Versorgung aus einer modernisierten Heizzentrale des Vermieters der Fall wäre. Dies schließt wohl auch ein, dass der Vermieter einziger direkter Vertragspartner des Mieters bleibt. Auf der Kostenseite geht es aus Sicht der Mieter darum, dass die Gesamtbelastung aus Kaltmiete und Betriebskosten im Contractingfall dauerhaft nicht über denen einer Eigenregielösung liegt. Dies stellt einerseits Anforderungen an die Anpassungsmechanismen des Wärmepreises (Preisänderungsklauseln). Andererseits wird darauf geachtet, dass „Doppelbelastungen" des Mieters systematisch ausgeschlossen sind. Diese können sich aus einer Verschiebung von Bestandteilen der Kaltmiete in die Betriebskosten im Contractingfall (insbes. Investitions- und Instandhaltungskosten der Heizungsanlage) bei gleichzeitiger Ausschöpfung der Mieterhöhungsmöglichkeiten nach § 558 BGB (Mieterhöhung bis zur ortsüblichen Vergleichsmiete) durch den Vermieter ergeben.

Bei der rechtlichen Neuregelung geht es im Grunde um zwei Fragenkomplexe:

1. Ein Fortbestand der aktuell für einen Großteil der Contractingfälle bestehenden Anforderung, dass alle Mieter dem Übergang von der Versorgung durch den Vermieter auf eine Versorgung durch einen Contractor zustimmen müssen, ist das Ende des Contractings in der Wohnungswirtschaft. Von daher stellt sich die Frage, wie und unter welchen Voraussetzungen die Umstellung auf Contracting bei bestehenden Mietverträgen unabhängig von einer Zustimmung durch die Mieter geregelt werden kann.
2. In gleichem Maße ist das berechtigte Schutzinteresse des „contractingversorgten Mieters" nach einer zumindest kostenneutralen Lösung zu berücksichtigen. Die Anforderung, dass ein „Contractingmieter" dauerhaft nicht schlechter gestellt ist als sein Freund im Nachbarhaus, wo der Vermieter die Heizung modernisiert hat und selbst betreibt, erfordert klare Vorgaben, welche Kosten im Rahmen des Contractings in welcher Form auf den Mieter umgelegt werden können.

Regelungsideen in der Diskussion

Unter den genannten Prämissen ist aus Sicht des Autors ein Lösungsansatz zu favorisieren, der sich weitgehend in die etablierte Rechtssystematik einfügt.

Im Kern ist eine Lösung vorstellbar, die darauf abzielt, eine Modernisierung durch einen externen Dienstleister der Modernisierung durch den Vermieter gleichzustellen. Es wird also auf die **Äquivalenz einer Modernisierung durch den Vermieter und einer Modernisierung der Heizungsanlage durch einen Contractor** abgestellt.

Eine rechtliche Neuregelung sollte an die – zu verändernden – § 554 BGB (Duldung von Erhaltungs- und Modernisierungsmaßnahmen) und § 559 BGB (Mieterhöhung bei Modernisierung) sowie die ebenfalls neu zu fassenden § 7 Abs. 4 der Heizkostenverordnung anknüpfen.

Hinsichtlich der erstgenannten Fragestellung der **Zustimmungspflichtigkeit des Übergangs auf Contracting** bedeutet ein solches Regelungskonzept, dass dieser durch den Mieter zu dulden wäre. Dies aber unter gleichen qualitativen Anforderungen wie bei einer Modernisierung durch den Vermieter, die nur dann zu dulden ist, wenn sie „zur Einsparung von Energie" (§ 554 Abs. 2 BGB) führt. Dies bedeutet zunächst, dass ein reiner Wechsel der Form der Versorgung – bei der eine alte Heizung lediglich an den Contractor übergeben wird – ausscheidet. Ferner ist bei einer Modernisierung via Contracting ein adäquates Sonderkündigungsrecht des Mieters entsprechend § 554 Abs. 3 BGB vorzusehen.

Hinsichtlich einer Neuregelung der Kostenverteilung/-umlage besteht die grundsätzliche Problematik, dass ein kostenorientiertes Modell (Eigenregielösung) und ein Preismodell (Contracting) zusammengeführt und auf der „Ergebnisseite" (Kaltmiete, Betriebskosten) vergleichbar gestaltet werden sollen.

Dies birgt verschiedene – möglicherweise in Kauf zu nehmende – Schwierigkeiten, da in einem Preismodell keine vollständige <u>Kosten</u>transparenz herstellbar ist (Gewinnanteile, Preise für Vorprodukte wie Brennstoff etc.). Kostentransparenz ist allerdings aus Wettbewerbsgründen nicht unbedingt in allen Bereichen wünschenswert (z. B. Einkaufskonditionen Brennstoff, welcher Contractor würde diese offen legen?).

Dem Äquivalenzgedanken zur Eigenregielösung folgend, sollte die Kostenüberwälzung auf den Mieter bei einer Neuregelung so gestaltet werden, dass im Grundsatz

1. betriebs- und verbrauchsgebundene Kosten weiterhin im Rahmen der Betriebskostenabrechnung umgelegt werden – nach § 7 Abs. 4 (!) Heizkostenverordnung,
2. kapitalgebundene Preisbestandteile – die dem bisherigen Grundpreis entsprechen – über § 559 BGB in die Kaltmiete integriert werden.

Zu 1.
Bei der Neuregelung zur Umlage der verbrauchs- und betriebsgebundenen Preisbestandteile sollte dem Äquivalenzgedanken folgend auf zwei Aspekte geachtet werden:

Die Kostenbestandteile sollten denen der Betriebskostenabrechnung nach § 7.2 Heizkostenverordnung entsprechen. Diese sollten aber weiterhin über einen Gesamtpreis nach § 7.4 abgerechnet werden können. Eine Neuregelung des § 7.4 könnte also dergestalt formuliert werden, dass nur Preisbestandteile in den Gesamtpreis einfließen dürfen, die in § 7.2 Heizkostenverordnung genannt sind.

Um die Höhe der umlegbaren Kosten zu begrenzen, wäre ein Sicherungsmechanismus denkbar, der eine Obergrenze der nach § 7.4 umlegbaren Kosten über eine Ermittlung der Eigenregiekosten fixiert. Die knifflige Frage, welcher Nutzungsgrad für die Anlage hierbei anzusetzen wäre, kann durch Bezug auf die VDI 2067 beantwortet werden. Dies wäre ein Kompromiss, der einerseits dem Contractor genügend Kalkulationsspielraum beließe, den Mieter aber gleichzeitig gegen überhöhte Kosten schützt. Diese Regelung hätte ferner auch den Vorteil, dass über den gewählten Umlagemechanismus indirekt auch der Nachweis geführt werden kann, dass Energie gespart wird, was ja Voraussetzung für die Duldung der Umlage nach §§ 554/559 BGB ist. Werden nämlich die Heizkosten einer modernisierten Anlage als Kappung für die Umlagefähigkeit nach § 7.4 Heizkostenverordnung im Rahmen des Contracting vorgegeben, ist eine energiesparende Modernisierung durch den Contractor quasi zwingende Voraussetzung, da er sonst mit seinem Preis bzw. den Kosten über der Kappungsgrenze liegen würde.

Zu 2.
Der bisherige Grundpreis – der auch Instandhaltung und Gewinnanteile enthält – soll im Rahmen der Neuregelung über § 559 BGB – anknüpfend an die 11 %-Regelung bei der Eigenmodernisierung – umlegbar gestaltet werden. Dies wäre mit einer kurzen Ergänzung des § 559 BGB leistbar, die dann auch die Umlage nicht betriebs- oder verbrauchsgebundener Preisbestandteile der Wärmelieferung zuließe.

Eine solche Regelung würde auch den Preiswettbewerb zwischen den Contractoren stimulieren. Werden bei der jetzigen Regelung die Kosten des Contractings an den Mieter durchgereicht, ohne dass der Ertragsspielraum des Vermieters hiervon berührt ist, hätten Vermieter und Mieter bei der vorgeschlagenen Neuregelung die gleichen Interessen an einer Kostenbegrenzung.

Der Vermieter möchte seine eigenen Mieterhöhungsspielräume nicht unnötig belasten – der Mieter hat das Interesse an einer Begrenzung der Modernisierungsumlage. Bei der vorgeschlagenen Regelung fallen Mieter- und Vermieterinteressen also in eins.

Zudem befindet sich das Contracting kostenseitig in einer transparenten Wettbewerbssituation mit einer Eigenregielösung.

Regelungsvorschlag kurzgefasst

Regelungsidee:
- Mietrechtliche Gleichbehandlung einer Heizungsmodernisierung durch Gebäudeeigentümer und Contractor;
- Verzicht auf Zustimmung durch Mieter beim Übergang auf Contracting;
- Regelung über Neufassung von §§ 554/559 BGB, § 7.4 Heizkostenverordnung.

Im Detail:
1. Über eine Neufassung von §§ 554/559 BGB werden die nicht betriebs- oder verbrauchsgebundenen Preisbestandteile – dies entspricht weitgehend dem traditionellen Grundpreis – nach § 559 BGB umlegbar.
2. Verbrauchs- und betriebsgebundene Preisbestandteile bleiben über einen

– zu verändernden – § 7 Abs. 4 Heizkostenverordnung umlegbar. Hierbei ist eine Formulierung zu wählen, die ausdrücklich vorsieht, dass nur jene Kostenfaktoren in die Preisbildung eingehen dürfen, die in § 7 Abs. 2 Heizkostenverordnung genannt sind. Die Kappung erfolgt über vorab zu ermittelnde Heizkosten einer modernisierten Anlage im Eigenregiebetrieb gemäß VDI 2067.

Energiecontracting muss auf die politische Agenda!

Die obenstehenden Ausführungen und auch die Beiträge von Luger und Quint im „Jahrbuch Energieeffizienz in Gebäuden 2007" zeigen: Es besteht kein Mangel an konzeptionellen Vorstellungen, wie das mietrechtliche Dilemma zu überwinden ist! Sicherlich ist keiner der Vorschläge eins zu eins in einer Rechtsreform zu übernehmen. Dennoch bieten sie eine Fülle von Ansatzpunkten, in welche Richtung gedacht werden könnte.

Was aber schwerer wiegt, ist der aktuelle Mangel an ernsthafter politischer Auseinandersetzung mit dem Thema. Hier ist weder von Seiten der Wohnungswirtschaft – die ja die eigentlich Betroffenen des mietrechtlichen Dilemmas sind – noch von Seiten der politischen Parteien der ernsthafte Wille zu erkennen, über eine Rechtsreform den Weg in eine Energiedienstleistungswirtschaft zu öffnen. Dies ist umso unverständlicher, da die politischen und ökonomischen Kosten einer solchen Reform nahezu bei null liegen!

Demgegenüber stehen beträchtliche volkswirtschaftliche und ökologische Vorteile. Dies fängt bei der Arbeitsplatzsicherung im Handwerk an, reicht über die Absicherung der Vermietungsfähigkeit infolge beherrschbarer Nebenkosten bis hin zu ökologischen Effekten einer Reduzierung der CO_2-Emissionen in der Größenordnung von mehreren Millionen Tonnen.

Aber dies alles ist seit längerem bekannt, wird dennoch kaum wahrgenommen und thematisiert. Und so wird das zu beklagende Paradox wohl vorerst weiter fortbestehen.

Kontakt

Jürgen Pöschk, Energie- und Umwelt- Managementberatung Pöschk
E-Mail: poeschk@eumb-poeschk.de

Schutz des Mieters vor Mehrbelastungen beim Übergang von Eigenbetrieb von Wärmeversorgungsanlagen auf gewerbliche Wärmelieferung

Raimund Luger, Geschäftsführer Techem Energy Contracting GmbH

Effizienzsteigerungspotenzial

Im Februar hat der Weltklimarat dramatische Prognosen zum Klimawandel veröffentlicht. In der Folge überschlugen sich Politik und Medien mit guten bzw. gut gemeinten Ratschlägen zur Schadstoffvermeidung. Zum großen Teil mit wenig Sachkunde, denn der unvoreingenommene Leser konnte den Eindruck gewinnen, dass Energiesparlampen allein den Klimawandel aufhalten könnten. Dabei liegt das größte Einsparpotenzial der privaten Haushalte woanders, nämlich bei der Raumheizung. Allein der deutsche Mietwohnungsbestand, der mit Öl oder Gas beheizt ist (wir sprechen über rund 17 Millionen Wohnungen), erzeugt einen CO_2-Ausstoß in der Größenordnung von gut 50 Millionen Tonnen[3] pro Jahr. Darin verbergen sich ganz beachtliche Möglichkeiten die Energieeffizienz zu steigern.

So zeigt eine von Buderus durchgeführte Modellrechnung[1] auf der Basis einer sehr großen Stichprobe der Techem AG[2], dass der durchschnittliche Jahresnutzungsgrad der Wärmeversorgung im Mietwohnungsbestand bei lediglich 70 % liegt!

Überschlägige Rechnungen, durchgeführt mit den deutschen Bestandsdaten, zeigen, dass eine Steigerung des Jahresnutzungsgrades um 1 Prozentpunkt bereits zu einer Gesamtenergieeinsparung von jährlich 3,5 Millionen MWh führen würde und dies dauerhaft!

Damit beliefe sich auch der generell erzielbare CO_2-Einsparungseffekt auf knapp 1 Million Tonnen[3] im Jahr.

Angesichts dieser Zahlen stellt sich die Frage, wie dieses Potenzial ausgeschöpft werden kann.

Betrachten wir dazu, was aus der Sicht des Energiedienstleisters im Bereich der Wärmeerzeugung und -verteilung bei uns in Deutschland im Argen liegt. Wie begründet sich das Potenzial?

Knapp auf den Punkt gebracht, ist es zum einen der altersbedingte Zustand zahlreicher Kesselanlagen, außerdem die unabgestimmte Hydraulik der Verteilsysteme und schließlich oft die fehlende Optimierung des Heizungsbetriebs.

Energie-Contracting

Nahezu unbemerkt von der breiteren Öffentlichkeit hatte sich in den vergangenen 10 bis 15 Jahren ein Markt für eine Energiedienstleistung entwickelt, landläufig Energie-Contracting genannt, welche dazu angetan ist, letztlich davon lebte, wesentliche Effizienzsteigerungen bei der Wärmeversorgung im Wohnungsbestand zu realisieren. Geschätzte zehntausende Projekte wurden erfolgreich umgesetzt.

Konservativ gerechnet, lässt sich allein durch die Erneuerung einer Kesselanlage eine Steigerung des Jahresnutzungsgrades um bis zu ca. 15 Prozentpunkte erreichen. Die Effekte aus dem professionellen Betrieb der Anlagen lassen sich mit zusätzlichen ca. 5 Prozentpunkten bewerten[4] (Anmerkung: Energie Schweiz geht allein bei optimiertem Anlagenbetrieb von einem Einsparpotenzial von ca. 20 % aus[5]).

Die wirtschaftliche Attraktivität für die Wohnungsunternehmen ergab sich vor allem daraus, dass der Contractor die finanzielle Last aus der Erneuerung von Kesselanlagen schultert und gleichzeitig für die Effizienz, also für den Nutzungsgrad der Energieumwandlung, bürgt.

Warum steht der Contractor für den Nutzungsgrad ein?

Er hat ein eigenes wirtschaftliches Interesse daran, den Nutzungsgrad zu erhalten, besser ihn noch zu steigern, weil zusätzlicher Brennstoffverbrauch aus erhöhten Anlagenverlusten allein ihm zur Last fällt, nicht dem Vermieter, auch nicht dem Mieter!

Problematik der Umlagefähigkeit von Wärmekosten

Der Markt für Energie-Contracting im Mietwohnungssektor hat jedoch zwischenzeitlich einen dramatischen Einbruch erlitten. Grund dafür ist die Rechtsprechung des Bundesgerichtshofes (BGH), welche für den Übergang vom

Eigenbetrieb auf gewerbliche Wärmelieferung die Mieterzustimmung voraussetzt, es sei denn, es wäre mietvertraglich Entsprechendes vereinbart.

Diese Mieterzustimmung ist aus praktischen Gründen höchst selten zu 100 % erhältlich.

Damit ist Wärmecontracting nur noch punktuell umsetzbar – ein immenses CO_2-Senkungspotenzial bleibt ungehoben.

Was kann getan werden, diese Blockade aufzuheben?

Änderung der rechtlichen Rahmenbedingungen?

Eine Änderung des geltenden Rechts bleibt als einziger Ausweg. Dr. Beyer, damals stellvertretender Vorsitzender des VIII. Zivilsenats des BGH, der die einschlägigen Entscheidungen traf, hatte dafür eindrucksvoll plädiert[6].

Im Verlaufe des letzten Jahres wurden verbändeübergreifend, auch mit politischen Instanzen, eingehende Diskussionen geführt, wie ein Modell aussehen könnte, das zu einem wirtschaftlichen Gleichgewicht zwischen Contractoren und Wohnungsunternehmen führt und gleichzeitig die Mieterschaft nicht mehr belastet. Dazu sollte es rechtlich nicht zu kompliziert in der Umsetzung sein.

Gerade die Anforderung, eine Mietermehrbelastung auszuschließen, hat sich zum Dreh- und Angelpunkt einer möglichen gesetzlichen Regelung entwickelt. Der Verfasser möchte ein Modell vorstellen, das sowohl dieser als auch den anderen angeführten Forderungen entspricht.

Modell zur Diskussion

Ausgangspunkt ist die Bedingung, dass der Mieter beim Übergang auf Contracting mit Wärmekosten nicht höher belastet wird, als wenn der Vermieter die geplanten Maßnahmen zur Einsparung von Energie selbst vornähme, d. h. als wenn der Vermieter von der gesetzlichen Möglichkeit der 11 %-Modernisierungsumlage der Erneuerungsinvestition Gebrauch machen würde. Der Nachweis darüber wäre im Vorfeld jedes Contracting-Projektes zu führen, dies als Voraussetzung für den Verzicht auf die Zustimmung aller Mieter im Sinne einer möglichen Gesetzesänderung.

Es geht darum, auf nachvollziehbare Weise eine „Kappungsgrenze" zu bestimmen, die in Bezug auf die Mieterbelastung nicht überschritten werden darf.

Wie sieht die Vorgehensweise tabellarisch dargestellt aus?

1. Ermittlung der bisherigen Wärmekosten der vom Vermieter selbst betriebenen Anlage für ein Vergangenheitsjahr
2. Bestimmung des Nutzungsgrades der bisher selbst betriebenen Anlage nach den Maßgaben der VDI 2067
3. Bestimmung der Höhe der Erneuerungsinvestition, falls der Übergang auf Contracting mit der Errichtung einer Neuanlage einhergehen soll und Berechnung des Betrages der 11 %-Modernisierungsumlage
4. Festlegung des Nutzungsgrads der vom Contractor zu betreibenden Anlage und Berechnung des Effizienzsteigerungsgewinns als Einsparung von Brennstoff und Strom und dessen monetäre Bewertung (der festgelegte Nutzungsgrad wird im abzuschließenden Wärmelieferungsvertrag festgeschrieben)
5. Berechnung der neuen Jahreswärmekosten, ermittelt aus den bisherigen Jahreswärmekosten minus jährlichem Effizienzgewinn
6. Berechnung der Kappungsgrenze, ermittelt aus den neuen Jahreswärmekosten plus Betrag der jährlichen Modernisierungsumlage
7. Es bietet sich an, gleichzeitig die zu realisierende Brennstoffeinsparung in MWh/a und die damit vermiedene Menge von CO_2 in t/a auszuweisen

Ein entsprechendes Rechenschema ist standardisierbar[7]. Es eignet sich zur Darstellung in einer Mieterankündigung vor Umsetzung eines Contracting-Projektes, dies als Voraussetzung zur Zustimmungsfreiheit.

Seine Transparenz bietet keinen Spielraum für Willkür:

Die Regeln der VDI 2067 sind eindeutig.

Die Höhe der Investitionskosten ist nach den Regeln der Technik zu ermitteln oder durch konkrete Errichtungsangebote zu belegen.

Der Nutzungsgrad der vom Contractor betriebenen Anlage ist von ihm zu garantieren. Er ist ja seine wesentliche Kalkulationsgrundlage und wird zum Bestandteil des Contractingvertrags.

Der Leistungskatalog des Contractingvertrags bleibt Gegenstand der Abstimmung zwischen Contractor und Vermieter, wie es seit jeher erfolgreich praktiziert wurde:

Falls sich ergibt, dass die Jahres-Contractingkosten die errechnete und zu kommunizierende Kappungsgrenze überschreiten, engagiert sich der Vermieter in Form eines Baukostenzuschusses, eines Anschlusskostenbeitrags oder eines nicht umlegbaren Wärmekostenanteils. Dies war im Übrigen bereits bisher gängige Praxis!

Der Vermieter profitiert von einer ansehnlichen finanziellen und betrieblichen Entlastung und leistet gleichzeitig einen nachhaltigen Beitrag zur Ressourcenschonung und CO_2-Vermeidung.

Vorteile des Diskussionsmodells

Die Vorteile des Dargestellten seien wie folgt zusammengefasst:

1. Der Mieter wird im Vergleich zum Eigenbetrieb des Vermieters durch Contracting nicht höher belastet. Er profitiert vom erzielten Effizienzgewinn![8]
2. Der Vermieter erfährt trotz eines möglichen verbleibenden Eigenbeitrags wirtschaftliche Entlastung.
3. Die wirtschaftliche Interessenlage des Contractors bleibt gewahrt. Erzielt er einen schlechteren Nutzungsgrad als kalkuliert und vertraglich festgeschrieben, gereicht ihm das zum wirtschaftlichen Nachteil: Ein signifikanter Vorzug gegenüber allen Modellen, welche rein die Umlage von Brennstoff- und Stromkosten zum Gegenstand haben.
4. Die quantifizierten Effizienzvorteile sind als Brennstoffersparnis und vermiedene Tonnen CO_2 unmittelbar darstellbar und nachvollziehbar.

Nach allem bleibt zu konstatieren, dass ein größtmöglicher Interessenausgleich zwischen Mieter, Vermieter, Contractor und **Umwelt** erzielt wird. Der Contracting-Markt im Segment der Wohnungswirtschaft würde wieder belebt, mit weitreichenden gesamtwirtschaftlichen Effekten, insbesondere für Kesselhersteller und Handwerk.

Nach Meinung des Verfassers liegt es nun an der Politik, die rechtlichen Voraussetzungen zu schaffen, dass die Contractoren im Zusammenspiel mit der Wohnungswirtschaft das eminent große Effizienzpotenzial angreifen können.

Kontakt

Raimund Luger, Techem Energy Contracting GmbH
E-Mail: raimund.luger@techem.de

Fußnoten

[1] Buderus: Energiekennwerte Hausanlagen zum Heizen und zur Trinkwarmwasserbereitung in deutschen MFH
[2] Techem Energiekennwerte, Hilfen für den Wohnungswirt, Eine Studie der Techem AG, Ausgabe 2005
[3] mitgeteilt von Andreas Klupik, Techem Energy Contracting GmbH
[4] Erfahrungswerte der Contracting-Unternehmen
[5] EnergieSchweiz: Grundlagen Optimierung, 2002
[6] Beitrag Jahrbuch Energieeffizienz, Berlin 2006, Hrsg.: J. Pöschk
[7] Ein konkretes Rechenmodell, mitgeteilt von A. Klupik, Techem Energy Contracting GmbH, liegt dem Verfasser vor
[8] Vgl. Berechnung der Kappungsgrenze

Wärme-Contracting – ein Beitrag für den Klimaschutz

Rüdiger Peter Quint, GASAG - WärmeService GmbH

Zeit zum Handeln?

Lange Zeit war unklar, in wie weit menschliches Handeln das Klima beeinflusst und die Umwelt schädigt. Die Spannweite wissenschaftlicher Untersuchungen und veröffentlichter Beiträge reichte von verantwortungsloser Verharmlosung bis zu kaum vorstellbaren Horrorszenarien. Die erlebten Klimakatastrophen der letzten Jahre machten uns auf grausame Weise deutlich: Es ist bestenfalls 5 vor 12.

Heute wissen wir: Der Klimawandel ist nicht mehr aufzuhalten, betroffen werden wir alle sein. Sein Ausmaß und die damit verbundenen Schäden für das Ökosystem und die Folgen für die Menschheit sind in ihrem vollen Umfange noch nicht erfasst. Eines ist schon heute gewiss: Wir müssen sofort handeln und alle geeigneten Möglichkeiten nutzen, um die Folgen des weltweiten Klimawandels wenigstens zu begrenzen.

Die radikalste Maßnahme, nämlich auf Energie gänzlich zu verzichten, bringt uns nicht weiter, weil damit menschliches Leben unmöglich wird. Auch einen Königsweg zur Begrenzung der Klimaschäden wird es nicht geben. Vielmehr ist ein Bündel von Maßnahmen in allen Teilen der Welt gefordert. Somit bleibt nur eines: die effiziente Nutzung von Energie in all ihren Anwendungsbereichen!

Eine wichtige Maßnahme zur effizienten Energienutzung im Bereich der Raumheizung und Warmwasserbereitung ist, wie viele Anwendungen zeigen, das Contracting. Kein anderes Modell der Wärmeerzeugung garantiert gleich bleibend über eine Nutzungsdauer von 15 Jahren den höchsten Jahresnutzungsgrad und damit eine dauerhafte Senkung des Primärenergieeinsatzes und des Schadstoffausstoßes.

Warum kann Contracting dies leisten?

Contracting bietet Dienstleistungen zur Wärmelieferung im Komplettpaket an. Planung, Errichtung, Finanzierung, Betriebsführung, Wartung und Instandhaltung sind die Paketinhalte und werden im jeweiligen Versorgungsfall ohne leistungsmindernde Schnittstellen optimal erbracht.

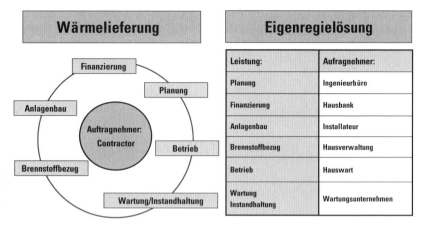

Abb. 1
Wärmecontracting versus Eigenregieleistung

Dieses Geschäftsmodell bildet die Grundlage für Energieeffizienz, da dem Kunden im Wärmelieferungsvertrag der Jahresnutzungsgrad bei der Umwandlung von Primärenergie in Wärme auf gleich bleibend höchstem Niveau garantiert wird.

Somit wird der Energieinhalt des eingesetzten Brennstoffes optimal ausgenutzt, was wiederum die Brennstoffmenge reduziert, die Umwelt von Schadstoffen entlastet und die beste Energieressource der Welt, nämlich die Energieeinsparung, ausschöpft. Energieeffizienzreserven in einer Größenordnung von 20 % und mehr sind deutschlandweit im Bereich der Raumwärme und Warmwasserbereitung zu heben. Eine wirklich notwendige wie lohnende Aufgabe.

Für den Nutzer der Wärme, also für den Mieter, bedeutet Contracting, dass er das Mengenrisiko einer suboptimalen Wärmeerzeugungsanlage nicht tragen muss. Dies deshalb, weil das Geschäftsmodell Contracting den Wärmelieferanten dazu zwingt, die Anlage im bestmöglichen Betriebszustand zu betreiben, damit das betriebswirtschaftliche Kalkül aufgeht. Denn eine schlecht laufende Anlage frisst den kalkulierten Gewinn auf. Bestmögliche Arbeit, um Gewinnausfälle zu vermeiden, ist kein schlechtes Motiv in einer wettbewerblich organisierten Wirtschaft. Im Übrigen bedeutet Klimaschutz immer die Symbiose aus Ökonomie und Ökologie. Ökologie ohne Ökonomie ist kein weltwirtschaftliches Modell angesichts des Nachholbedarfs, insbesondere auch der Schwellenländer. Insoweit sind Modelle zur Energieeffizienz wie Contracting weltweit notwendig.

Was kostet Contracting?

Bei allen Vorteilen, die Contracting für Mieter und Vermieter bietet, kann es je nach Betrachtungsweise mit den Kosten einer Eigenlösung gut konkurrieren.

Hierzu folgendes Beispiel:

Eine bestehende Kesselanlage soll erneuert und von Heizöl auf Erdgas umgestellt werden. Gleichzeitig soll u. a. durch Einsatz moderner Brennwerttechnik eine nachhaltige Energieeinsparung im Anlagenbetrieb erzielt werden.

Die Ausgangsdaten des Projektes zeigt folgende Tabelle:

Alte Kesselanlage	Baujahr:	1979
	Wirkungsgrad:	ca. 78 %
	Anschlusswert:	1.495 kW
Nicht preisgebundener Wohnraum	Beheizung der Wohnungen aus Eigenanlage des Gebäudeeigentümers	

		Altanlage	Neuanlage
Anzahl Wohnungen		200	
Jahresnutzungsgrad	%	78	95
Wärmebedarf	MWh/a	1.725	
Heizölverbrauch Basisjahr	hl/a	2.202	-
Erdgaseinsatz Hu	MWh/a	-	1.816 [1]

[1] Dauerhafte Senkung des Energieeinsatzes durch moderne Brennwerttechnik

Abb. 2 Ausgangsdaten

Die gewerbliche Wärmelieferung führt gerade nicht zu einer Schlechterstellung des Mieters. Denn die gewerbliche Wärmelieferung ist richtig praktiziert warmmietenneutral.

	Dimension	Eigenlösung auf Erdgasbasis	Gewerbliche Wärmelieferung
Grundmiete plus „kalte Betriebskosten" (Quelle: Berliner Mietspiegel 2005 für Wohn. 60-90 m², mittl. Ausstattung, Neubau 1956-64; Berliner Betriebskosten-übersicht 2003, Mittelwert)	Euro/m² Monat	5,95	5,95
Modernisierungserhöhung mit 11% der Investition von 101.100 Euro in die neue Heizungsanlage (Wohnfläche: 11.500 m²)	Euro/m² Monat	0,08	0,00
Grundmiete nach Modernisierungserhöhung	Euro/m² Monat	6,03	5,95
warme Betriebskosten (ohne Abrechnungsdienst)	Euro/m² Monat	0,78	0,90
Mehrkosten abnehmender Jahresnutzungsgrad	Euro/m² Monat	0,04	0,00
Summe	Euro/m² Monat	6,85	6,85

Warmmietenneutralität

Abb. 3 Kostenvergleich aus Sicht des Mieters

Diesem Ergebnis liegt folgender Vollkostenvergleich unter Berücksichtigung der Mehrkosten durch einen abnehmenden Jahresnutzungsgrad der Anlage, hier konservativ gerechnet, im Eigenregiefall zugrunde.

	Dimension	Eigenlösung auf Erdgasbasis	Gewerbliche Wärmelieferung
Erdgas-BezugEigenbetrieb auf Basis 1. Qu. 2006 (HEL - Folgewert 45,87 Euro/hl)	Euro/a	100.621	100.621
Wartung, Betrieb, 24-h-Störfdienst, BImSchG, Versicherung, Strom	Euro/a	6.570	6.570
Umlagefähige Kosten (§7 Abs. (2) bzw. (4) HeizkostenV)	Euro/a	107.191	107.191
Heizkosten / Wärmepreis	Euro/m² Monat	0,78	0,78
Erhöhung der Kaltmiete in Höhe von 11% der Investition (von 101.100 Euro)	Euro/a		11.120
Grundpreisanteil für Investition	Euro/a		11.120
Gesamtkosten für den Mieter	Euro/a		118.311
Spezifische Gesamtkosten Mieter	Euro/m² Monat		0,86
Contracting-Pauschale:	Euro/a		6.384
Kosten für Instandhaltung, Finanzierung, Verwaltung (über 11% der Modernisierungsumlage)	Euro/a		2.820
Maßnahmen zur Effizienzgarantie über Vertragslaufzeit	Euro/a		3.559
Mehrkosten abnehmender Jahresnutzungsgrad	Euro/a	6.384	
Spezifische Gesamtkosten für den Mieter:	Euro/m² Monat	0,90	0,90

Abb. 4
Kalkulation der Wärmekosten

Ein sich verschlechternder Jahresnutzungsgrad der neu errichteten Wärmeerzeugungsanlage im Eigenbetrieb drückt sich im erhöhten Energieverbrauch aus, der sich in Geld bewerten und auf 6.400 Euro p.a. oder auf 96.000 Euro über die Laufzeit des Vertrages beziffern lässt. Dass sich im Eigenregiefall der Jahresnutzungsgrad der Wärmeerzeugungsanlage schleichend verschlechtert, liegt weder an böser Absicht noch an mangelnder Professionalität. Es fehlen dem Vermieter oftmals der technische Instrumentenkasten und das wärmewirtschaftliche Know-how eines Wärmelieferanten.

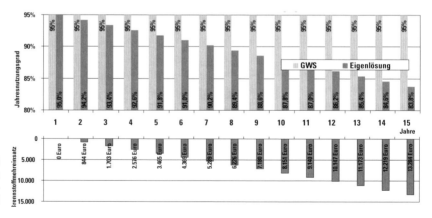

Abb. 5
Mehrkosten durch abnehmenden Jahresnutzungsgrad

Dabei ist zu beachten, dass sich die im Contracting eingesparte Energie, die sich über 15 Jahre auf eine Energiemenge von fast 2.000 MWh (1.936 MWh) summiert, ausreicht, um über diesen Zeitraum 14 weitere Wohneinheiten zu beheizen. Das sind bezogen auf das Ausgangsbeispiel von 200 Wohneinheiten 7 %, die im Eigenregiefall – wie die Praxis belegt – verloren gingen. Somit leistet Contracting einen Beitrag zur Versorgungssicherheit und zum Klimaschutz.

Leider sind diese Argumente bisher von den politischen Entscheidungsträgern allenfalls nur unzureichend gewürdigt worden. Nur so lassen sich die mietrechtlichen Hemmnisse erklären.

Was hemmt Contracting in Deutschland?

Das geltende Mietrecht ist nicht contractingtauglich.

Die BGH-Urteile zum Wärmecontracting vom 06. April 2005 (VIII ZR 54/04) und 22. Februar 2006 (VIII ZR 326/04) sind Belege für diese Erkenntnis.

Demnach muss der Vermieter grundsätzlich die Zustimmung des Mieters einholen, wenn er im laufenden Mietverhältnis auf Contracting übergehen will und dem Mieter dadurch zusätzliche Kosten entstehen. Diese Aussage bezog sich im ersten Urteil zunächst auf den Fall, dass der Contractor den Betrieb einer bestehenden Heizungsanlage übernimmt und diese anstelle des Vermieters weiterhin betreibt. Mit der zweiten Entscheidung wurde auch der Fall, dass der Contractor die Heizungsanlage nach der Übernahme modernisiert, ausgeurteilt.

Ohne Mietrechtsänderung wird Contracting in der Wohnungswirtschaft eher ein Orchideendasein fristen und kann die gewünschten und notwendigen Klimaschutzeffekte nicht erreichen. Denn Deutschland ist bebaut, Totalsanierungen sind die Ausnahme und die Zustimmung aller Mieter bei Umstellung auf Wärmecontracting ist unmöglich.

Wer muss was tun, um die Hemmnisse des Contracting zu beseitigen?

Der Gesetzgeber muss das Mietrecht ändern. Dazu muss er von den Interessenvertretern der Mieter und Vermieter, also von DMB und GdW, motiviert werden.

Die Contractingbranche hingegen muss ihr Fachwissen zur Verfügung stellen, um Diskussionsgrundlagen zu erarbeiten.

Wie könnte eine Lösungsskizze aussehen?

Eine Lösung könnte darin bestehen, dass eine Anlagenmodernisierung über Contracting einer Modernisierung durch den Vermieter gleichgestellt wird, diese dem Mieter anzuzeigen ist und der Mieter die Modernisierung zu dulden hat oder berechtigt wird, das Mietverhältnis unter Fristwahrung außerordentlich zu kündigen.

Damit wird sichergestellt, dass sich Contracting gerade nicht über die Köpfe der Mieter manifestiert.

Unter dieser Grundannahme ist folgende Rechnung zum zuvor erläuterten Praxisbeispiel denkbar:

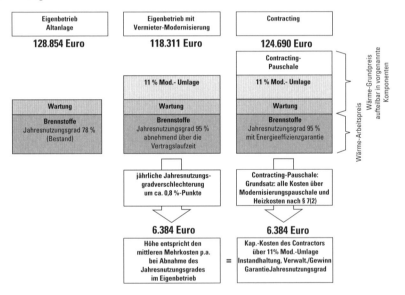

Abb. 6
Wärmekosten im Vergleich

1. Bei einer Modernisierung ist das Recht der Umlage von 11 % der Modernisierungskosten über § 559 BGB auch für den Fall im Mietrecht zu verankern, dass statt des Vermieters ein Dritter im Auftrag des Vermieters die Modernisierung durchführt (Ersatz der Altanlage durch eine energieeffiziente Neuanlage) und der Dritte diese Maßnahme im Contracting anbietet, unter Beachtung der Regelungen des § 554 BGB.
2. In der Modernisierungsankündigung wird durch den Vermieter darauf hingewiesen, dass die Modernisierung der Wärmeerzeugungsanlage mit der damit verbundenen nachhaltigen Energieeinsparung und dem Energieeffizienzversprechen (= Garantie) durch den Contractor realisiert wird und

deshalb keine Kaltmietenerhöhung für diese Maßnahmen erfolgt, sondern mit Beginn der Wärmelieferung die Wärmekosten nach § 7 Abs. 4 HeizkostenV abgerechnet werden, bestehend aus den nach § 7 (2) HeizkostenV umlegbaren Brennstoffkosten, die im Arbeitspreis abgebildet werden, und den Wartungskosten sowie den nach § 559 BGB umlegbaren 11 % der Modernisierungskosten.

3. Darüber hinausgehende Kosten, die als „Contracting-Pauschale" bezeichnet werden könnten, enthalten auch Aufwendungen des Contractors für das im Wärmelieferungsvertrag verankerte Effizienzversprechen (= Garantie), um die Wärmebereitstellung mit einem garantiert hohen und gleich bleibenden Jahresnutzungsgrad über die gesamte Vertragslaufzeit sicherzustellen. Die Effizienzgarantie erhält der Vermieter vom Contractor im Wärmelieferungsvertrag, der diese wiederum auf den Mieter überträgt. Über die Laufzeit des Wärmelieferungsvertrages profitiert der Mieter von dieser Effizienzgarantie gegenüber einer vom Vermieter betriebenen Anlage in den Verbrauchskosten. Die Höhe des Kostenvorteils entspricht im Mittel über die Vertragslaufzeit der Höhe der gesamten Contracting-Pauschale. Wenigstens die Aufwendungen des Contractors für die Garantie der Energieeffizienz sollten, wie andere Aufwendungen des Vermieters, zur nachhaltigen Energieeinsparung umlegbar sein. Diesbezügliche Regelungen könnten durch eine zusätzliche Position in § 7 (2) HeizkostenV getroffen werden.

Genau darüber, wie die Kosten der Contracting-Pauschale zwischen Mieter und Vermieter aufzuteilen sind, müssen sich DMB und GdW verständigen. Da Contracting sowohl für den Mieter wie auch für den Vermieter Vorteile bringt, sollte eine Verständigung doch einfach sein, wenn nicht Verbandsinteressen an anderer Stelle neue Hemmnisse aufbauen.

Wann handeln wir?

Wer angesichts des Klimawandels nicht aktiv hilft, mietrechtliche Hemmnisse abzubauen und Contracting in seiner Umsetzung zu unterstützen, hat eine Möglichkeit zu mehr Energieeffizienz verspielt. Er muss sich fragen lassen, ob er seiner Verantwortung als Interessenvertreter, aber auch gegenüber den umweltpolitischen Anforderungen gerecht wird. Für kleinkariertes Denken fehlt heute jegliche Zeit. Denn es ist mittlerweile 4 vor 12.

Kontakt

Rüdiger Peter Quint, GASAG - WärmeService GmbH
E-Mail: rquint@gasag.de

Mehrebenensteuerung für Energieeinspar-Contracting in Schulen und Kitas – Heizen nach Stundenplan

Ergebnisse eines Förderprojektes des Bundesministeriums für Wirtschaft und Technologie im Rahmen des INNO-Watt-Programms

Dr.-Ing. Manfred Riedel, Dr. Riedel Automatisierungstechnik GmbH

„Schon mit Rücksicht auf die Berliner Kinder hielt ich solche Bauten sehr einfach. In dieser äußerlich unangenehmen, aufgebauschten und größenwahnsinnigen Zeit erschien mir das angebracht", schrieb Ludwig Hoffman, Baumeister und Berliner Stadtbaurat von 1896-1924, der allein im Berliner Bezirk Friedrichshain 11 Schulen baute. Auf „größtmögliche Lichtzufuhr" wurde peinlich geachtet. Die Fenster waren mit Kippflügeln ausgestattet und „jeder Schulraum ist mit einer Ventilationsanlage versehen... Gerade diese technischen Einrich-

tungen in den Berliner Schulen sind mustergültig und bereits zu internationaler Berühmtheit gelangt." [Arbeitermietshäuser in Berlin, in: Berliner Architekturwelt, 2/1900, S.315]

Also folgte die Senatsverwaltung für Stadtentwicklung einer guten Tradition, wenn sie ihre Schulen nicht nur äußerlich wieder hell und freundlich herrichtete, sondern auch an eine fortschrittliche Technik im Inneren dachte.

Acht „Hoffmann-Schulen" gehören zum Pool 9 mit 30 Schulen und Kindertagesstätten – Umfang des Einsparcontracting-Vertrages zwischen dem Bezirk Friedrichshain und dem Energiedienstleister MVV Energie AG. Der Zuschlag war das Ergebnis einer EU-weiten Ausschreibung der Berliner Energieagentur im Auftrag des Bezirksamtes Berlin-Friedrichshain.

Der Bezirk spart jährlich 214.000 Euro an Energiekosten, die CO_2-Emission reduziert sich dabei um 20,2 %. Mit den Einsparungen finanzieren die Energiedienstleister ihre Leistungen und garantieren zusätzlich eine Entlastung des Bezirkshaushaltes um mindestens 37.000 Euro jährlich, bei einer Vertragslaufzeit von 10 Jahren.

Energiesparpartner für Berlin-Friedrichshain

Das Einsparkonzept wurde von einem spezialisierten Expertenteam ausgearbeitet und beinhaltet die Planung und Umsetzung von Einsparmaßnahmen mit einem Gesamtinvestitionsvolumen von 820.000 Euro.

Herzstück der Einsparmaßnahmen ist das RIEcon Hausautomationssystem der Dr. Riedel GmbH, das in den Klassenräumen und den Heizzentralen zur Anwendung kommt. Wer macht sich normalerweise die Mühe und dreht Thermostatventile zu und auf? Auch durch geöffnete Fenster geht viel Wärme verloren. Hier liegt ein großes Sparpotenzial, das nun seit Anfang 2002 erschlossen wird.

Die technischen Systeme wurden von dem Contractor vorfinanziert, so dass dem Land Berlin keinerlei Kosten entstanden – im Gegenteil, es profitiert sofort von den erzielten Einsparungen, die zur Entlastung des Berliner Landeshaushaltes beitragen (Abb. 1). Mit Ablauf der Vertragslaufzeit von 10 Jahren gehen die Systeme in das Eigentum des Landes Berlin über. Während der Vertragslaufzeit übernimmt der Contractor den Betrieb der technischen Systeme, deren Instandhaltung (inklusive Inspektionen, Wartung und Instandsetzung), die Fernüberwachung mit Stördienst sowie das Energie-Controlling. Darüber hinaus werden Hausmeister, Lehrer und Schüler zum Energiesparen geschult und motiviert. Das fördert das Energiebewusstsein der Kinder, begleitet von Mitarbeitern des Contractors lernen sie Energiesparen in der Praxis kennen.

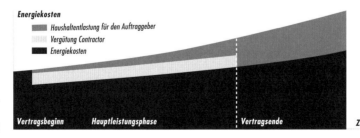

Abb. 1
Energiekostenverteilung bei Einsparcontracting

Die Vergütung und damit Refinanzierung der getätigten Investitionen erfolgt ausschließlich nach dem Erfolgsprinzip: Nur wenn tatsächlich auch Energieeinsparungen erzielt werden, erhält der Contractor einen Anteil als Vergütung seiner Leistungen. Der Auftraggeber hingegen geht kein Risiko ein: Für seinen Teil der Einsparungen hat er vom Contractor eine Garantie über die Höhe seiner Einsparungen erhalten, so dass ihm Haushaltsentlastung sicher ist. Darüber hinaus wird die Umwelt durch die Schonung der Energieressourcen ein gutes Stück entlastet. Kein Wunder also, dass Einsparcontracting in Deutschland immer mehr Interesse und Verbreitung findet.

RIEcon-System regelt nach Stundenplan

Lehrer, Schüler oder Eltern sollen nicht über kalte Räume klagen. Das führt normalerweise dazu, dass alle Räume der Schule bis zum späten Nachmittag voll temperiert werden – eine unnötige Verschwendung von Heizenergie.

Die Dr. Riedel Automatisierungstechnik GmbH hat mit dem RIEcon-System genau für dieses Problem Hard- und Software nutzer- bzw. lehrergerecht konzipiert. Das tägliche Organisationswerkzeug der Pädagogen, der Stundenplan oder der Belegungsplan der Kita, wird Grundlage für die Eingaben am PC, dem Bedienrechner (Abb. 3). Der Rechner steht im Sekretariat oder beim Hausmeister, hier werden Stundenplan und Nutzungszeiten der jeweiligen Räume sowie Sondernutzungszeiten, Sollwarm- und Kalttemperaturen eingegeben.

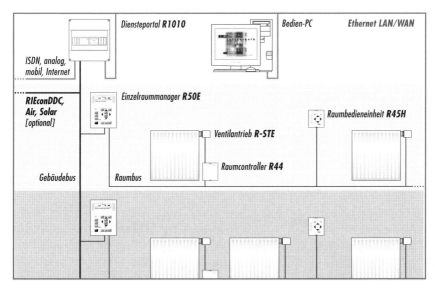

Abb. 2 Strukturbeispiel für eine Schule

Zum Leistungsumfang gehört ein Standardprogramm mit normalem, durchschnittlichem Nutzungsprofil während des Schulbetriebs sowie Jahresferien- und spezielle Stundenplanprogramme. Sparprogramme minimieren den Energieverbrauch in allen Räumen.

Einzelraumtemperatur-Regelung

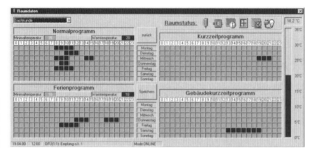

Abb. 3
Zeitprogramme auf dem PC für die Eingabe

Räume werden nur in der Nutzungszeit beheizt, in ungenutzten Räumen hält das System eine festgelegte Mindesttemperatur. So werden Feuchteschäden am Gebäude vermieden. Offene Fenster erkennt das System und reagiert mit Unterbrechung der Wärmezufuhr.

Die einfache und überschaubare Bedienung am PC – per Mouse werden Stundenfelder rot für Heizen oder blau für Kalttemperatur angeklickt – bedarf keinerlei technischer Voraussetzungen (Abb. 3).

Das eingegebene Wochenprogramm steuert die Software dann selbständig. Sie adaptiert in Abhängigkeit von den bauphysikalischen Eigenschaften des Gebäudes und der vorhandenen Heizleistung den richtigen Absenk- bzw. Aufheizzeitpunkt für jeden einzelnen Raum.

Heizzentralenregelung

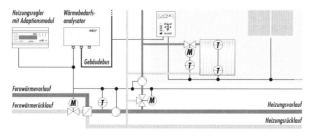

Abb. 4
Strukturschema der Heizungsanlage mit elektronischer Einzelraumregelung

Die Heizzonen sind mit einer außentemperaturabhängigen Vorlauftemperaturregelung ausgestattet (Abb. 4). Die dabei ermittelten sekundärseitigen Vorlauftemperatur-Sollwerte werden last- und nutzungsabhängig optimiert. Während der Raumnutzungszeiten wird die optimale Heizleistung ermittelt, um nach Heizunterbrechung möglichst schnell die eingestellten Warmtemperaturen am Beginn der Raumnutzungszeiten zu erreichen. Zusätzlich werden die Rohrwärmeabgaben minimiert. Gleichzeitig erfolgt eine zeitvariable Absenkung der Heiztemperaturen in Abhängigkeit von Raumnutzungs- und Vorheizzeiten. So wird z. B. die Heizleistung für den Nordflügel der Schule bereits ab 14.00 Uhr wegen fehlender Raumnutzung reduziert, während der Südflügel wegen Nutzung einzelner Räume für Arbeitsgemeinschaften bis 18.00 Uhr mit höherer Heizleistung versorgt wird.

Diensteportal

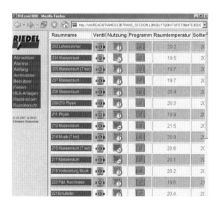 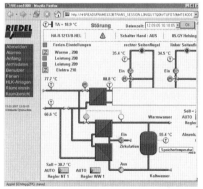

Abb. 5 (links)
Raumübersicht Schule

Abb. 6 (rechts)
Diensteportal mit Prozessabbild Heizzentrale

Ein Diensteportal (embedded PC) bereitet sämtliche Daten aus den Klassenräumen (Abb. 5) sowie den Heizungs- und Lüftungszentralen (Abb. 6) so auf, dass externe Dienstleister mit Hilfe von Web-Browsern (z. B. Internet Explorer) ohne Spezialsoftware Zugriff haben. Voraussetzung ist dabei lediglich ein DSL- oder Telefonanschluss.

Mit Hilfe des Diensteportals lassen sich die Aufwendungen für die Betriebsführung, das Controlling und die Störungsbeseitigung deutlich reduzieren.

Ergebnisse

Die Verbrauchswerte für Wärme, Gas und Elektro werden automatisch monatlich für das laufende und das Vorjahr gespeichert. Mit Hilfe einer speziellen Auslesesoftware erfolgt die zyklische Fernauslesung der Verbräuche und das Zusammenstellen zu einem Energiebericht (Abb. 7).

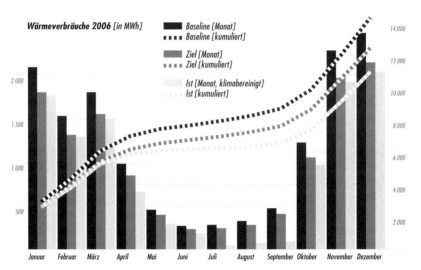

Abb. 7
Energiebericht internes Controlling

Die Ausrüstung der Gebäude entsprach im Basisjahr dem Stand der Technik. Die Heizzentralen verfügten über moderne Regler mit außentemperaturabhängiger Vorlauftemperaturregelung und die Heizkörper waren mit einstellbaren Thermostatventilen ausgestattet. Im Rahmen des Contracting wurde anstelle der Thermostatköpfe eine zeitprogrammierbare Einzelraumtemperaturregelung installiert. Diese wurde informationstechnisch mit den Digitalreglern in den Heizzentralen vernetzt.

Das führte zu folgenden Einspareffekten:

Reduktion von Wärmeverlusten
durch bedarfsgerechte Einstellung der gewünschten Temperaturen und Nutzungszeiten. In Nicht-Nutzungszeiten wird die Temperatur auf eine Mindesttemperatur gesenkt.

Reduktion der Lüftungs-Wärmeverluste
durch automatisches Schließen der Heizkörperventile bei Fensteröffnung.

Erhöhung des Gewinnfaktors
Sonneneinstrahlung oder andere Wärmequellen werden registriert und mit einer sofortigen Regelung beantwortet.

Adaptive Heizungsregelung
Das System findet für jeden Raum und jeden Heizkreis den günstigsten Aufheiz- bzw. Absenkzeitpunkt.

Information und Kommunikation
Verbrauchsdaten für Raumheizung können aktuell und vom Vorjahr abgelesen werden – motiviert zu energiesparendem Verhalten.

Alle Zielwerte aus dem Einsparvertrag wurden übertroffen.

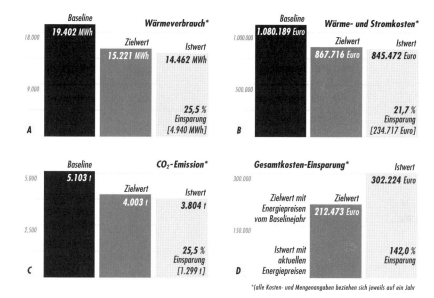

Abb. 8
Ergebnisse des externen Controllings

Bei der jährlichen Überprüfung des Einsparvertrages werden stets die Energiepreise des Basisjahres zugrunde gelegt. Der Contractor gibt also ein Einsparversprechen über die einzusparenden MWh (Abb. 8). Der Wert der eingesparten MWh nimmt mit steigenden Energiepreisen zu. Aus der Darstellung über die Gesamtkosteneinsparung (Abb. 8 D) ist ersichtlich, dass auf der Basis der aktuellen Energiepreise die Einsparung 302.224 Euro beträgt. Die tatsächliche Entlastung des Haushalts beträgt deshalb 105.000 Euro jährlich statt der geplanten jährlichen 37.000 Euro.

Der Bezirkshaushalt wird bei steigenden Energiepreisen immer stärker entlastet, während der Refinanzierungsanteil an den Contractor über die Vertragslaufzeit konstant bleibt.

Fazit

Energieeinspar-Contracting hat inzwischen vielfach bewiesen, dass alle Beteiligten gewinnen. Die öffentlichen Haushalte werden durch die geringeren Energieverbrauchskosten entlastet, die Contractoren erzielen eine auskömmliche Rendite und nicht zuletzt wird der CO_2-Ausstoß deutlich gemindert und damit die Umwelt geschützt.

Bei allen Einsparvorhaben spielt eine verbesserte Automatisierung der Heizungs- und Lüftungsprozesse eine zentrale Rolle. Vernetzte Hausautomationssysteme – Einzelraumtemperaturregelung in Verbindung mit selbstadaptierender Optimierung der Wärmebereitstellung – erzielen die wirtschaftlichsten Ergebnisse.

Die Amortisationszeit für die Investitionen beträgt ca. 4 Jahre bei dem hier dargestellten Vorhaben in Berlin-Friedrichshain sowie bei anderen inzwischen realisierten Projekten. Damit sind bei Vertragslaufzeiten von 10 bis 12 Jahren gute Ergebnisse für die Contractoren garantiert. Zusätzlich werden die laufenden Aufwendungen des Contractors für die Betriebsführung und das Controlling durch die webbasierten Diensteportale minimiert.

Kontakt

Dr.-Ing. Manfred Riedel, Dr. Riedel Automatisierungstechnik GmbH
E-Mail: manfred.riedel@riedel-at.de

Auf dem Weg zum energieeffizienten Gebäude: Energiemanagement in der Praxis

Stephan Weinen, Leiter Energiemanagement,
GTE Gebäude- und Elektrotechnik GmbH & Co. KG

Der Energieverbrauch in Gebäuden lässt sich nachhaltig reduzieren – das senkt die Kosten und schont das Klima. Im Mittelpunkt eines systematischen Energiemanagements stehen dabei gezielte technische Modernisierungsmaßnahmen. Projektbeispiele zeigen, wie die GTE Gebäude- und Elektrotechnik GmbH & Co. KG – ehemals ABB Gebäudetechnik GmbH – Betreibern und Nutzern von Immobilien Wege zum nachhaltigen Wirtschaften eröffnet.

Auf ihrem Gipfel zur Klima- und Energiepolitik im März 2007 haben die Staats- und Regierungschefs der Europäischen Union zu Recht ehrgeizige Ziele beschlossen: Der Ausstoß von Treibhausgasen wie CO_2 soll bis zum Jahr 2020 um mindestens 20 % gegenüber 1990 reduziert werden. Mit Maßnahmen zu mehr Energieeffizienz soll erreicht werden, dass der tatsächliche Energieverbrauch um 20 % unter dem für 2020 geschätzten Wert bleibt.

Dabei verdient der Gebäudebereich besondere Aufmerksamkeit: Rund 40 % des Endenergieverbrauchs fallen in Europa derzeit in Gebäuden an. Im Grünbuch der Europäischen Kommission zur Energieeffizienz wird der Gebäudesektor zugleich als ein Bereich bezeichnet, in dem wirksame Energieeffizienzmaßnahmen verhältnismäßig leicht machbar sind. Daher realisiert die GTE Gebäude- und Elektrotechnik in enger Partnerschaft mit ihren Kunden seit Jahren längerfristige Energiemanagement-Projekte, um nachhaltige Energieeinsparungen zu erreichen. Die Erfahrungen zeigen, dass sich dabei Einspareffekte von bis zu 30 % erzielen lassen. Der doppelte Nutzen liegt auf der Hand: Auf diesem Weg werden Kosten gesenkt und die Umwelt entlastet, weil insbesondere die CO_2-Emissionen zurückgehen.

Längerfristige Partnerschaft

Die Zusammenarbeit basiert in der Regel auf einem sogenannten Energieeinspar-Contracting. Dabei handelt es sich um einen längerfristigen Vertrag, bei dem der Contracting-Anbieter für die Planung, Finanzierung und Umsetzung der Energieeinsparmaßnahmen verantwortlich ist. Entscheidend ist, dass der Contracting-Anbieter die Modernisierungsmaßnahmen vorfinanziert und die Refinanzierung erst später erfolgt, nämlich über die erzielten Energieeinsparungen im Gebäudebetrieb. Damit bietet das Einspar-Contracting gerade der öffentlichen Hand die Möglichkeit, trotz knapper Finanzmittel in Gebäude zu investieren. Die Höhe der Einsparungen wird dabei über eine festgelegte Laufzeit vertraglich vereinbart und von dem Contracting-Anbieter garantiert, sodass der Auftraggeber ein stark ausgeprägtes Maß an Sicherheit erhält.

In bestimmten Fällen macht es Sinn, ein sogenanntes Medienliefer-Contracting zu vereinbaren. Dabei übernimmt der Contracting-Anbieter auch die Aufgabe, eine bestmögliche Bereitstellung von Wärme, Kälte oder sonstigen Medien zu realisieren. Zunächst werden der Energieverbrauch und die Betriebskosten optimiert, um dann in einem nächsten Schritt die Erzeugung der benötigten Verbrauchsmedien an den verringerten Bedarf anzupassen. Gegebenenfalls wird dann eine Umstellung der Energieträger durchgeführt, zum Beispiel von Heizöl auf Biomasse. Diese Variante bietet die Möglichkeit, auch aufwendigere Sanierungsmaßnahmen zu integrieren, die sich in der Regel nicht aus der Energieeinsparung allein refinanzieren lassen.

Schritt für Schritt zum Erfolg

In den konkreten Projekten wird eine systematische Vorgehensweise verfolgt. Dabei werden Verbrauch und Kosten für alle Medien einer Liegenschaft – Strom, Heizenergie, Wasser – zunächst sorgfältig analysiert. Indem Hauptenergieverbraucher ebenso sichtbar werden wie Abweichungen vom tatsächlichen Bedarf, lassen sich Ansatzpunkte für Einsparungen identifizieren.

Im nächsten Schritt werden konkrete Verbesserungspotenziale ermittelt, die sich durch die Modernisierung der Anlagentechnik und durch eine Optimierung der Betriebsweise erreichen lassen. Nach Evaluation und Abschätzen der Möglichkeiten wird dann in einer Feinanalyse ein auf die jeweilige Liegenschaft zugeschnittenes Konzept entwickelt. Sämtliche unter Berücksichtigung der Vertragslaufzeit sinnvollen organisatorischen, technischen und baulichen Maßnahmen werden schließlich in einem konkreten Plan zusammengefasst. Auf dieser Basis kann dann sehr zielgenau investiert werden.

Diese Investition in die gebäudetechnischen Anlagen ist der entscheidende Schlüssel zum Erfolg im Energiemanagement. Konkret kann das zum Beispiel der Einsatz von Blockheizkraftwerken zur gekoppelten Erzeugung von Strom und Wärme sein, die Erneuerung von Kesselanlagen oder der Einbau von hocheffizienten Heizungspumpen. Häufig lässt sich der Verbrauch von Kühlwasser durch neue Regelungsstrategien oder freie Kühlung reduzieren. Der Stromverbrauch kann durch eine optimierte Beleuchtung oder die Nachrüstung von Frequenzumformern in Ventilatoren gesenkt werden.

Bei der Inbetriebnahme der neuen Anlagen findet eine exakte Einregulierung mit einer Einstellung der Parameter und Sollwerte statt. Die umfassende Information und Motivation des Betriebspersonals vor Ort und auch der Gebäudenutzer stellt dabei eine wichtige flankierende Maßnahme dar, um die Einsparziele dauerhaft zu erreichen. Experten der GTE Gebäude- und Elektrotechnik unterstützen das Betriebspersonal kontinuierlich mit einer Reihe von Maßnahmen:

- Einweisung und Schulung
- Fernüberwachung der wichtigsten Anlagen per Internet
- Regelmäßiger Abgleich der Betriebsparameter
- Anpassungen an veränderte Nutzungsbedingungen
- Instandhaltung der im Leistungsumfang enthaltenen technischen Anlagen und Anlagenteile
- Energiecontrolling und Monitoring

Intelligente IT-Lösungen

Die GTE Gebäude- und Elektrotechnik hat speziell auf den Betrieb von Liegenschaften zugeschnittene IT-Lösungen entwickelt. Mit dem FM Performer erhalten Kunden eine benutzerfreundliche Internet-Schnittstelle, mit der sie jederzeit und überall auf alle wesentlichen Informationen rund um ein Gebäude zugreifen können. Der FM Performer bietet folgende Instrumente:

- Berichte, Analysen, Dokumentationen
- Bautagebuch
- Eingabe von Störungen und Abruf von Störstatistiken
- Gewährleistungsverfolgung
- Arbeitspläne für die Instandhaltung
- Anlagenverwaltung
- Termin- und Kapazitätsplanung
- Abruf, Terminverfolgung und Abrechnung von definierten Leistungspaketen

Im Rahmen des Energiemanagements kann darüber hinaus NovaVaka als eigenständiges webbasiertes Gebäudeleitsystem mit allen notwendigen Funktionalitäten genutzt werden. Bestehende Gebäude mit ihrer vorhandenen Technik können damit herstellerunabhängig über eine Vielzahl von Schnittstellen durch diese Leittechnik gesteuert werden. Die graphische Bedienung erfolgt über einen Internet-Browser.

Energiemanagement in der Praxis

Mittlerweile hat die GTE Gebäude- und Elektrotechnik bundesweit über 100 Liegenschaften energetisch optimiert. Anhand ausgewählter Projektbeispiele soll im Folgenden gezeigt werden, wie Energiemanagement konkret funktioniert und welche Erfolge sich damit erzielen lassen. Bei den Beispielen handelt es sich um den Landkreis Neu-Ulm, die Stadt Freiburg im Breisgau, das Land Baden-Württemberg sowie Kliniken der Stadt Köln.

Landkreis Neu-Ulm

Für den Landkreis Neu-Ulm betreut die GTE Gebäude- und Elektrotechnik seit 2005 einen Pool mit 13 Liegenschaften. Die garantierte jährliche Einsparung beträgt 165.000 Euro, die Vertragslaufzeit 13 Jahre. Auf der Grundlage der durchgeführten Analyse ist dort mittlerweile ein umfassendes Maßnahmenpaket umgesetzt worden. Dazu gehört unter anderem die Montage neuer Heizkessel: Es wurden ein Holzhackschnitzel-, fünf Brennwert- und fünf Niedertemperatur-Heizkessel installiert. Der Einbau von DDC-Regelungen für die Heizungs- und Lüftungsanlagen gewährleistet jetzt deren optimalen Betrieb. Durch die Sanierung von Leuchten und den Einsatz von energieeffizienten Leuchtmitteln konnte der Stromverbrauch ebenso gesenkt werden wie durch den Einsatz von Beleuchtungssteuerungen (Bewegungsmelder, Schlüsselschalter).

Stadt Freiburg im Breisgau

Für die Stadt Freiburg im Breisgau hat die GTE 2005 damit begonnen, ein Energiesparkonzept für mittlerweile insgesamt acht Liegenschaften zu entwickeln; darunter Schulen, eine Mehrzweckhalle und ein Hallenbad. Im Mittelpunkt steht dabei die Sanierung von Anlagen für Heizung, Beleuchtung sowie Mess-, Steuer- und Regelungstechnik. Es sind zum Beispiel vier Brennwert- und vier Niedertemperatur-Kessel installiert worden, außerdem ein Blockheizkraftwerk. Die Nachrüstung von Frequenzumformern sorgt jetzt für eine bedarfsgerechte Steuerung der Ventilatoren in den raumlufttechnischen Anlagen. Durch ein internetbasiertes Energiecontrolling wird sichergestellt, dass die anspruchsvollen Ziele auch tatsächlich erreicht werden: Im Rahmen der Laufzeit von über 12 Jahren garantiert die GTE dem Kunden eine jährliche Einsparung von mehr als 210.000 Euro.

Land Baden-Württemberg

Im Rahmen einer Vereinbarung mit dem Landesbetrieb Vermögen und Bau Baden-Württemberg betreut die GTE Gebäude- und Elektrotechnik insgesamt neun öffentliche Gebäude in der Region Rhein-Neckar sowie acht Liegenschaften im Raum Karlsruhe. Die Vertragslaufzeit beträgt in der Region Rhein-Neckar knapp neun Jahre, im Raum Karlsruhe elf Jahre. Die Einsparungen bei den Energie- und Betriebskosten belaufen sich für das Land Baden-Württemberg insgesamt auf knapp 650.000 Euro pro Jahr.

In der Justizvollzugsanstalt Mannheim zum Beispiel ist im Rahmen des Energiemanagements die komplette Wärmeübergabe und Wärmeverteilung in den Gebäuden optimiert worden. Dazu gehören etwa die Umstellung auf einen indirekten Fernwärmeanschluss, die Sanierung von Heizzentralen oder der Austausch von konventionellen Heizungspumpen gegen drehzahlgeregelte, mehrstufige Umwälzpumpen.

Ein weiterer zentraler Ansatzpunkt für mehr Energieeffizienz ist die Beleuchtung: So konnte der Stromverbrauch in der Justizvollzugsanstalt durch den Umbau der bestehenden Beleuchtung deutlich gesenkt werden. Einen ähnlichen Einspareffekt hatte auch die Umrüstung bei der Gebäudeanstrahlung: Die konventionellen 750 Watt-Halogenglühlampen sind durch energieeffiziente 250 Watt-Halogenmetalldampflampen mit Zündzeitüberbrückung und Sofortlicht ersetzt worden.

Kliniken der Stadt Köln
In einem Großprojekt für drei Kliniken der Stadt Köln garantiert GTE Gebäude- und Elektrotechnik über eine Laufzeit von 15 Jahren eine Einsparung von mehr als 1,1 Millionen Euro pro Jahr. Nach der Auftragsvergabe Ende 2006 befinden sich derzeit verschiedene Modernisierungsmaßnahmen in der Planung, die dann mit Beginn der Hauptleistungsphase im Januar 2008 umgesetzt werden sollen. Dazu gehört der Einbau von zwei Biomasse-Heizkesseln mit einer Leistung von ca. 2.000 kW und ca. 1.200 kW. Außerdem soll ein gasmotorisches Blockheizkraftwerk mit einer elektrischen Leistung von 230 kW errichtet werden. Die vorhandenen zentralen Dampferzeugungsanlagen werden durch dezentrale, gasbefeuerte Schnelldampferzeuger ersetzt.

Für mehr Effizienz bei den raumlufttechnischen Gewerken wird der Einsatz von neuen Hochleistungsventilatoren mit Drehzahlregelung sowie Frequenzumformer sorgen. Bei der Beleuchtung setzt GTE Gebäude- und Elektrotechnik auf energieeffiziente Leuchtmittel mit elektronischen Vorschaltgeräten. Vorhandene ungeregelte Heizungsumwälzpumpen werden erneuert; künftig kommen moderne Hocheffizienzpumpen zum Einsatz.

Eine übergeordnete neue Leittechnik für alle drei Kliniken erleichtert den bedarfsgerechten Betrieb sämtlicher gebäudetechnischer Anlagen durch die Optimierung von Regelungsparametern, zum Beispiel Heizkurven, Solltemperaturen oder Luftmengen. Der optimalen Steuerung der Anlagen im laufenden Klinikbetrieb dient auch die Installation von Zähleinrichtungen für alle Verbrauchsmedien und die Implementierung einer Energiecontrolling-Software.

Fazit und Ausblick

Deutlich mehr Energieeffizienz in Gebäuden ist möglich und intelligent finanzierbar. Die erfolgreichen Energiemanagement-Projekte zeigen, dass es erfolgreiche Wege zum nachhaltigen Wirtschaften gibt. Auf diese Weise kann ein spürbarer Beitrag zum Klimaschutz geleistet werden. Gerade im Rahmen von Public Private Partnerships entstehen dabei interessante neue Formen der Zusammenarbeit von öffentlicher Hand und privatwirtschaftlichen Unternehmen, bei denen alle beteiligten Partner profitieren.

Kontakt

Stephan Weinen, GTE Gebäude- und Elektrotechnik GmbH & Co. KG
E-Mail: stephan.weinen@gte.wisag.de

Wachstumsfeld Umwelt-Contracting

Einsparungen ohne eigene Investitionsmittel

Harald Zimmermann, Vorstandsmitglied der URBANA Energietechnik AG & Co. KG
Dr. Ralf Utermöhlen, Geschäftsführer der URBANA AGIMUS Contracting GmbH

Die URBANA AGIMUS Contracting GmbH, ein Joint-Venture des Hamburger Contracting-Unternehmens URBANA und der Braunschweiger Umweltberatungsfirma AGIMUS, gewinnt Energie aus dem, was die Umwelt normalerweise belastet: etwa aus Abluft, Abwasser und Abfall. Als Investor, Planer, Projektierer und Betreiber implementiert der Contractor den kostensenkenden Einsatz der besten verfügbaren Umweltschutztechnologie. Die ersten Projekte des Unternehmens zeigen: Das so genannte „Umwelt-Contracting" ist ein neuer Weg der Kostensenkung, der sich für die Industrie rechnet.

Der Unterschied zwischen herkömmlichem Energie-Contracting und Umwelt-Contracting besteht darin, dass Energie-Contracting nur Lösungen zur effizienten Energieversorgung umfasst. Umwelt-Contracting hingegen fasst das Spektrum sehr viel weiter. Neben dem Energiemanagement werden hier auch Kostensenkungspotenziale z. B. im Bereich Abluft, Abwasser, Kühlwasser oder Abfall genutzt.

Die Techniken zur Verwertung energiehaltiger Stoffströme gibt es bereits. Neu ist hingegen das betriebswirtschaftliche Modell des Umwelt-Contractings, das die Verwertung für die Industrie erstmals rentabel und damit realisierbar macht. Denn viele gute Projekte, die es bis zur Planungsreife geschafft haben, wurden in der Industrie bislang nicht umgesetzt, weil die Amortisation erst nach drei oder mehr Jahren erfolgte. Das war für viele Industrieunternehmen zu spät. Deshalb wurden diese Kostensenkungspotenziale in vielen Fällen nicht erschlossen. Genau das ändert sich beim Umwelt-Contracting.

Neueste Techniken automatisch mitfinanziert

Contracting-Lösungen zur Realisierung von brachliegenden Einsparpotenzialen mit ROI-Zeiträumen von über 2,5 Jahren sind in der Industrie noch weitgehend unbekannt. Industriekunden reagieren deshalb überrascht, wenn ein Contractor Gesamtlösungen präsentiert, die der Industrie Einsparungen ohne die Aktivierung eigener Investitionsmittel ermöglichen. Neueste Umwelttechnik wird komplett durch Contracting finanziert.

Das Umwelt-Contracting beschleunigt zwar nicht die Amortisation der Technik. Da die Vertragslaufzeiten mit dem Contractor jedoch bei 10 und mehr Jahren liegen, ändert sich für die Industriekunden die Entscheidungsgrundlage. Über diese Laufzeit rechnen sich die Verfahren zum Wohle aller Beteiligten – und der Umwelt. Die monatliche Contracting-Rate ist geringer als die durch die neuen Techniken erzielten Einsparungen, und die Umwelt wird sofort deutlich entlastet.

Auch die Umwelt profitiert

Die Entdeckung des Umweltschutzes ist für die Industrie überlebenswichtig. Die Politik verschärft aus Umweltschutzgründen und wegen des sich abzeichnenden Klimawandels die Umweltschutzgesetzgebung. Hohe Rohstoffpreise und immer strengere gesetzliche Auflagen erfordern heute in der Industrie eine rationelle und effiziente Energie- und Ressourcenverwendung. So gibt es verschärfte Anforderungen für die Einleitung von industriellen Abwässern im Rahmen der Wasserrahmenrichtlinie. Auch die daraus resultierenden Verschmutzungsabgaben gestalten die Abwasservermeidung durch Kreislaufsysteme rentabel. Die Vorgaben der neuen TA-Luft müssen bis spätestens 2012 umgesetzt werden und aus dem Emissionszertifikatehandel ergeben sich Kostenvorteile für die Vermeidung von Kohlendioxidemissionen.

Erste vielversprechende Anwendungen

Einem metallverarbeitenden Betrieb ermöglicht das Projekt der URBANA AGIMUS Contracting GmbH zum Beispiel Einsparungen in Höhe von 50 bis 60 % des jährlichen Wasserverbrauchs und 80 % der Heizenergie, indem die Abwärme der Maschinenkühlung mithilfe eines Turboflüssigkeits-Kühlaggregats zur Hallenheizung genutzt wird und gleichzeitig die wasserverbrauchenden Rieselkühler ersetzt werden.

Bei einem weiteren Projekt im Kunststoffsektor kann mithilfe der Kraft-Wärme-Kopplung die Gasheizung einer ganzjährig benötigten Trocknungsanlage ersetzt und gleichzeitig Abwärme zur Beheizung von Produktionsbereichen genutzt werden. Der erzeugte Strom wird in das öffentliche Netz eingespeist. Die URBANA AGIMUS Contracting GmbH nutzt die jährlichen Einsparungen in Höhe von mehreren hunderttausend Euro, um die Anlage zu finanzieren. Über die Kalkulation hinausgehende Einsparungen kommen wiederum dem Kunden zugute. So rechnet sich das Umwelt-Contracting für Kunde, Contractor und die Umwelt. Die Wettbewerbsvorteile dieses Angebotes können wie folgt zusammengefasst werden:

Umwelt-Contracting ist wirtschaftlich
- Den Kunden bietet das Contracting eine Erschließung des Kostensenkungspotenzials ohne eigene Investitionen. Eine Ersparnis erfolgt sofort ohne Belastung der für Investitionen zur Verfügung stehenden Budgets.
- Der Contractor ist in seinem Gesamtangebot kostengünstiger, weil gebündeltes Know-how zu bestehenden Umweltschutztechnologien, zur Implementierung integrierter Umweltschutztechnologien und die Methodik zur Aufdeckung von Kostensenkungspotenzialen durch Umweltschutztechnologie, zu Finanzierung, Planung, Errichtung und dem Betrieb solcher Anlagen bestehen.
- Contracting ermöglicht dem Kunden die Konzentration der knappen Human Resources auf die Kernaktivität.
- Der Kunde hat durch Contracting eine Risikominimierung sowohl aus technischer als auch aus rechtlicher Sicht.
- Der Kunde erhält Sicherheit in der Kostenbudgetierung in Nicht-Kernbereichen; gleichzeitig erwirbt er Marketing- und Imagevorteile durch Einnahme eines Leaderships im Umweltschutz.
- Chancen auf Prozessverbesserung bei Anwendung von prozessintegrierter Umweltschutztechnik.
- Der Contractor hat keinerlei Bindung an Technologieanbieter.

Einsparpotenziale in der Industrie bestehen zum Beispiel in der Wärmerückgewinnung in Branchen wie der Kunststoff-, Glas- und Lebensmittelindustrie. Große Potenziale bestehen auch in der Chemieindustrie, der Metallindustrie und der Automobilindustrie. Einer der Schwerpunkte der URBANA AGIMUS Contracting GmbH liegt folglich in der Abwärmenutzung. Hintergrund ist einerseits die Tatsache, dass aufgrund der niedrigen Energiekosten in der Vergangenheit Abwärme auf niedrigem Temperaturniveau (unter 45°C) nicht ökonomisch nutzbar war, bzw. den Unternehmen das die Mühe nicht wert war. Dies hat sich durch die Energiekostensteigerungen deutlich verändert. Des Weiteren stehen Technologien zur Verfügung, die vor 5 oder 10 Jahren einfach noch nicht entwickelt waren – zum Beispiel ORC-Module zur Stromerzeugung aus Abhitze oder Turbo-Wärmepumpen mit COP-Werten über 5 oder Stromerzeugung aus Abwärmeströmen mit Temperaturen unter 150°C.

Des Weiteren liegen durch Energieeffizienztechnologien (z. B. Beleuchtung, Wärmepumpen) branchenunabhängig erhebliche Potenziale brach. Schlussendlich gibt es entsprechende Möglichkeiten auch in der Installation dezentraler Energieversorgungsanlagen (KWK-, ORC- und Regenerative Energietechniken wie industriell genutzte Biogasanlagen).

Die Zeit arbeitet für die neue Dienstleistung „Umwelt-Contracting". Angesichts der aktuellen Klimaschutzdiskussion und europaweit zu erwartender verschärfter Umweltauflagen wird der Investitionsbedarf in den kommenden Jahren deutlich zunehmen. Der contracting-fähige Anteil der Investitionen in Umwelttechniken liegt bei schätzungsweise 30 %.

Der dramatische Anstieg der Energiepreise und der Kosten für Entsorgung von Abfall und Kuppelprodukten wird hierbei sicher zu einer stärkeren Penetration von Contracting-Lösungen in allen Wirtschaftszweigen führen. Ansätze hierfür sind deutlich zu erkennen, wenngleich man dabei nach Branchen differenzieren muss. Im Bereich der Wohnimmobilien ist Contracting aufgrund der aktuellen Rechtslage zurzeit schwer durchzusetzen. Hier ruhen die Hoffnungen mittelfristig auf dem EU-Richtlinienentwurf zur Endenergieeffizienz und zu Energiedienstleistungen, der in nächster Zeit in nationales Recht umzusetzen ist.

Bei Gewerbeimmobilien und in der Industrie sieht das anders aus. Im Anfangsstadium steigender Energiepreise war man hier zunächst bemüht, die Energiekosten durch Optimierung der Bezugsverträge zu senken. Immer mehr Betriebe merken inzwischen, dass Vertragsoptimierung allein nicht ausreicht: Nur intelligente Konzepte zur effizienten Energieverwendung, professioneller Anlagenbetrieb und ein ausgefeiltes Energie- und Abfallmanagement bringen eine wirklich nachhaltige Verbesserung der Kostensituation. Das gehört aber nicht zum Kerngeschäft der Industriebetriebe und bietet Contractoren entsprechende Chancen.

Die Firma URBANA Fernwärme GmbH in Hamburg ist einer der leistungsstärksten Anbieter im Bereich Fernwärme, der bundesweit mehr als 100.000 Abnehmer mit Wärme, Kälte und Strom versorgt. Das zur KALO-Gruppe gehörende Unternehmen arbeitet als Komplettdienstleister für die Energieversorgung und Verbrauchsabrechnung von Immobilien.

Die AGIMUS GmbH Umweltgutachterorganisation & Beratungsgesellschaft mit Sitz in Braunschweig ist eine Unternehmensberatung, die auf Umweltgutachten, Umweltschutz, Qualität, Arbeitssicherheit und Gesundheitsschutz spezialisiert ist. Die Firma ist seit 1995 als Umweltgutachterorganisation zugelassen. Zu den Dienstleistungen gehören unter anderem EMAS-Validierungen und Zertifizierungen nach ISO 14001 und TEHG (Treibhausgasemissionen).

Kontakt

Harald Zimmermann, URBANA Energietechnik AG & Co. KG
E-Mail: h.zimmermann@urbana.ag

Dr. Ralf Utermöhlen, URBANA AGIMUS Contracting GmbH
E-Mail: ralf.utermoehlen@agimus.de

Standard-Angebot oder Top-Level-Modernisierung?

Einsparpotenziale - Wirtschaftlichkeit -
Reihenfolge von Modernisierungsschritten

Prof. Dr.-Ing. Dieter Wolff,
Institut für Heizungs- und Klimatechnik, Fachhochschule Braunschweig/Wolfenbüttel

Energieeinsparung und CO_2-Minderung werden nicht mehr in Frage gestellt

Die Notwendigkeit einer drastischen CO_2-Minderung erstens durch deutliche Einsparung und durch Steigerung der Energieeffizienz um mindestens den Faktor Vier und zweitens durch Ausbau regenerativer Energietechnologien wird heute eigentlich nicht mehr ernstlich in Frage gestellt. Politik, Wirtschaft und Wissenschaft sind sich aber nicht einig in der Beantwortung der Frage, wer und in welchem Umfang als erster anfängt.

Und das wichtigste, nur international zu lösende Probleme lautet: Wer trägt welche Minderungslast? Dabei könnte letztes so einfach zu lösen sein, wie eine Wirtschaftsnachricht in der Jahresendausgabe 2006 der Wochenzeitschrift „DIE ZEIT" beweist. Dort stand: „EU einig beim Klimaschutz: Die Europäische Union hat sich auf Nachfolgeregelungen zum 2012 auslaufenden Kyoto-Protokoll geeinigt. Danach sollte auf einer Pro-Kopf-Basis jedem Land das gleiche Recht zustehen, Treibhausgase zu emittieren. Industrienationen wie Deutschland müssten danach ihren Ausstoß um mehr als die Hälfte reduzieren. Bundeskanzlerin Angela Merkel spricht dennoch von einem ‚Meilenstein'. Die Gerechtigkeit verlange einen einheitlichen Pro-Kopf-Ausstoß für Menschen, sagt Merkel. China hat bereits Unterstützung für den Brüsseler Plan signalisiert" (Zitat Ende). Leider stand die Nachricht unter der Rubrik: „Nachrichten, die wir 2007 lesen wollen".

Viel sinnvoller, als sich am CO_2-Emissionsausstoß zu orientieren, ist der kürzlich veröffentlichte Vorschlag von Gerd Eisenbeiß: „Den Klimaschutz vom Kopf auf die Füße stellen" [vdi-nachrichten 9/07]. Vorgeschlagen wird, das jetzige System des CO_2-Handels durch Kohlenstoff-Lizenzen zu ersetzen. Da Kohlenstoff und CO_2 in direktem Zusammenhang stehen, könnte man so auch die CO_2-Emissionen steuern. Gehandelt wird hier nicht – so wie heute – das Recht zu emittieren, sondern das Recht, Kohlenstoff in welcher Form auch immer in den deutschen bzw. EU-Handel, langfristig evtl. sogar in einen weltweiten Handel zu bringen. Ein aktueller CO_2-Preis von 8 Euro/t CO_2 entspricht dann etwa 30 Euro/t Kohlenstoff.

Ein weiterer sinnvoller Vorschlag ergibt sich aus der von der DLR im Jahr 2006 veröffentlichten Studie „Externe Kosten der Stromerzeugung aus erneuerbaren Energien im Vergleich zur Erzeugung aus fossilen Energieträgern" [DLR-Studie]. Für die Quantifizierung externer Kosten sind v. a. die Wirkungen von Treibhausgasemissionen (Klimawandel) und die Gesundheitsschäden durch Luftschadstoffe von Bedeutung. Sie sollten in einen ehrlichen Energiepreis, z. B. in den oben von Eisenbeiß vorgeschlagenen Kohlenstoff-Lizenzpreisen, Eingang finden. Als bester Schätzwert werden Schadenskosten von 70 Euro/t CO_2 (bei einer Spannbreite in der Literatur zwischen 15 und 280 Euro/t CO_2) genannt. Damit liegen die Schadenskosten mit ca. 5 ... 6 Euro/kWh$_{el}$ in der gleichen Größenordnung wie die heutigen Stromgestehungskosten aus einem neuen Kohlekraftwerk!

Bei allen Diskussionen zur Energieeinsparung gilt jedoch noch immer die einfache Feststellung: „Am billigsten ist die Energie, die erst gar nicht verbraucht wird!" Langfristig muss ein Bewusstseinswandel in der Bevölkerung, aber auch in Politik und Wirtschaft stattfinden. Nur durch 80 % Energieeinsparung und Effizienzsteigerung kann im Jahr 2050 ein Deckungsanteil regenerativer Energieträger von mehr als 80 % erreicht werden!

Wirtschaftlichkeit von Maßnahmen der energetischen Modernisierung im Wohnungsbau – Einspargarantien

Die Themen der energetischen Modernisierung erlangen durch den enormen Energiepreisanstieg der letzten 6 Jahre vor allem im Wohnimmobilienbereich eine zunehmende Bedeutung. Zur Bewertung der Wirtschaftlichkeit von Energiesparinvestitionen im Gebäudebestand schlägt das IWU in einer Studie für die dena [IWU] drei Methoden vor:

- Kosten der eingesparten kWh Energie = äquivalenter Energiepreis
- Kapitalwertmethode und annuitätischer Gewinn
- Capital-Asset-Value-Methode

Nach Ansicht des Autors ist der "äquivalente Energiepreis" die am besten geeignete Größe zur Bewertung der Wirtschaftlichkeit von Energieeinsparmaßnahmen im Wohngebäudebestand. Er gibt die Kosten der eingesparten kWh Energie an und ermittelt sich aus den annuitätischen Kosten der Maßnahme dividiert durch die eingesparten Energiemengen. Diese Betrachtung schließt Zins und Tilgung ausgedrückt im Annuitätsfaktor für das eingesetzte Kapital mit ein. Das bedeutet, der äquivalente Energiepreis bzw. die Kosten der eingesparten kWh Energie müssen geringer sein als die mittleren zukünftig zu erwartenden Energiepreise.

Energiesparinvestitionen müssen sich immer an den Energiekosten messen, die ohne diese Maßnahmen angefallen wären bzw. – wenn der vorhergehende Altzustand unbekannt ist – an den Kosten, die nach einer Modernisierung zu erwarten sind. Rentabel ist eine Maßnahme dann, wenn die gewünschte Energiedienstleistung „Räume komfortabel zu temperieren und mit Frischluft zu versorgen" durch sie nicht teurer erbracht wird als durch den alternativen Energiebezug ohne die Maßnahme.

Angewendet auf praktische Beispiele, ist im Falle einer Instandsetzung der Außenfassade (Putzerneuerung) die Modernisierung einer ungedämmten Außenwand auf Niedrigenergie- oder sogar auf Passivhausniveau bereits heute wirtschaftlich. Unter Berücksichtigung der zu erwartenden zukünftigen Energiepreise und unter Fortschreibung von Energiepreissteigerungsraten von 7 %/a (wie in den letzten 40 Jahren) ergeben sich Lösungen, die konsequent im wirtschaftlich und baupraktisch bestmöglichen Standard realisiert werden sollten. Gleiches gilt, wenn weitere Instandsetzungsmaßnahmen anstehen, z. B. die Erneuerung von Fenstern oder der Austausch der Wärmeerzeugungsanlage; auch hier sollten unter langfristig wirtschaftlichen Gesichtspunkten die bestmöglichen Standards eingesetzt werden.

Die obigen Qualitäten sollten auch in einer novellierten Energieeinsparverordnung als heutiger Standard konsequent gefordert werden. Die Top-Level-Modernisierung wie der Einbau einer kontrollierten Wohnungslüftung und/oder der Einbezug regenerativer Energiequellen (Biomasse, Solartechnik) stellen dann sozusagen die freiwillige Kür nach einer bestmöglichen Standardmodernisierung dar. Die Top-Level-Modernisierung stößt jedoch in vielen Fällen auch beim heutigen hohen Energiepreisniveau immer noch an wirtschaftliche Grenzen. Hier sind dann detaillierte Analysen im Rahmen einer seriösen Energieberatung erforderlich, wobei das verfügbare Investitionsvolumen und die individuelle Empfehlung für eine Modernisierung in Schritten oder für eine Paketlösung die ausschlaggebende Rolle spielen.

Eine zuverlässige Verbrauchserfassung (möglichst in den letzten drei Jahren und eine Energieanalyse aus dem Verbrauch; siehe Beschreibung nachfolgend) und/oder eine seriöse Energieberatung sind wichtige Grundlagen zur Beurteilung der Wirtschaftlichkeit einer energetischen Modernisierung. Unter diesen Voraussetzungen kann auch eine Einspargarantie bzw. ohne wesentliche Kenntnis des vorhergehenden Altzustandes des Objektes ein Garantiewert für den zu erwartenden Energieverbrauch bei einem fest definierten Level der Gebäude- und der Anlagenqualität und unter Berücksichtigung unterschiedlichen Nutzerverhaltens ins Auge gefasst werden.

Detaillierte Analyse durch seriöse Energieberatung anstelle wenig aussagender Energieausweise

Für eine oben vorgeschlagene Einspargarantie ist eine detaillierte energetische Analyse im Rahmen einer ausführlichen Energieberatung unabdingbar. Detaillierte und auf das Objekt abgestimmte Modernisierungstipps können demgegenüber von einem öffentlich-rechtlichen Energieausweis, wie er zukünftig von der novellierten EnEV bei Verkauf oder Neuvermietung gefordert wird, nicht gegeben werden; unabhängig ob er auf Bedarfs- oder auf Verbrauchsbasis ausgestellt wird.

Verbindendes Element zwischen Bedarf und Verbrauch eines Objektes könnte im Rahmen einer privatrechtlichen vereinbarten Energieberatung die „Energieanalyse aus dem Verbrauch" sein. Der Autor hat dafür den Begriff E-A-V geprägt und meint den Abgleich von Verbrauchs- und Bedarfswerten.

So wurden neben dem Nachweis der Energieeinsparung durch eine Heizungsanlagenoptimierung die im DBU-Forschungsprojekt OPTIMUS [DBU2] monatlich erfassten Verbrauchs- und Gebäudedaten genutzt, um einen Abgleich zwischen theoretischen und gemessenen Energiekennwerten durchzuführen. Folgende aus Messwerten reproduzierbare Energiekennwerte wurden im Rahmen des Projektes ermittelt und werden auch für eine detaillierte Energieberatung ggf. mit Ausweisung einer Energieeinspargarantie empfohlen:

- die Heizgrenztemperatur und damit die Standardheizgradtage $G_{Standard}$,
- der Verlustkennwert H (aus den Messwerten des Heizwärmeverbrauchs), daraus ableitbar der auf die beheizte Wohnfläche bezogene Verlustkennwert h in $W/(m^2K)$ als Maß für die Güte der Hülle und für das Lüftungsverhalten,
- der bereinigte Heizwärmeverbrauch Qh (als Produkt aus H und $G_{Standard}$),
- der Trinkwasserwärmeverbrauch Qtw (aus Messwerten, ggf. zeitbereinigt),
- der Nutzungsgrad η bzw. die auf die beheizte Wohnfläche bezogenen technischen Verluste Qg des Wärmeerzeugers (aus Messwerten),
- der Heizenergieverbrauch QH (als Quotient aus Heizwärmeverbrauch und Nutzungsgrad bzw. als Summe aus Heizwärmeverbrauch und technischen Wärmeerzeugerverlusten),
- der Endenergieverbrauch Q (als Quotient aus Heizwärmeverbrauch plus Trinkwasserwärmeverbrauch geteilt durch den Gesamtnutzungsgrad für Raumheizung und Trinkwarmwasserbereitung).

Jedem Eigentümer (Wohn- und Hauseigentümer) und jedem Betreiber (Wohnungsunternehmen) wird empfohlen, oft vorhandene Monatsverbrauchswerte tatsächlich auszuwerten. Bei einer meist ausreichenden Abschätzung der Anlagenverluste (Kessel aus Schornsteinfegerprotokoll und Tabellenwerten in Abhängigkeit vom Alter) reichen für diese Energieanalyse aus dem monatsweise erfassten Verbrauch auch die reinen Endenergiemengen an Gas, Öl oder Fernwärme aus [OPTIMUS 1].

Fördergebern, wie der Kreditanstalt für Wiederaufbau oder dem Marktanreizprogramm für Solartechnik des BMU, wird dringend empfohlen, für zukünftige Förderungen eine Verbrauchskontrolle zu fordern!

Sünden der Vergangenheit: Gering investive Maßnahmen haben Vorrang

Die größte Problematik liegt aus Sicht des Autors in den „verpassten Chancen der Vergangenheit", d. h. in den meist nicht optimalen Sanierungen und Modernisierungen der letzten 25 bis 30 Jahre.

Zum einen sind es die in einzelnen Zeitperioden unterschätzten Energiepreissteigerungen, nach denen der Gesetzgeber v. a. in den einzelnen Novellen der früheren Wärmeschutzverordnungen und der heutigen Energieeinsparverordnungen zu geringe Anforderungsniveaus festgesetzt hat. Zum anderen die Tatsache, dass die geringen gesetzlichen Standards nur zu etwa einem Drittel in der Praxis tatsächlich umgesetzt wurden; neuere Studien sprechen von einer nur 35 %-igen Sanierungseffizienz.

Umsetzungs- bzw. Erfolgskontrolle sowie Qualitätssicherung fanden in der Praxis nur ausnahmsweise statt. Empfohlen wird daher die Wiedereinführung von Best-Practise-Anforderungen für Bauteile und Anlagenkomponenten in die nächste, z. Zt. noch nicht verabschiedete Energieeinsparverordnung. Das Kompensationsprinzip zwischen baulichen und anlagentechnischen Maßnahmen ist angesichts der notwendigen Primärenergie- und CO_2-Emissionsminderung nicht mehr angebracht. Sinnvoll sind nur noch Gesamtlösungen, die sich am technisch und natürlich wirtschaftlich bestmöglichen Standard orientieren.

Die Ergebnisse der vom Autor mit begleiteten Projekte „Felduntersuchungen Brennwertkessel" [DBU1] und „OPTIMUS – Optimierung von Heizungsanlagen" [DBU2] belegen die Gründe für reale Einsparungen an Endenergie. Es sind weniger die Effizienzsteigerungen auf dem Papier über Verordnungen

(EnEV) und Normen (DIN V 4108-6 und DIN V 4701-10) als eine geplante Systemabstimmung von Gebäude, Anlagentechnik und Nutzung, verbunden mit einer methodischen und dokumentierten Qualitätssicherung in Planung und Ausführung.

Die Optimierung der Regelung und Hydraulik, insbesondere von modernisierten und neu erstellten Gebäuden und Anlagen, beweist sich als hoch wirtschaftliche Maßnahme mit geringsten Investitionen. Ein mittleres Endenergie-Einsparpotenzial von ca. 13 … 19 kWh/(m²a) steht bei baulich modernisierten und neuen Gebäuden einem mittleren Investitionsaufwand von 1 … 4 Euro/m² gegenüber. Dies entspricht einem äquivalenten Energiepreis von ca. 2 … 3 Euro-Cent/kWh.

Dies zeigen auch die Ergebnisse einer kürzlich veröffentlichten Studie des Wuppertal-Instituts [WI-e-on]. Demgegenüber liegen andere Maßnahmen der „Standard-Modernisierung" bzw. der „Top-Level-Modernisierung" bei teilweise deutlich höheren Werten, wie nachfolgende Abschätzungen spezifischer Investionen, spezifischer Energieeinsparwerte und der daraus errechneten äquivalenten Energiepreise zeigen. Beim heutigen Stand können langfristige Maßnahmen mit äquivalenten Energiepreisen zwischen 0,10 bis max. 0,20 Euro/kWh als wirtschaftlich sinnvoll angesehen werden.

Tab. 1 Äquivalenter Energiepreis verschiedener Maßnahmen

Maßnahme	Energieeinsparung, in kWh/(m²a) Bezugsfläche: beheizte Fläche	Investition, in Euro/m²	Äquivalenter Energiepreis, in Euro/kWh
Dämmung (Dach, Kellerdecke, Außenwand)	50 … 150	50 … 250	0,02 … 0,20
Fenster	20 … 50	30 … 150	0,06 … 0,30
Kesseltausch	20 … 120	20 … 80	0,02 … 0,20
Komfortlüftung	10 … 30 (max)	20 … 70	0,08 … 0,25
Solare Trinkwassererwärmung	5 … 20 (max)	35 … 50	0,10 … 0,30
Solare Trinkwassererwärmung und Heizungsunterstützung	10 … 30 (max)	50 … 80	0,10 … 0,40
Hydraulischer Abgleich und Heizungsoptimierung nach baulicher Modernisierung	10 … 20	1 … 6	0,02 … 0,03

Der äquivalente Energiepreis hängt stark vom Betrachtungszeitraum, dem kalkulatorischen Zins, vom Zustand vor und vom Ziel der Verbesserungsmaßnahme ab. Für die Kostenermittlung ist anzugeben, ob es sich um eine unbedingt erforderliche Instandsetzungsmaßnahme handelt (dann zählen nur die Differenzkosten) oder um eine aus anderen Beweggründen (z. B. Wertsteigerung, Versicherung gegen Energiepreissteigerungen) motivierte Investition. Wichtig ist auch, dass die Energiekennwerte „ehrlich" sind und aus realen und praxisorientierten Untersuchungen ermittelt werden und nicht aus Herstellerdaten oder aus Normen. Das primäre Ziel einer energetischen Modernisierung sollte möglichst immer darin liegen, mit einem minimalen oder mit einem fest vorgegebenen investiven Aufwand im ersten Schritt das maximal mögliche Endenergie- bzw. Primärenergieeinsparpotenzial zu aktivieren.

Ausblick

Wie eine Studie des Wuppertal Instituts [WI-e-on] für den Energieversorger E.ON zeigt, würden die besten Voraussetzungen für effektive Primärenergieeinsparung und CO_2-Minderung geschaffen, wenn auch die Versorgungsunternehmen zukünftig die Dienstleistung „energetische Analyse und Energieeinsparung bis zum Heizkörper und bis zum Luftauslass" entdecken würden. Das bedeutet, nicht mehr Lieferung von Endenergie, sondern die Bewirtschaftung von Quadratmetern komfortabel mit Frischluft versorgter und temperierter Wohn- und Nutzflächen würde die künftige Aufgabe werden. Dieses wird auch gegenüber den etablierten „Gewerken" keinen direkten Wettbewerb, sondern mit diesen in einer neuen Ausrichtung mehr Markt bedeuten.

Durch die drastisch sichtbaren und weiter zu erwartenden Folgen des Klimawandels sind derzeit diskutierte energetische Modernisierungsstrategien unter Wirtschaftlichkeitsaspekten mit zu gering angenommenen Energiepreissteigerungsraten und mit zu kurzfristig angesetzten Betrachtungszeiträumen wahrscheinlich schon bald überholt. Die Devise muss lauten: „Wenn schon, denn schon."

Auch das mit energetischen Bilanzen mögliche Kompensationsprinzip zwischen baulichen und anlagentechnischen Maßnahmen zum Erreichen eines Mindeststandards für den Primärenergiebedarf sollte in einer zukünftigen Novellierung der Energieeinsparverordnung aufgegeben werden. Es sollte der heute technisch verfügbare und bestmöglich realisierbare Standard für die Bau- und Anlagentechnik eingebaut werden. Sofern die sich ergebenden äquivalenten Energiepreise unter dem mittleren Energiepreis (Energiepreissteigerung 7 %/a, kalkulatorischer Zins: 4 … 8 %/a) der nächsten 20 … 50 Jahre liegen. Natürlich nur, wenn das Gebäude auch absehbar die nächsten Jahrzehnte genutzt wird. Kurzfristig wirksame Maßnahmen mit geringem Investitionsaufwand sollten selbstverständlich sofort angepackt werden, z. B. die heizungstechnische Optimierung bereits wärmetechnisch sanierter und modernisierter Gebäude.

Kontakt

Prof. Dr.-Ing. Dieter Wolff, Fachhochschule Braunschweig/Wolfenbüttel
E-Mail: d.wolff@fh-wolfenbuettel.de

Quellen

[VDI-nachrichten 09/07]: Eisenbeiß, Gerd: „Den Klimaschutz vom Kopf auf die Füße stellen". VDI-nachrichten 2. März 2007, S. 2

[DLR-Studie]: Krewitt, Wolfram; Schlomann, Barbara: Externe Kosten der Stromerzeugung aus regenerativen Energiequellen im Vergleich zur Stromerzeugung aus fossilen Energieträgern; Gutachten für das BMU, April 2006

[IWU]: Institut Wohnen und Umwelt: www.iwu.de

[DBU1]:Wolff, Dieter [u. a.]: Felduntersuchung: Betriebsverhalten von Heizungsanlagen mit Gas-Brennwertkesseln. Wolfenbüttel: Fachhochschule Braunschweig/Wolfenbüttel, Projektförderung durch die Deutsche Bundesstiftung Umwelt (DBU), April 2004, veröffentlicht auf www.delta-q.de

[DBU2]: Wolff, Dieter; Jagnow, Kati: OPTIMUS - Optimierung von Heizungsanlagen, Abschlussbericht. Wolfenbüttel: Trainings- & Weiterbildungszentrum Wolfenbüttel, veröffentlicht auf www.delta-q.de

[DISS Jagnow] Jagnow, Kati: Verfahren zur energetischen und wirtschaftlichen Bewertung von Qualitätssicherungsmaßnahmen in der Heizungstechnik. Dissertation zur Erlangung des akademischen Grades Dr.-Ing. an der Fakultät Bauwesen der Uni Dortmund. Wernigerode/Dortmund: Januar 2004, veröffentlicht auf www.delta-q.de

[WI-e-on] Thomas, Stefan [u. a.]: Optionen und Potenziale für Endenergieeffizienz und Energiedienstleistungen (Kurzfassung). Wuppertal: Wuppertal Institut, Mai 2006, veröffentlicht auf www.wupperinst.org

Energieeffizienz – Entwicklung aus Sicht der Baupraxis

Dr. Burkhard Schulze Darup

Entwicklung der Energieeffizienz seit 1950

In den Nachkriegsjahren waren wärmetechnische Maßnahmen bei Gebäuden vor allem durch die bauphysikalischen Bautenschutzaspekte geprägt. In den sechziger Jahren herrschte Aufbruchstimmung in der Form, dass Energie in unbegrenztem Umfang verfügbar schien und das wesentliche energetische Kriterium für Gebäude in der angemessenen Auslegung leistungsstarker Heizanlagen lag. Die Energiekrise im Jahr 1973 stellte einen Wendepunkt dar. Erstmals wurde politisch-gesellschaftlich erfahrbar, dass unsere Ressourcen endlich sind. Im Bausektor wurde die erste Wärmeschutzverordnung (WSVO) angestoßen und im Jahr 1977 verabschiedet. Gegenüber den bis dahin gültigen Wärmedämmstandards mit einem Heizwärmebedarf von 200 bis 300 kWh/(m^2a) wurde eine Reduktion um etwa ein Drittel erzielt. Für die Novellierung der WSVO bis zum Inkrafttreten 1984 wurden sieben Jahre benötigt. Das Anforderungsprofil für den Energieverbrauch wurde nochmals um etwa 25 % gesenkt. Zu dieser Zeit entstanden bereits die ersten Niedrigenergiehäuser mit Heizenergieverbrauchswerten von 40 bis 70 kWh/(m^2a). In den achtziger Jahren verlief die Diskussion zum Thema Energieeffizienz bei Gebäuden sehr vielschichtig: Zahlreiche Technikkonzepte im Niedrigenergiesektor wurden parallel getestet. Alle waren geprägt durch gute Wärmedämmung mit U-Werten zwischen 0,30 und 0,15 W/(m^2K) in Verbindung mit den damals verfügbaren Fenstern, die einen U_w-Wert von 2,6 W/(m^2K) aufwiesen. Diese Fenster limitierten zunächst eine sinnvolle Weiterentwicklung. Die Markteinführung der Wärmeschutzverglasung wirkte katalytisch auf die energetische Entwicklung. Auf der einen Seite wurde Solararchitektur vorangetrieben, die aber oftmals mit reiner Glasarchitektur verwechselt wurde und zu ungünstigen Ergebnissen sowohl hinsichtlich des Energieverbrauchs als auch der Behaglichkeitsfaktoren führte. Eine parallele Entwicklungsschiene führte zu den kostenoptimierten Niedrigenergiehäusern, die in etwa dem heutigen EnEV-Stand entsprechen. Die konsequente, wissenschaftlich begleitete Fortentwicklung dieser Technologie ermöglichte 1991 den Bau des ersten Passivhauses in Darmstadt-Kranichstein.

Um die dritte Novellierung der Wärmeschutzverordnung wurde intensiv gerungen. Als sie letztendlich 1995 in Kraft trat, war für viele Akteure in der Praxis die einzige Änderung, dass Wärmeschutzverglasung statt Isolierglas eingebaut wurde – die Glasindustrie vollzog in diesem Moment einen Fertigungssprung und bot die Wärmeschutzverglasung zum gleichen Preis an wie zuvor das Isolierglas.

Aktuelle Entwicklung

Das Ziel bei der Gestaltung der Energieeinsparverordnung war die Einführung des Niedrigenergiestandards. Gleichzeitig wurde gegenüber der WSVO der Gebäudetechnikbereich in die Betrachtung einbezogen und der Primärenergiebedarf zur zentralen Anforderungsgröße. Das ist einerseits sehr sinnvoll, weil die Betrachtung umfassender ist und eine große Gestaltungsfreiheit für den Planer entstand. Andererseits kann eine primärenergetisch günstige Versorgungsvariante dazu genutzt werden, auf der baulichen Seite den WSVO-Standard von 1995 kaum überschreiten zu müssen. Die EnEV-Macher hatten großen Widerständen aus zahlreichen Interessengruppen der Bauwirtschaft zu begegnen. Dennoch ist das Grundkonzept gut gelungen und stellt eine sehr sinnvolle Ausgangssituation für weitere EnEV-Novellierungen dar, die in den nächsten Jahren zu erwarten sind.

Es liegt im Wesen der EnEV, dass sie dem aktuellen Stand der Technik in einem marktverträglichen Abstand folgt. Es herrscht zudem das Wirtschaftlichkeitsgebot, das bei früheren Novellierungen eher dämpfend wirkte, in den letzten Jahren aufgrund der technischen Entwicklungen und der Energiepreisentwicklung aber Anlass dazu geben sollte, eine beschleunigte Anpassung der Standards voranzutreiben. Zudem ist aus Klimaschutz- und Ressourcenschutzaspekten zu überlegen, inwieweit die Maxime der Wirtschaftlichkeit im Energieeinspargesetz hinterfragt werden sollte. Dies könnte durch die Einbeziehung von ökologisch-gesamtwirtschaftlichen Folgekosten erfolgen. Alternativansätze bietet das Top-Runner-Prinzip. Solche Ansätze würden dazu führen, dass Energieeffizienztechnik in möglichst kurzer Zeit vom Stadium der Marktreife in die Breitenumsetzung gelangt.

Neubau-Wohnbau

Neue Energieeffizienztechniken erfuhren ihre Markteinführung vornehmlich im Neubaubereich des kleinvolumigen Wohngebäudebereichs, weil dort Einzelbauherrn mit Risikobereitschaft und umweltpolitischem Anspruch bereit waren, erhöhte Investitionskosten zu tragen. Die Mehrinvestitionen gegenüber dem EnEV-Standard betragen derzeit für KfW-60-Häuser im Einfamilienhausbereich ca. 20 bis 40 Euro pro m² Wohnfläche, für KfW-40-Häuser ca. 70 bis 150 Euro/m² und für Passivhäuser 80 bis 130 Euro/m². Bei Mehrfamilienhäusern können diese Werte bis zu 20 % günstiger liegen. Einsparpotenzial liegt vor allem bei den Fenstern. Passivhausfenster könnten deutlich kostengünstiger werden, wenn sie auf die Mainstream-Fertigungslinien kommen. Eine weitere zielführende Strategie könnte darin liegen, Lüftungstechnik gezielt zu fördern und gleichzeitig hygienische Mindeststandards zu fordern, die zu einem erhöhten Einsatz ventilatorgestützter Lüftung führen.

Neubau-Nichtwohnbau
Das Innovationsprozedere beim Nichtwohnbau weicht von den oben beschriebenen Prozessen insofern ab, dass die Entwicklung jeweils einige Jahre zeitversetzt hinter der des Wohnbaus liegt. Das liegt an der fehlenden Bereitschaft der Investoren und dem Erfahrungshintergrund der vornehmlich beteiligten Planer, die eine oftmals wesentlich komplexere Aufgabenstellung mit einem integralen Planungsteam abwickeln, in dem Innovationen oftmals schwerer zu realisieren sind. Dieser Ablauf spiegelt sich auch in der Einführung der DIN 18599 wider. Andererseits entwickelt sich gerade im Moment eine hohe Dynamik zu hoher Energieeffizienz im Nichtwohnbausektor. Wenn diese zielgerichtet von begleitenden Rahmenbedingungen unterstützt wird, könnte dieser Bereich in den kommenden Jahren zu einer Triebfeder der energetischen Entwicklung werden.

Abb. 1
Seminargebäude der Beschäftigungsgesellschaft ELAN in Fürth: Passivhaus-Neubau in Verbindung mit Faktor-10-Sanierung der angrenzenden Bestandsgebäude (Bauherr: Stadt Fürth, Baujahr 2005)

Sanierung-Wohnbau

Das Anforderungsniveau der EnEV für Sanierungsvorhaben mit 40% Zugabe zum EnEV-Neubau-Standard führt in vielen Fällen zu bauphysikalisch höchst unbefriedigenden Lösungen. Nicht zuletzt durch das KfW-CO_2-Gebäudesanierungsprogramm wird ein großer Teil der Maßnahmen inzwischen auf dem EnEV-Neubau-Niveau durchgeführt. Die Entwicklung und Anwendung innovativer Techniken aus dem Passivhaus-Bereich bei Sanierungsmaßnahmen wächst in den letzten vier Jahren mit extremen jährlichen Wachstumsraten. In den Jahren 2001/2002 begann diese Entwicklung mit Einzelprojekten und einem Leitprojekt der Deutschen Bundesstiftung Umwelt [DBU 2004]. Bereits ab 2003 führte das dena-Projekt „Niedrigenergiehaus im Bestand" zu einer Umsetzung mit über 20 Projekten im gesamten Bundesgebiet. Eine zweite Modellphase ab 2005 erhöhte die Projektanzahl um weitere 110 Sanierungsvorhaben mit energetischen Standards von 30 bzw. 50% unter dem EnEV-Neubau-Standard. Die KfW-Förderung des CO_2-Gebäudesanierungsprogramms wurde dafür in angemessener Form erhöht und durch die dena und regionale Partner eine gezielte Beratung und Betreuung durchgeführt. Die wichtigsten Akteure waren aber die Planer und Bauherren vor Ort, die zunächst ein klein wenig Mut und Engagement aufbringen mussten, um dann jedoch zu erkennen, dass zukunftsfähiges Sanieren mit Alltagstauglichkeit und Ökonomie kompatibel war.

Ab Januar 2007 gehört der „EnEV minus 30%"-Standard zum Standardförderprogramm des KfW-CO_2-Gebäudesanierungsprogramms und kann von jedem Bauherrn für beliebig viele Projekte beantragt werden. Der Standard „EnEV minus 50%" wird ab März 2007 mit der dritten Phase des dena-Projekts „NEH im Bestand" gefördert.

Es wäre sehr zu begrüßen, wenn diese extrem erfolgreiche Entwicklung der letzten vier Jahre zügig fortgeschrieben werden könnte. Nötig sind dazu vor allem zwei Schritte:

1. Die EnEV sollte für Gebäudesanierungen den bei vielen Sanierungsprojekten bereits bewährten heutigen EnEV-Neubau-Standard als Mindestanforderung einführen.
2. Die KfW-Förderungen können dann in ihrem Anforderungsniveau parallel verschoben werden: Der EnEV-Neubau-Standard benötigt keine Förderung mehr, dafür wird der Bereich „EnEV minus 30%" weiter gefördert und nach vergleichbaren Regularien auch für den Standard „EnEV minus 50%" breitenwirksam geöffnet. Modellprojekte erreichen in den nächsten Jahren noch weiter optimierte Zielstandards und werden wie bisher den Motor für weitere Entwicklungen darstellen.

Die durchschlagend positive Wirkung der jährlichen 1,5 Mrd. Euro-Investition über die Förderprogramme der KfW sollte analysiert werden: Die sehr guten Auswirkungen auf die Baukonjunktur in 2006 können anhaltend gesichert werden. Dennoch sollte davon ausgegangen werden, dass die Summe noch einmal grundlegend aufgestockt werden muss. Ein sinnvolles Ziel ist die Steigerung der aktuellen jährlichen Sanierungsrate von knapp 2 % der Gebäude auf 3 bis 3,5 %. Statt einer mittleren bisherigen CO_2-Reduktion von etwa 40 % sollten zukünftig im Mittel 70 % CO_2-Minderung angestrebt werden. Eine konsequente Durchführung erfordert ca. 2,5 Mrd. Euro Fördermittel jährlich und würde in den Jahren von 2008 bis 2020 in diesem Segment eine CO_2-Reduktion von etwa 25 % bewirken. [Schulze Darup 1999/2007]

Abb. 2 Mehrfamilienhaus Bernadottestr. 42-48 in Nürnberg: Faktor-10-Sanierung bei den drei Bestandsgeschossen, Passivhaus-Standard für die sechs neu errichteten Wohnungen im vormaligen Dachboden-Bereich (Bauherr: wbg Nürnberg, Sanierung 2006)

Sanierung-Nichtwohnbau

Energieeffizienztechnik erlebt derzeit bei der Nichtwohnbau-Sanierung eine extrem hohe Beachtung. Die positiven Ergebnisse aus dem Wohnbaubereich sowie die Erfahrungen des Solarbau-Programms und die dena-Programme führen bei sehr vielen Bauherren zu großer Bereitschaft, ihre Liegenschaften durchgreifend zu sanieren. Hinsichtlich der EnEV-Anforderungen und der Förderungen gelten analog die Aussagen des vorhergehenden Kapitels. Die Dynamik könnte in diesem Bereich jedoch noch höher werden: Es besteht ein hoher Sanierungsüberhang sowohl bei privaten Projekten als auch vor allem im Bereich öffentlicher Gebäude. Dabei wird das Umdenken zur Energieeffizienz durch die Entscheidungsstruktur im Nichtwohnbau begünstigt.

Einen wesentlichen Einfluss können die öffentlichen Bauherren ausüben und damit Signale für Klimaschutz und die Belebung der Konjunktur geben.

Strategisch sinnvolle Energiestandards

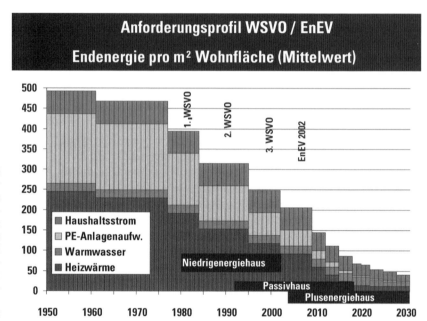

Abb. 3 Entwicklung der Energiestandards und WSVO-/EnEV-Anforderungen in Richtung des Niedrigenergie- und Passivhausstandards (Bezugsgröße: beheizte Wohnfläche, Beispiel Einfamilienhaus)

Die Entwicklung der baulichen Energiestandards ist geprägt durch ein gesellschaftliches Spannungsverhältnis zahlreicher Partikularinteressen. Jede Novellierung der Wärmeschutz- bzw. Energieeinsparverordnung wurde begleitet von intensiven Einspruchsverfahren zu den jeweiligen Referentenentwürfen. Dennoch hat sich jedes Mal erwiesen, dass eine Anpassung des Anforderungsniveaus um etwa 30 % nach unten durch die Planer und Bauwirtschaft bei verträglicher Kostenentwicklung geschultert werden konnte. Die EnEV 2002 war wegweisend hinsichtlich der primärenergiebezogenen Gesamtbetrachtung. Ein Großteil der Planer geht verantwortlich mit der EnEV um und erreicht mit angemessener Gewichtung zwischen Gebäudehülle und Gebäudetechnik tatsächlich in etwa den angestrebten Niedrigenergiestandard. Etwa zwanzig Jahre betrug also der Abstand zwischen Entwicklung der Technik und der breitenwirksamen Einführung. Der gleiche zeitliche Abstand kann auch bei der Passivhaustechnik realisiert werden: Es wird etwa zwei Anpassungsstufen erfordern, bis diese jetzt bereits erfolgreich eingeführte Technik zum breitenwirksamen Standard werden kann. Dabei ist offensichtlich, dass einige Komponenten noch Qualitäts- und Kostensprünge durchlaufen müssen. Auch das hat bisher stets bestens funktioniert: Kaum ist eine Technik in der Breite gefragt und per Verordnung gefordert – schon steht sie zu angepassten und wirtschaftlich sinnvollen Kosten ausreichend zur Verfügung.

Der politisch-gesellschaftliche Druck wird dazu führen, dass die Novellierungsschritte kürzer werden. Nach der Logik der bisherigen Entwicklung müsste die EnEV das Niveau des Passivhausstandards etwa 2015 erreichen.

Für den Sanierungsbereich zeigen die Erfahrungen, dass ein zeitversetztes Nachziehen des Standards ein erfolgreiches Modell darstellt. So wie derzeit die Planer quer durch die Republik kein Problem damit haben, im Rahmen des CO_2-Gebäudesanierunsprogramms den EnEV-Neubau-Standard bei der Sanierung anzuwenden, so könnte dieser Standard bei der nächsten Novellierung in die Verordnung als Standardanforderung übernommen werden. Selbstverständlich sind mit Augenmaß Sonderregelungen für denkmalgeschützte Gebäude zu finden.

Förderaspekte

Innovative Energiestandards müssen im Vorfeld entsprechender Verordnungen in die Bauwirtschaft eingeführt werden. Das geschieht am besten durch finanzielle Förderung. Die KfW-Programme erfüllen diese Funktion in den letzten Jahren mit zunehmendem Erfolg – und vor allem mit einer deutlich sichtbaren strategischen Entwicklung. Wurden im Rahmen des CO_2-Gebäudesanierungsprogramms zunächst nur Appetithäppchen in Form von Maßnahmenpaketen gefördert, so ist seit einigen Jahren der EnEV-Neubau-Standard bei der Sanierung zum zentralen Erfolgsmodell geworden. Darauf basierend konnten weitere Energiestandards wie „EnEV minus 30 %" und „EnEV minus 50 %" zunächst im Rahmen von Pilotprojekten und jetzt in Richtung Breitenumsetzung fortentwickelt werden. Im Neubausektor erfolgte die Förderung analog für KfW-60-, KfW-40- und Passivhäuser.

Wenn Fördermaßnahmen es ermöglichen, den Markt für sinnvolle Techniken in der Breite zu öffnen, so sind sie als erfolgreich anzusehen. Ist es darüber hinaus so, dass die Förderung einen Konjunkturimpuls verursacht, der die Fördermittel in etwa gleichem Maß zurückfließen lässt, so wäre es ein Fehler, sie nicht in möglichst umfassendem Sinn einzusetzen.

Die Struktur der Förderungen ist derzeit auf dem besten Weg, eine Funktion als perpetuum mobile für die Volkswirtschaft zu erzeugen: Die Programmausstattung muss allerdings noch einmal grundlegend erhöht werden und zugleich die beschriebene Funktion des Energieeffizienzmotors und Wegbereiters von neuen EnEV-Standards stringenter in die Förderprogramme einfließen.

Resümee

Die Entwicklung der Energieeffizienz beim Bauen beinhaltet ein sehr hohes Potenzial. Der Bausektor kann eine führende Rolle bei den Klimaschutzzielen der Bundesregierung einnehmen. Beim Neubau und besonders bei der Gebäudesanierung lassen sich mit bestem Kosten-Nutzen-Verhältnis Energieeinsparungen erzielen. Die CO_2-Reduktion im Gebäudebereich sollte für den Zeitraum von 2008 bis 2020 auf 30% angesetzt werden. Zum Erreichen dieses engagierten Ziels ist ein synergetisches Vorgehen bei der Entwicklung der EnEV, der darauf abgestimmten Erhöhung der Förderprogramme sowie Öffentlichkeitsarbeit, Fortbildung und Qualifizierung erforderlich. Das Ergebnis wird zu einer win-win-Situation führen, wenn dieser Prozess im Sinn eines gesellschaftlichen Konsenses durchgeführt wird:

- Aus finanzpolitischer Sicht kann die gezielt eingesetzte Fördersumme durch die Rückflüsse aus Mehrwertsteuer, den entfallenden Arbeitslosenkosten sowie durch die Steuereffekte aus der belebten Konjunktursituation kurzfristig in den Staatshaushalt zurückfließen [etz 2007].
- Wirtschaftspolitisch zeichnet sich schon jetzt ab, dass Energieeffizienztechniken in den nächsten Jahren zu einem erfolgreichen Exportgeschäft werden.
- Umweltpolitisch wird der Energieeffizienzbereich für alle Beteiligten zunehmend zum Lieblingsobjekt.
- Und aus globalpolitischer Sicht kann nur der Chinese zitiert werden, mit dem ich vor einer Weile einen interessanten Gedankenaustausch hatte: „Wir Chinesen tun jetzt erst einmal das, was Ihr jahrzehntelang getan habt. Es ist an Euch, die Ihr schon so viele Jahre sehr gut von den Ressourcen unserer Welt gelebt habt, ein Vorbild zu geben. Ich denke, wir werden dann gerne und schnell von Euch lernen!"

Kontakt

Dr. Burkhard Schulze Darup
E-Mail: schulze-darup@schulze-darup.de

Quellen

[DBU 2004]: „Energetische Gebäudesanierung mit Faktor 10. – Umsetzungsorientiertes Forschungsvorhaben mit Förderung der Deutschen Bundesstiftung Umwelt", Koordination: Schulze Darup; Partner: PHI Darmstadt, ZEBAU Hamburg, IEMB Berlin und ARGE Faktor 10; kostenloser Download unter: http://dbu.de

[etz 2007]: Maurer, Laidig, Schulze Darup et. al.: „EnergieRegion Faktor 10. – Projektbericht des Forschungsvorhabens mit Förderung des Bayerischen Staatsministeriums für Wirtschaft unter Beteiligung der ARGE Faktor 10 und Ingsoft", Hrsg. etz Nürnberg 2007

[Schulze Darup 1999/2007]: Schulze Darup: „Altbausanierung im Raum Nürnberg. – In: Klimaschutz durch energetische Sanierung von Gebäuden", Band 1, Hrsg. Forschungszentrum Jülich, Reihe Umwelt, Band 21, 1999/ überarbeitet 2007

Energieeffizienzforschung für Gebäude: Neue Technologien auf den Prüfstand

Johannes Lang, BINE Informationsdienst
Markus Kratz, Projektträger Jülich, Projektträger des BMWi

Die Politik hat es in der Energie- und Klimaschutzfrage wirklich nicht leicht: Obwohl mit der Verknappung fossiler Energieressourcen und dem Treibhauseffekt die zentralen Fakten seit langem bekannt sind, die der Menschheit nach Jahrzehnten des ungebremsten Energiehungers eine Diät nahelegen, konkretisieren sich die Herausforderungen an der energiepolitischen Problemfront jetzt immer deutlicher.

Öl und Gas kommen nicht mehr selbstverständlich und ohne Unterbrechungen ins Land, wir müssen uns Schritt für Schritt an hohe Öl- und Gaspreise gewöhnen, die Fernsehbilder von Hochwasser und Stürmen belegen eindrucksvoll, dass ein massiver Klimawandel droht – und der in Deutschland und Europa eher kleine energiepolitische Bewegungsspielraum macht nicht gerade sehr viel Mut. Zwar gibt es zunehmend mehr Regelungen, Ansätze, Initiativen und Kampagnen mit dem Ziel einer höheren Energieproduktivität und reduzierter Treibhausgas-Emissionen, doch sowohl der Anfang Februar 2007 veröffentlichte Bericht des Weltklimarats (IPCC) als auch ein Blick auf die Statistiken von Energieverbrauch und CO_2-Emissionen zeigen, dass bislang keine der Maßnahmen durchschlagenden Erfolg bringen konnte. Deutschland und Europa bleiben in der Gruppe der Hauptverursacher von Treibhausgas-Emissionen.

Obschon bereits heute viele Technologien und Konzepte für eine radikale Trendwende zur Verfügung stehen, gilt es doch, den technologischen und damit ökonomischen Spielraum laufend weiter auszuloten. Denken wir also an die Zukunft – befassen wir uns mit neuen Konzepten, Materialien und Technologien aus der Energieforschung.

Enorme Möglichkeiten

Ein Blick in die Forschungslaboratorien zeigt, wie enorm groß die Möglichkeiten im Bereich der Energietechnologien sind. Null-Emissions-Fahrzeuge, Null-Emissions-Gebäude, Nullemissions-Kraftwerke etc. sind denkbar, aber nicht ohne Weiteres machbar. Der Weg einer Technologieentwicklung bis zur Marktreife ist oft langwierig und von vielen Hindernissen und Risiken gekennzeichnet. Und dann müssen sich die energieeffizienten Konzepte, Technologien und Verfahren, obschon technologisch ausgereift, erst auf dem Markt bewähren. Für eine staatlich geförderte Forschung gibt es hier und in allen Phasen gute Gründe – nicht zuletzt wegen dem strategischen Stellenwert des Faktors Energie für Wirtschaft, Umwelt und Gesellschaft.

Mit Energie forschen

Am 1. Juni 2005 hat das Bundeskabinett das 5. Energieforschungsprogramm „Innovation und neue Energietechnologien" verabschiedet. Das Programm bildet die Grundlage für die Förderpolitik des Bundes in den kommenden Jahren. Kurz- und mittelfristig will das Programm einen konkreten Beitrag zur Erfüllung aktueller politischer Vorgaben leisten. Langfristig soll es dazu beitragen, durch Sicherung und Erweiterung der technologischen Optionen die Reaktionsfähigkeit und Flexibilität der Energieversorgungssysteme zu verbessern. Mit der Energieforschung sollen aber auch andere Ziele erreicht werden: aus der Wirtschafts- und Industriepolitik, der Beschäftigungspolitik, der Forschungspolitik und der Umweltpolitik. Darüber hinaus ist das Energieforschungsprogramm Teil der „High-Tech-Strategie" der Bundesregierung und soll neue Akzente setzen, um Innovationsprozesse zu beschleunigen und neue Energietechnologien schneller in den Markt zu bringen.

Die Schwerpunkte der Förderung liegen auf den Feldern „Energieeffizienz" und „erneuerbare Energien". Besondere Schwerpunkte der Förderung sind:

- moderne Kraftwerkstechnologien auf Basis von Kohle und Gas (einschließlich CO_2-Abtrennung und CO_2-Speicherung),
- Photovoltaik und Windenergie im Offshore-Bereich,
- Brennstoffzellen und Wasserstoff als Sekundärenergieträger sowie Energiespeicher,
- Technologien und Verfahren für energieoptimiertes Bauen sowie
- Technologien zur energetischen Nutzung der Biomasse.

Für diese Publikation gehen wir im Weiteren genauer auf den Bereich des energieoptimierten Bauens ein.

Schwerpunkt „Energieoptimiertes Bauen"

„Gebäude der Zukunft" ist das Leitbild des Forschungsschwerpunktes EnOB. In den vom BMWi geförderten Forschungsprojekten geht es um Gebäude mit minimalem Primärenergiebedarf und hohem Nutzerkomfort – und das bei moderaten Investitions- und deutlich reduzierten Betriebskosten. Die Ziele sind hoch gesteckt: Im Forschungsschwerpunkt „Energieoptimiertes Bauen" (EnOB) hat man sich für Neubauten die Halbierung des Primärenergiebedarfs gegenüber dem heutigen Stand der Technik vorgenommen. Zugleich wird in den Projekten bereits an der Perspektive „Nullemissionsgebäude" gearbeitet. Und weil in der Gebäudesubstanz das größte Energieeinsparpotenzial steckt, gibt es einen Forschungsakzent zur Sanierung. Vor dem Test von Gebäude- und Energiekonzepten für Neubau und Sanierung in über 40 Modellprojekten werden in vielen verschiedenen F&E-Projekten auch neue Materialien, Technologien und Systeme für die Bautechnik und die technische Gebäudeausrüstung entwickelt und unter realen Betriebsbedingungen getestet.

Die Forschungsbereiche von EnOB:

EnBau

EnBau steht für den Forschungsbereich »Energieoptimierter Neubau«. Hier werden mehr als zwanzig Büro- und Verwaltungsgebäude sowie öffentliche und gewerbliche Gebäude mit minimalem Energiebedarf geplant und gebaut. Entscheidender Faktor: Die Gebäude werden zwar völlig normal genutzt, jedoch über eine längere Nutzungsdauer wissenschaftlich evaluiert und im laufenden Betrieb optimiert. Die Möglichkeiten und Vorteile einer primärenergetisch optimierten Planung werden also an konkreten Modellprojekten ausgelotet.

Was heißt das konkret? Für Neubauten bedeutet das, dass der Primärenergiebedarf gegenüber dem heutigen Stand der Technik (EnEV 2006 / DIN V 18599) mindestens halbiert werden soll. Das schließt den Energieaufwand für die Trinkwassererwärmung, Lüftung, Klimatisierung und Beleuchtung sowie Hilfsenergien für Pumpen und Ventilatoren mit ein. Zugleich wird aber bereits an Konzepten und Technologien für Nullemissionshäuser gearbeitet.

Wird der gesamte Energieverbrauch von heutigen Bürogebäuden primärenergetisch betrachtet, dann macht der Elektroenergieverbrauch für Lüftung (15 %), Beleuchtung (27 %) und Nutzung (33 %) sowie der Energieeinsatz für aktive Kühlung (11 %) einen hohen Anteil am Gesamtenergieverbrauch aus [IWU 1999]. Die zunehmende Wirtschaftlichkeit eines gegenüber der Energieeinsparverordnung (EnEV) verbesserten Dämmstandards verstärkt die Bedeutung des Stromverbrauchs in der Gesamtbilanz. Da die Energiesparpotenziale besonders in den Bereichen Lüftungs-, Klima- und Beleuchtungstechnik liegen, können optimierte oder sogar passive Kühlkonzepte den elektrischen Energieverbrauch und damit den Primärenergiebedarf deutlich senken.

Heute sind energieoptimierte Gebäude realisierbar, die einen vergleichsweise geringen Heiz- und Kühlbedarf haben. In diesen Gebäuden lässt sich auch ohne aufwändige Gebäudetechnik ein angenehmes Innenklima einstellen. Möglich wird dies erst mit der Kombination sorgfältig aufeinander abgestimmter Maßnahmen mit folgenden Grundelementen: sehr guter Wärme- und Sonnenschutz, ausreichende thermische Gebäudespeicherkapazität, luftdichte Gebäudehülle in Verbindung mit einer Hygienelüftung und Wärmerückgewinnung.

EnBau: Evaluierung Thermoaktiver Bauteilsysteme

Seit den 1990er Jahren werden immer mehr Neubauten mit der Betonkerntemperierung, einer Variante der thermoaktiven Bauteilsysteme, ausgerüstet. Auch einige Modellprojekte aus EnBau kühlen und heizen mit diesem System. Doch wie flexibel bleibt die Nutzung von Gebäuden? Wie energieeffizient sind die thermisch trägen Flächenkühl- und Flächenheizsysteme? Unter welchen Voraussetzungen ist das Konzept wirtschaftlich anwendbar? Welches Komfortniveau wird tatsächlich erreicht? Diese Fragen wurden mit der Evaluierung verschiedener Modellprojekte aus dem EnOB-Forschungsbereich EnBau genauer untersucht.
Die Ergebnisse im BINE-Themeninfo I/2007 sowie unter www.bine.info

Abb. 1
Thermoaktive Bauteilsysteme kühlen und heizen das Bürogebäude Energon in Ulm.
Foto: Software AG Stiftung, Darmstadt.
Architektur: oehler faigle archkom, Bretten.

Im Forschungsbereich EnBau werden energetisch hocheffiziente Gebäude entwickelt und erforscht. Zumeist sind es Büro- und Verwaltungsgebäude sowie öffentliche und gewerbliche Bauten, die bereits auf Basis eines durchdachten Entwurfs und bauphysikalischer Qualitäten gute Voraussetzungen für Komfort mitbringen – hoher thermischer und visueller Komfort lässt sich mit einer reduzierten, schlanken Gebäudetechnik erreichen. Architektur, Bausystem, Baukonstruktion und Gebäudetechnik werden dabei so perfekt aufeinander abgestimmt, dass ein möglichst geringer Energiebedarf für Heizung, Kühlung und Beleuchtung erreicht wird. Herausragendes Merkmal ist der nunmehr mögliche Verzicht auf Kältemaschinen zu Gunsten der so genannten „passiven Kühlung".

Voraussetzung zur Teilnahme an »EnBau«: Der Heizwärmebedarf beispielsweise eines Gebäudes mit hauptsächlicher Büronutzung darf 20 kWh/m²a nicht übersteigen und der gesamte Primärenergieaufwand für Heizung, Licht, Lüftung und Klima muss unter 75 kWh/m²a liegen (bezogen auf die Nettogrundfläche) bzw. das Gebäude muss die Anforderungen für das Referenzgebäude nach EnEV 07 um mindestens 50 % unterschreiten, wobei zusätzliche Mindestanforderungen an Wärmeschutz und Luftdichtheit gestellt werden.

Detaillierte Infos zu den Modellprojekten von EnBau unter
www.enob.info

EnSan

EnSan steht für den Forschungsbereich „Energetische Verbesserung der Bausubstanz". Bei gewöhnlichen Gebäudesanierungsprojekten wird ein Großteil des möglichen Einsparpotenzials außer Acht gelassen. Im Forschungsbereich EnSan sollen ambitionierte Sanierungskonzepte in Verbindung mit innovativen Technologien erprobt werden. Mit verlässlichen Daten aus der wissenschaftlichen Evaluierung erster Pilotanwendungen soll die Basis für eine breite Marktanwendung konsequenter und nachhaltiger Sanierungen geschaffen werden.

Bei der Gebäudesubstanz geht es um eine Weiterentwicklung von Konzepten zur konsequenten und nachhaltigen energetischen Sanierung. Dabei sollen im Nichtwohnungsbau die Anforderungen an Neubauten nach EnEV 2006 / DIN V 18599 um mindestens 30 % unterschritten werden. Im Wohnungsbau gilt es, die Anforderungen an Neubauten nach EnEV 2006 um mindestens 50 % zu unterschreiten. Ambitionierte Sanierungskonzepte werden in Verbindung mit innovativen Technologien erprobt.

EnSan: Sanierung mit neuen Konzepten und Materialien

Für das EnSan-Modellprojekt „Kindertagesstätte Wismar" wurde ein umfassendes Sanierungskonzept entwickelt, das eine energetische, architektonische und nutzungsbezogene Verbesserung erreichen kann. Besonderheiten bilden dabei ein 3-lagiges transparentes Foliendach über dem neuen Atrium, die erste großflächige Anwendung von Vakuum-Isolations-Paneelen (VIP) in der Gebäudesanierung sowie die isolierverglasten Fenster in der Ebene der neuen Außendämmung, bei denen die im Vorfeld bereits erneuerten Fenster erhalten bleiben.

Die Vakuum-Isolations-Paneele waren aufgrund ihrer geringen Materialstärke und ihres geringen spezifischen Gewichts günstig auf die bestehenden Fassaden aufzubringen. Dabei wurden zwei verschiedene Systeme erprobt und verglichen: Auf der Westfassade ist ein Wärmedämmverbundsystem mit VIP realisiert.

Für die Ostfassade wurde ein vorgefertigtes VIP-Fassadenelement neu entwickelt. Es besteht aus vier VIPs (0,5 m x 1 m, 2 cm dick), die Oberflächen werden geschützt durch hochfeste keramische Platten. Zur Vermeidung von Beschädigungen sind die Paneele innerhalb des Elements durch elastisches Fugenmaterial mit geringer Wärmeleitfähigkeit voneinander getrennt. Die Seitenkanten werden durch umlaufendes Dichtmaterial geschützt, das auch zur Verklebung der äußeren und inneren Oberflächen dient und die Eigenlast sowie die Windlast an die Unterkonstruktion leitet.

Sanierungsdetails und Ergebnisse finden Sie im BINE-Projekt-Info 10/2006 sowie unter www.bine.info.

Abb. 2 Sanierte Kindertagesstätte in Wismar. Vor der Sanierung dienten kreuzförmige Verbindungsbauten der Erschließung. Eine „zweite Haut" mindert die Wärmebrücken und unzureichende Dämmung vieler Außenbauteile. Architektur: Institut für Gebäude + Energie + Licht Planung (igel, Wismar)

Viele bestehende Büro- und Gewerbegebäude sowie Bauten im Bildungs-, Kultur und Freizeitbereich wurden in Zeiten niedriger Energiepreise geplant und gebaut. Nur mit einer umfangreichen Gebäudetechnik und einem hohen Energieeinsatz können sie den notwendigen thermischen und visuellen Komfort ermöglichen und die ergonomischen Anforderungen erfüllen. Die Gebäude verfügen über keinen oder nur unzureichenden Wärmeschutz. Die aus heutiger Sicht überdimensionierten Heizungs- und Lüftungsanlagen sind nicht in der Lage, sich auf flexible Arbeitszeiten und eine variable Raumnutzung einzustellen. Die unzureichende Tageslichtversorgung muss durch Kunstlicht ausgeglichen werden. Derartige Gebäudemängel bringen nicht allein hohe Energiekosten mit sich, sie belasten auch die Motivation der Beschäftigten bzw. Nutzer. In zahlreichen Demonstrationsprojekten von EnSan werden Mustersanierungen für verschiedene Gebäudetypen entwickelt und erprobt. Dazu zählen u. a. gemischte Wohn- und Gewerbegebäude, große Wohnkomplexe, kleine Wohngebäude, Büro- und Verwaltungsgebäude, Bildungsstätten sowie Wohn- und Pflegeheime.
Detaillierte Infos zu den Modellprojekten von EnSan unter www.enob.info

Gebäude sind zu Stein gewordener Energiebedarf. Einmal gebaut werden die Häuser etwa 100 Jahre genutzt. Grundlegende Modernisierungen werden erst nach 30-60 Jahren angegangen. Etwa 90 % der Gebäude in Deutschland sind vor 1990 gebaut und oft ungenügend wärmegedämmt – man kann also von „energetischen Altbauten" sprechen. Folglich lassen sich in diesem Bereich auch die größten Einspareffekte erzielen. Bislang werden Außenwände, Dächer, Fenster oder Heizungsanlagen häufig erst dann erneuert, wenn Verfall droht oder sich die Gesetzeslage verschärft hat.

Legt man die technisch machbare „3-Liter-Haus"-Sanierung zugrunde, so erschließt die heute praktizierte energetische Sanierung bestehender Gebäude nur ein Drittel bis die Hälfte des Einsparpotenzials. Durch konsequente Energiesparmaßnahmen lässt sich aber der Wärmebedarf bestehender Gebäude um 50-80 % senken und mit dem Arbeitsplatz- und Wohnkomfort steigt die Attraktivität der Immobilie.

LowEx

LowEx

LowEx steht für den Forschungsakzent „Niedrig-Exergie-Technologien". Hier werden verschiedene innovative Systeme für Gebäude, Gebäudetechnik und Energieversorgung entwickelt, die eines gemeinsam haben: Sie kommen bei der Wärme- und Kälteerzeugung und bei der Wärme- und Kälteverteilung im Raum mit möglichst geringen Temperaturdifferenzen zur Raumtemperatur aus. Auf diese Weise können auch regenerative Energiequellen genutzt werden – so z. B. die natürliche Kühle des Erdreichs oder des Grundwassers zum Kühlen und solare Wärme zum Heizen.

Hochwertige, exergiereiche Energie soll für hochwertige Energiedienstleistungen reserviert bleiben, während exergiearme Energieformen wie z. B. Umweltwärme für das Heizen und Kühlen auf Raumtemperaturniveau aktiviert werden können. Das ist der zentrale Ansatzpunkt der Niedrig-Exergie-Systeme.

Eine Reduktion der Lasten ist der Schlüssel zu einer exergieoptimierten Auslegung. Das gilt natürlich für die Gebäudehülle, wie oben beschrieben, jedoch auch für die einzelnen Anlagenkomponenten. Wenn das wärmeabgebende System nur niedrige Temperaturdifferenzen zur Raumtemperatur aufweist, dann wird mit der Niedertemperaturwärme nur exergiearme Energie benötigt. Wird die Niedrig-Exergie-Wärmeübergabe mit einem Niedrigexergie-Wärmeerzeuger und eventuell mit einer regenerativen Energiequelle versorgt, dann ergibt das ein vollständiges „LowEx-System". An dem effizienten und bestmöglichen Umgang mit der Qualität von Energie müssen sich in Zukunft die Verbesserungen und Innovationen bei Energiesystemen in Gebäuden messen lassen.

In LowEx gibt es Aktivitäten zu verschiedenen Themenschwerpunkten, so beispielsweise zur Heiz- und Raumlufttechnik. Dabei werden die räumliche und zeitliche Nutzung geringer Temperaturpotenziale für Heiz- und Kühlzwecke in Gebäuden untersucht. Die räumliche Nutzung umfasst die Wärmeverschiebung zwischen Räumen sowie vom Gebäudeinneren an die Fassade, so dass eine thermische Homogenisierung des Baukörpers unter Berücksichtigung unterschiedlicher Raumnutzung erreicht werden kann. Für die Nutzung von zeitlichen Temperaturpotenzialen werden Latentwärmespeicher-Systeme betrachtet. Materialien mit einer Phasenwechseltemperatur im Bereich der Raumlufttemperatur können Energie ohne große exergetische Verluste speichern. Das nachrüstbare Speichersystem ist über Kapillarrohrmatten mit dem Raum verbunden und kann über Fassadenwärmetauscher entladen werden, anfallende Kühllasten werden zeitversetzt darüber vollständig oder teilweise abgefahren.

Weitere Schwerpunkte sind die Wärmeübertragung und Wärmespeicherung sowie aktive Latentwärme-Speichersysteme, die gezielt be- und entladen werden können.

Detaillierte Infos zu den Forschungsprojekten von LowEx finden Sie unter www.enob.info

ViBau

ViBau steht für den Forschungsakzent „Vakuumisolation im Bauwesen". Im Vergleich zu herkömmlichen, nicht evakuierten Dämmmaterialien wie Mineral- und Glasfasern oder Polystyrol- und Polyurethan-Schäumen ist die Wärmeleitfähigkeit in Vakuum-Isolationspaneelen (VIP) etwa um den Faktor 5-10 reduziert. Die Forschungsprojekte befassen sich mit der Entwicklung hochdichter Hüllmaterialien, mit der Integration der VIP in Bauprodukte zwecks besserer Handhabbarkeit, mit der Vorfertigung von Fassadenelementen, mit der Qualitätssicherung und mit der Entwicklung von Vakuumgläsern.

Vakuum ermöglicht einen sehr guten Wärmeschutz auf engstem Raum – das zeigt schon die bewährte Thermoskanne. Jetzt kommt das Vakuum in die Gebäudefassade: Platten aus mikroporöser Kieselsäure werden unter Vakuum in eine gas- und wasserdampfdichte Folie oder Edelstahlhülle gepackt. Diese Vakuum-Isolations-Paneele haben im evakuierten Zustand eine extrem geringe Wärmeleitfähigkeit. Ihre Dämmwirkung ist 5- bis 10-mal besser als die konventioneller Dämmsysteme. Die Vakuumdämmung benötigt bei gleicher Dämmwirkung also entsprechend geringere Dämmstoffstärken – ein großer Vorteil bei beengten Platzverhältnissen oder bei hohen Ansprüchen an den Wärmeschutz.

Die Vakuumdämmung bringt neue Materialien in das Bauwesen und erfordert zugleich neue Formen der Zusammenarbeit in Planung und Bauausführung. Das Bauen mit vorgefertigten Fassadenmodulen und Sandwich-Elementen ist ein Weg, die empfindlichen Hightech-Platten gut und sicher ins Gebäude zu bringen. Und was passiert, wenn dann der Heimwerker die Vakuumplatten anbohrt? Soweit sollte es erst gar nicht kommen, wenn die Systemanbieter die Wand richtig konstruiert haben. Dennoch müssen ggf. belüftete Vakuumplatten identifiziert und mit vertretbarem Aufwand ausgetauscht werden können. Entsprechende Konzepte und Prüfmethoden werden erarbeitet.

ViBau: Vakuumdämmung

Vakuumdämmplatten alleine garantieren noch keinen guten Wärmeschutz. Besondere Aufmerksamkeit muss der Vermeidung von Wärmebrücken an den Fugen und Stößen sowie an Bauteilanschlüssen gewidmet werden.

Bei einem jetzt in einem Demonstrationsgebäude eingesetzten Produkt der Fa. Hangleiter werden die Vakuum-Paneele an Wand- und Dachelementen aus Beton befestigt. Ein spezielles Herstellungsverfahren mit bereits vormontierten Verankerungen hält die Paneele auf Zug am Beton und nimmt zugleich die Unterkonstruktion für eine hinterlüftete Fassade auf. Vorteil der Fassadenelemente-Lösung ist die komplette Vorfertigung im Werk, außerdem können defekte Vakuum-Paneele auch nachträglich ausgetauscht werden.

Die Projektergebnisse unter www.enob.info

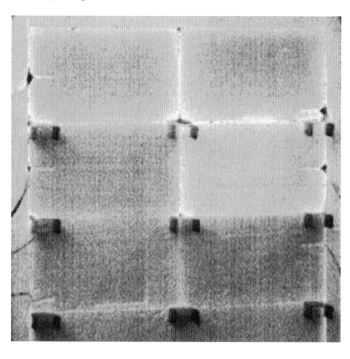

Abb. 3
Eine am Teststand aufgenommene Thermographie von Betonfertigteilen mit integrierter Vakuumdämmung: Im oberen Bereich sind deutliche Wärmeverluste erkennbar – hier setzt die konstruktive Optimierung von Fugen und Haltekonstruktion an (vgl. unterer Bereich). Teststand: ZAE Bayern. Technologieentwicklung: Fa. Hangleiter.

In ViBau arbeiten verschiedene Forschungsinstitute und Entwicklungsabteilungen von Unternehmen an noch besseren und kostengünstigeren Kernmaterialien sowie an neuen Folien, Hüllen und Versiegelungstechniken. Die Wärmebrückeneffekte an den Rändern der Vakuumplatten sollen weiter verringert und die Haltbarkeit des Vakuums über 30 Jahre hinaus gesteigert werden. Gleichzeitig erproben Architekten, Planer und Unternehmen aus der Baubranche die praktische Anwendung im Bauprozess. Auch die Integration in konfektionierte Gebäudekomponenten wie Türen, Fassadenelemente oder Dämmplatten wird erforscht und in Pilotprojekten erprobt.

Eine neue Entwicklung sind Vakuumgläser. Verglasungen mit evakuiertem Scheibenzwischenraum könnten exzellente Wärmeschutzeigenschaften erreichen. Der Zielwert für das gesamte Fenster ist ein sehr ambitionierter Wärmedurchgangskoeffizient von 0,5 W/m²K. Wenn die weiteren Meilensteine im Projekt erreicht werden, dann ist ab 2009 mit einer Markteinführung zu rechnen.

Detaillierte Infos zu den Forschungsprojekten von ViBau unter www.enob.info

Künftige Forschungsaktivitäten

Die Forschungsarbeiten werden künftig Akzente in folgenden Bereichen setzen:

1. Innovative Konzepte und neue Technologien werden in Demonstrationsprojekten eingesetzt, um sie auf ihre Effizienz, Praxistauglichkeit und künftige Marktfähigkeit zu prüfen.
2. Ein Akzent soll auf Erfolg versprechende Materialien, Komponenten und Systeme gesetzt werden, die Innovationen in Baukonstruktion und technischer Gebäudeausrüstung ermöglichen. Dazu gehören die weitere energetische Verbesserung der baulichen Hülle (z. B. Vakuumisolation), die optimierte Solarenergienutzung über Fassaden und Fenster (z. B. schaltbare und selbst regelnde Verglasungen, Licht lenkende Strukturen zur optimalen Tageslichtnutzung) sowie innovative Konzepte der Wärmeerzeugung und -verteilung (Niedrig-Exergie-Systeme zum Heizen und Kühlen, dezentrale Heizungspumpen, fortgeschrittene Wärmepumpentechnik, passive und hybride Systeme zur Luftkonditionierung).
3. Die netzgebundene Wärme- und Kälteversorgung von Gebäuden soll weiterentwickelt werden mit Nah- und Fernwärme aus gekoppelter Strom- und Wärmeerzeugung (auch: Modellversuche mit Brennstoffzellen), aus industrieller Abwärme, Umweltenergie und Biomasse. Damit verbunden sind auch die Modernisierung und Anpassung älterer Netze sowie die Erprobung neuartiger Strukturen (z. B. mobile Fernwärme, Fernkälte).
4. Entwicklung und Erprobung aussichtsreicher Techniken der kurz- und längerfristigen Wärme- und Kältespeicherung für die Beheizung und Klima-

tisierung (z. B. thermische Untergrundspeicher, Latentwärmespeicher und thermochemische Speicherverfahren).
5. Optimierung der zugehörigen Mess-, Steuer- und Regelungstechnik für den effizienten Betrieb der Anlagen unter Nutzung moderner Kommunikationstechniken. Dazu gehört die Weiterentwicklung von Methoden und Instrumenten zur energetischen Optimierung des „Gesamtsystems Gebäude" in der Planungsphase, bei der Inbetriebnahme und in der Betriebsführung.
6. Übertragung der Techniken und Methoden auf die Anwendung bei der Altbausanierung (z. B. standardisierte bauliche Lösungen, angepasste Haustechnik, spezielle Baustoffe).
7. Transfer der Forschungs- und Entwicklungsergebnisse in die Aus- und Weiterbildung von Fachplanern, Architekten und Handwerkern.

Weitere Infos unter www.enob.info und www.bine.info

Kontakt

Johannes Lang, BINE Informationsdienst
E-Mail: johannes.lang@fiz-karlsruhe.de

Markus Kratz, Projektträger Jülich, Projektträger des BMWi
E-Mail: m.kratz@fz-juelich.de

Die Anwendung der EnEV im Rahmen des CO_2-Gebäudesanierungsprogramms

Ein Erfahrungsbericht der KfW-Bankengruppe/Stabsstelle Nachhaltigkeit

Rainer Feldmann, KfW Bankengruppe/Stabsstelle Nachhaltigkeit,
Externer Sachverständiger für Energie und Wohnungsbau

Investitionen in Energiesparmaßnahmen im Gebäudebestand können über verschiedene Förderprogramme der KfW, der Förderbank des Bundes und der Länder, unterstützt werden. Besonders umfangreiche und hochwertige energetische Sanierungsmaßnahmen werden seit einigen Jahren erfolgreich über das KfW-CO_2-Gebäudesanierungsprogramm gefördert. Zum 1. Januar 2007 wurde dieses Förderprogramm in seiner Ausrichtung modifiziert und weiterentwickelt, wobei die Programmstruktur im Wesentlichen erhalten blieb. Allerdings ergänzt eine neu angebotene Zuschussvariante die etablierte Darlehensvariante mit zinsvergünstigten Krediten als Fördermöglichkeit.

Als Fördervorrausetzung sind nach wie vor entweder vorgegebene Maßnahmenpakete mit festgelegten technischen Standards durchzuführen (Kategorie B) oder ein individuelles, nicht von den technischen KfW-Dämmstandards abhängiges Sanierungskonzept zu erstellen, mit dem ein energetisches Neubauniveau oder der Standard „EnEV-30%" erreicht wird (Kategorie A). Diese Option hat das altbekannte Maßnahmenpaket 4, mit dem für das zu sanierende Gebäude eine CO_2-Einsparung von mindestens 40 kg pro Quadratmeter Nutzfläche erreicht werden musste, ersetzt.

Für die Kategorie A ist es daher grundsätzlich notwendig, dass von einem Sachverständigen ein Energiebedarfsausweis nach §13 der EnEV und den entsprechenden Vorschriften des öffentlich-rechtlichen Berechnungsverfahrens erstellt wird, wobei der Aufschlag von 40% auf die Anforderung für Bestandsgebäude nicht angewendet werden darf.

Dieser Textbeitrag soll einen kurzen Überblick über die Erfahrungen der Stabsstelle Nachhaltigkeit der KfW-Bankengruppe verschaffen, die im Zusammenhang mit der Überprüfung von Förderanträgen und der praktischen Anwendung der EnEV festzustellen sind.

Erfahrungen aus der Überprüfung von Förderantragsunterlagen

In Einzelfällen lässt sich die KfW die Berechnungsunterlagen der Sachverständigen zu den Anträgen des Gebäudesanierungsprogramms vorlegen. Auf deren Basis werden anschließend die im Wärmeschutznachweis angegebenen Kennwerte zum vorhandenen Primärenergiebedarf Qp'' und des spezifischen Transmissionswärmeverlustes Ht' kontrolliert. Hierbei kann festgestellt werden, dass die überwiegende Zahl der Primärenergiebilanzierungen über das Tabellenverfahren der DIN 4701-Teil 10 erstellt wurden.

Auf Grundlage des Gebäudetyps bzw. des A/V-Verhältnisses des Baukörpers ist erkennbar, welcher der beiden zu erfüllenden Grenzwerte die größere Hürde zum Erreichen des Neubaustandards sein wird und welche Grundannahmen im EnEV-Nachweis genauer zu überprüfen sind.

Bei günstigen A/V-Verhältnissen, wie z. B. bei größeren Mehrfamilienhäusern, ist in den meisten Fällen der für das Gebäude angegebene Primärenergiekennwert grenzwertig zum maximal zulässigen Primärenergiekennwert nach EnEV. Bei diesen Anträgen ist zum einen die gewählte Anlagentechnik detaillierter zu überprüfen oder in wie weit reduzierte Lüftungswärmeverluste auf Basis einer vorausgesetzten Überprüfung der luftdichten Gebäudehülle angenommen sind. Aber auch ein so unscheinbarer Kennwert, wie der festgelegte g-Wert einer Verglasung, kann in Fällen, bei denen der Primärenergiebedarf des Gebäudes ausschlaggebend ist, zum Erfolg oder Misserfolg führen.

Bei freistehenden Einfamilienhäusern bzw. weniger kompakten Gebäuden mit einem ungünstigen A/V-Verhältnis, ist in der Regel der bauliche Wärmeschutz das entscheidende Kriterium für das Erreichen des EnEV-Neubaustandards. Hier ist es notwendig, die gewählten Konstruktionsaufbauten der Gebäudehülle sowie die verwendeten Baumaterialien und ihre bauphysikalischen Eigenschaften auf Plausibilität zu überprüfen. Ebenso ist ein besonderes Augenmerk auf den gewählten Wärmebrückenzuschlag zu legen und auch die Angaben zum Fenster-U-Wert lassen oftmals vermuten, dass hierfür nur der wärmeschutztechnische Kennwert der Verglasung angegeben wurde und nicht der des gesamten Fensters. Die Angaben zum Primärenergiekennwert kann man in diesen Fällen aber dennoch nicht außer Acht lassen, da besonders bei Ein- und Zweifamilienhäusern häufig nicht fachgerechte Ansätze in der Anlagenbewertung vorgenommen wurden. Bei der Berechnung zur Anlagenaufwandszahl kommt es vor, dass handbeschickte Einzelfeuerstätten als Biomasseheizungen angesetzt oder thermische Solaranlagen nicht fachgerecht, hinsichtlich ihrer Deckungsanteile an der Wärmeversorgung, berücksichtigt werden.

Unbedingte Vorraussetzung zur Berechnung des Primärenergiebedarfs ist allerdings die Durchführung eines hydraulischen Abgleichs für das Heizsystem, da ohne diesen die Parameter und Kennwerte der DIN 4701–10 für die entsprechenden Anlagenkomponenten nicht anwendbar sind. Ohne einen hydraulischen Abgleich kann grundsätzlich keine Anlagenaufwandszahl für das Heizsystem im Sinne des öffentlich-rechtlichen EnEV-Nachweises ermittelt werden, so dass in diesen Fällen der Neubaustandard nur auf Basis des § 3 Abs. 3 Satz 3 der EnEV nachgewiesen werden kann. Eine Förderung kann dann nur erfolgen, wenn mit dem Wärmeschutzkonzept der nach EnEV zulässige spezifische Transmissionswärmeverlust Ht´ um mindestens 24 % unterschritten wird.

Darüber hinaus sei auch darauf hingewiesen, dass seit dem 1. Januar 2007 im KfW-Gebäudesanierungsprogramm die Durchführung eines hydraulischen Abgleichs als Fördervorraussetzung für die Erneuerung einer Heizungsanlage zwingend erforderlich ist.

Die häufigsten Berechnungsfehler im Rahmen der Antragstellung

Bei Überprüfung der Berechnungsunterlagen lassen sich immer wiederkehrende Probleme erkennen, die dann in vielen Fällen zu einer vorläufigen Antragsablehnung bzw. zu einer Aufforderung zur Neuvorlage von überarbeiteten Berechnungsunterlagen führen. Die folgende Auflistung zeigt die häufigsten Ablehnungsgründe:

- Ansatz von handbeschickten Einzel- oder Kachelöfen
- Unerläuterter und falscher Ansatz des Wärmebrückenzuschlags
- Unplausible Berechnung der Anlagenaufwandszahl
- Keine differenzierte und aussagekräftige Gliederung der Gebäudehülle
- Falscher Grenzwertansatz beim Einsatz von Wärmepumpenheizsystemen
- Keine fachgerechte U-Wert-Ermittlung

Häufig erreichen uns Anfragen zu handbeschickten Einzel- oder Kachelöfen. Hierbei handelte es sich um Einzelraumfeuerstätten oder um Ofensysteme, die zusätzlich über einen Wärmetauscher mit dem Zentralheizsystem verbunden sind. Auch wenn in diesen Öfen in der Regel Holz eingesetzt wird, können diese in der Anlagenbewertung und in der Förderung nicht berücksichtigt werden. Im Prinzip handelt es sich bei handbeschickten Einzelfeuerstätten um eine Zufallsbeiheizung, die sehr stark vom Nutzerverhalten abhängig ist. Daher kann kein plausibler und dauerhaft gewährleisteter Deckungsanteil festgelegt werden. Ebenso ist zu beachten, dass diese Öfen oftmals technisch in der Lage sind, Kohle als Brennstoff zu verwenden, so dass auch dieser bei der primärenergetischen Berechnung anzusetzen wäre (siehe DIN 4701 Teil 10 Tabelle C4.-1).

Daher gilt, sobald Einzelöfen einzelne Räume oder Raumgruppen beheizen, kann in der Kategorie A (EnEV- oder EnEV-30%-Standard) grundsätzlich eine Förderung nur unter Berücksichtigung des verschärften Ht'-Wertes (0,76 x zul. Ht' gemäß §3 Abs. 3 Satz 3 EnEV) ohne Berechnung des Primärenergiekennwertes des entsprechenden Gebäudes erfolgen.

Der häufigste Ablehnungsgrund im Zusammenhang mit der Überprüfung der EnEV-Nachweise ist allerdings der nicht fachgerechte Ansatz des Wärmebrückenzuschlags im Rahmen der Wärmeschutz- und Primärenergieberechnung.

Wie die ordnungsgemäße Beurteilung der Wärmebrückenauswirkungen im Zusammenhang mit der Ermittlung des spezifischen Transmissionswärmeverlustes Ht' zu erfolgen hat, soll im weiteren Verlauf dieses Beitrags erläutert werden.

Berücksichtigung von Wärmebrücken gemäß EnEV

Für den Wärmebrückenzuschlag sind die Maßgaben des § 6 (2) in Verbindung mit Anhang 1 Nr. 2.5 der EnEV einzuhalten, d.h. der Einfluss konstruktiver Wärmebrücken auf den Jahres-Heizwärmebedarf ist nach den Regeln der Technik und den im jeweiligen Einzelfall wirtschaftlich vertretbaren Maßnahmen so gering wie möglich zu halten.

Der verbleibende Einfluss kann grundsätzlich ohne weiteren Nachweis mit einem pauschalen Wärmebrückenzuschlag $\Delta U_{WB} = 0,10\,W/(m^2K)$ auf die gesamte thermische Gebäudehülle angesetzt werden.

Ebenso ist es gestattet, einen reduzierten Wärmebrückenzuschlag $\Delta U_{WB} = 0,05\,W/(m^2K)$ anzusetzen, sofern sämtliche relevanten Anschlussdetails gemäß dem Beiblatt 2 der DIN 4108 ausgeführt werden können. Dies setzt eine besondere Planung und Ausführung voraus.

Bei Verwendung des reduzierten Wärmebrückenzuschlages, ist bei Antragsstellung vom Sachverständigen die Umsetzung der Planungsbeispiele des Beiblatts 2 der DIN 4108 zu bestätigen und gegebenenfalls nachzuweisen und für abweichende Detaillösungen ein Gleichwertigkeitsnachweis (nach Punkt 3.5 DIN 4108 Bbl 2: 2006-03) vorzulegen.

Die nach DIN vorgeschlagenen Anschlusslösungen sind für Neubauvorhaben entwickelt worden und daher nicht per se auf den Altbau übertragbar. Hier hat der Sachverständige im Antragsverfahren eine gewisse Sorgfaltspflicht, indem er von vornherein zu prüfen hat, gegebenenfalls auch vor Ort, ob mit der vorhandenen Baukonstruktion tatsächlich auch das konstruktive Grundprinzip des Beiblatts 2 umsetzbar ist. Thermisch nicht entkoppelte Balkonplatten, vorgegebene Fenstereinbausituationen, angebaute Garagen und Terrassen oder die fehlende Möglichkeit einer Kopfdämmung auf Giebelwänden, wie sie bei Bestandsgebäuden sehr häufig vorkommen, verhindern in der Regel den Ansatz des reduzierten Wärmebrückenzuschlags. In solchen Fällen hilft oftmals nur die ausführliche Berechnung der relevanten Wärmebrücken weiter, was ebenfalls grundsätzlich zulässig ist.

Relevante Anschlussdetails, die im Rahmen der Wärmebrückenbewertung genauer betrachtet werden müssen, sind nach DIN V 4108, 6.1.2 Gebäudekanten, umlaufende Laibungen von Fenstern und Türen, Deckeneinbindungen und Wandanschlüsse sowie Deckenauflager und Balkonplatten.

Der Gleichwertigkeitsnachweis nach Beiblatt 2 der DIN 4108

Der erforderliche Gleichwertigkeitsnachweis nach Beiblatt 2, der zum Ansatz des reduzierten Wärmebrückenzuschlags berechtigt, kann auf unterschiedliche Weisen geführt werden. Folgende Möglichkeiten für den Nachweis stehen zur Verfügung:

- Eine eindeutige Zuordnung zu einem der Konstruktionsprinzipien der DIN 4108 Beiblatt 2 und Übereinstimmung von Abmessung und Baustoffeigenschaften.
- Bei Materialien mit abweichender Wärmeleitfähigkeit erfolgt der Nachweis über die Gleichwertigkeit des Wärmedurchlasswiderstandes der jeweiligen Schicht.
- Kann auf diese Weise keine Gleichwertigkeit dargestellt werden, so ist das entsprechende Detail über eine Berechnung des Ψ-Wertes nach DIN EN ISO 10211-1 nachzuweisen. Der so ermittelte Kennwert muss mindestens den nach Beiblatt 2 vorgegebenen Grenzwert erreichen. Wird für das Anschlussdetail im Rahmen dieser „Referenzwertmethode" die Gleichwertigkeit nachgewiesen und entsprechen alle anderen Konstruktionen den Prinzipien des Beiblattes 2, so kann der pauschale Zuschlag von 0,05 W/(m²K) verwendet werden.
- Weiterhin können auch Ψ-Werte aus Veröffentlichungen und Herstellernachweisen, soweit sie auf den Randbedingungen des Beiblattes 2 der DIN 4108 basieren, für die Referenzwertmethode verwendet werden.

Anhand der beiden folgenden Praxisbeispiele soll dargestellt werden, auf was im Rahmen eines Gleichwertigkeitsnachweises zu achten ist.

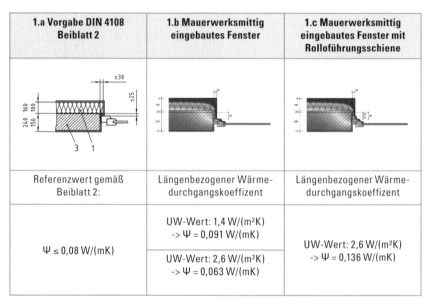

Tab. 1 Seitlicher Fensteranschluss

Als erstes Beispiel soll ein seitlicher Fensteranschluss hinsichtlich der Gleichwertigkeit beschrieben werden. Tab. 1.a zeigt das Planungsbeispiel des Beiblattes 2 der DIN 4108 mit den vorgegebenen Maßen für Dämmschicht und der Fenstereinbauposition. In Tab. 1.b ist eine typische Einbausituation dargestellt, sobald im Zuge einer Gebäudesanierung nur die Fassade gedämmt wird oder die Fenster schon vorher ausgetauscht wurden. In diesen Fällen sitzt das Fenster gegenüber dem konstruktiven Grundprinzip zu weit hinten im Mauerwerk, so dass nur über die Referenzwertmethode die Gleichwertigkeit nachgewiesen werden kann. Der längenspezifische Wärmedurchgangskoeffizient beträgt für das Detail mit erneuertem Fenster 0,091 W/(mK) und bei alten Fenstern 0,063 W/(mK). Somit lässt sich erkennen, dass dieses Detail nur bei alten Fenstern als gleichwertig im Sinne des Beiblattes 2 einzustufen ist. Der reduzierte Wärmebrückenverlust beruht auf der Tatsache, dass das energetisch ungünstigere Rahmenmaterial auf Grund der Laibungsüberdämmung wesentlich verbessert wurde. Ist dagegen zusätzlich eine Rolloführungsschiene vorhanden (Tab. 1.c) verschlechtert sich der Ψ-Wert bei dem alten Fenster auf 0,136 W/(m²K), so dass die Gleichwertigkeit ebenso nicht mehr gegeben ist und dadurch der erhöhte pauschale Wärmebrückenzuschlag bei der Wärmeschutzberechnung anzusetzen wäre, sofern kein detaillierter Wärmebrückennachweis erfolgt.

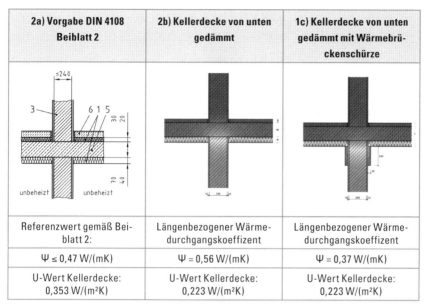

Tab. 2
Einbindende Kellerinnenwand

Im zweiten Beispiel wird anhand eines Kellerdeckendetails gezeigt, dass bei Überschreiten der vorgegebenen Dämmschichten der Planungsbeispiele (Nichteinhaltung des konstruktiven Grundprinzips) ebenso ein Gleichwertigkeitsnachweis erforderlich wird.

Gemäß der Vorgabe des Bbl 2 der DIN 4108 wird für den Anschluss Kellerdecke und –innenwand eine zu berücksichtigende Dämmstoffschicht von 6 bis 10 cm mit der Wärmeleitfähigkeit von 0,04 W/(mK) vorgegeben. Mit dieser Konstruktionsvorgabe wird ein U-Wert von bis zu 0,353 W/(m²K) erreicht. Entschließt sich ein Bauherr dagegen nach den technischen Vorgaben der KfW mit 8 cm Dämmstoff und einer Wärmeleitfähigkeit von 0,025 W/(mK) (entspricht ca. 13 cm WLG 040) die Kellerdecke nachträglich von unten zu dämmen, erreicht er damit einen U-Wert von 0,223 W/(m²K) (Tab. 2.b). Es liegt auf der Hand, dass der Wärmebrückenverlust oftmals bei hochwertig gedämmten Konstruktionen stärker zu Buche schlägt als bei Bauteilen mit schlechterem Wärmeschutz. Im vorliegenden Fall ist auf Grund der durch die Innenwand unterbrochenen Dämmschicht ein Wärmebrückenverlust von 0,56 W/(mK) zu berücksichtigen. Somit ist für dieses Detail eine Gleichwertigkeit gegenüber dem Beiblatt 2 nicht mehr gegeben.

In Tab. 2.c wird als zusätzliche Dämmmaßnahme eine Wärmebrückenschürze, die beidseitig an die Kellerwand angebracht wird, dargestellt. Durch diese Verbesserung reduziert sich der Wärmebrückenverlust für dieses Detail um 34 %

auf 0,37 W/(mK) und berechtigt zu einem reduzierten Wärmebrückenpauschalansatz von 0,05 W/(m²K), sofern auch alle weiteren Wärmebrücken gemäß Beiblatt 2 umgesetzt wurden.

Man erkennt an diesen beiden Beispielen, dass die fachgerechte Bewertung von Wärmebrücken im Zusammenhang mit der Energiebilanzierung von energetischen Sanierungsmaßnahmen oftmals Schwierigkeiten bereitet und unter Umständen nur über den pauschalen Wärmebrückenzuschlag von 0,1 W/(m²K) berücksichtigt werden kann, sofern auf die vollständige detaillierte Berechnung verzichtet werden soll.

Hilfestellung für Sachverständige

Unsere Aufgabe ist nicht die Beratung und Fortbildung der Sachverständigen für eine fachgerechte Anwendung der EnEV. Dennoch beantworten wir auch technische Fragen zu dem Nachweisverfahren und bieten Hilfestellung hinsichtlich der wohnwirtschaftlichen Förderprogramme im Rahmen von Telefon- und E-Mail-Beratungen an. Auch hier lassen sich wiederholende Anfragen feststellen, die sich entweder auf die KfW-Förderrichtlinien oder auf die fachgerechte Vorgehensweise zum EnEV-Nachweis beziehen. Folgende typische Anfragen kommen immer wieder bei der KfW an:

- Wie werden vorhandene Dämmstoffe bzw. die gesamte Baukonstruktion bewertet?
- Für welche bestehenden Heizungsanlagen kann eine Anlagenaufwandszahl berechnet werden?
- Welche Dämmschichten sind für die technischen Mindestanforderungen der Maßnahmenpakete notwendig?
- Muss in der Kategorie A für alle Bauteile ein EnEV-Neubaustandard erreicht werden?
- Wie ist der Gleichwertigkeitsnachweis für Wärmebrücken zu führen?
- Wie werden Einzelöfen berücksichtigt?
- Wie verbindlich ist der Energiebedarfsausweis?

Resümee

Nach unseren Erfahrungen verursacht die Anwendung der EnEV, speziell im Zusammenhang mit der Gebäudesanierung, immer noch einige Schwierigkeiten. Für Bestandsgebäude sind leider nicht alle Einzelheiten in der aktuellen Fassung der EnEV geregelt. Daher können diese Probleme für den einen oder anderen Fall auch nicht vollkommen zufrieden stellend gelöst werden. Dennoch zeigt sich, dass die überwiegende Zahl der Förderanträge im Wesentlichen fachgerecht erstellt wurde und die Rechengrundlagen der EnEV von den meisten Sachverständigen richtig angewendet werden. Die vereinzelten Mängel oder geringfügigen Fehler können im Rahmen von persönlichen Telefonaten mit dem Sachverständigen oder schriftlichen Hinweisen an den Antragssteller in der Regel behoben werden.

Mit den von der KfW veröffentlichten Merkblättern, den technischen Hinweisen und den einzelnen FAQ-Listen zu den verschiedenen wohnwirtschaftlichen Förderprogrammen wird dem EnEV-sicheren Sachverständigen eine ausreichende Informationsgrundlage geboten, mit der die einzelnen Bestätigungen zum Kreditantrag problemlos zu erstellen sind.

Kontakt

KfW Bankengruppe
Palmengartenstraße 7 - 9
60325 Frankfurt am Main
Telefon: +49 69 7431-4181
Fax: +49 69 7431-3796
E-Mail: st-umwelt@kfw.de
Internet: www.kfw.de

Klimaschutz durch Kraft-Wärme-Kopplung

Andreas Reinholz, BTB Blockheizkraftwerks- Träger- und Betreibergesellschaft mbH

Das Klima ändert sich

Inzwischen lässt es sich nicht mehr verdrängen. Der Ausstoß von Treibhausgasen (hauptsächlich der Industrienationen) führt zu einer Veränderung des Klimas. Eine Erhöhung der globalen Mitteltemperatur der Atmosphäre ist nicht mehr zu vermeiden. Die Auswirkungen sind bereits spürbar und drohen katastrophal zu werden. Zu diesem Ergebnis kommt das Uno-Expertengremium IPCC in seinem letzten Weltklimabericht. [1]

Die Forscher sagen wegen des zunehmenden Treibhauseffekts verheerende Unwetter, Dürreperioden und steigende Meeresspiegel rund um den Globus voraus.

Auf jedem EU-Gipfel streiten sich die Staaten über CO_2-Minderungen, während hinter den Kulissen die Lobbyisten an Ausnahmeregelungen arbeiten. Aber was passiert eigentlich in der Energieversorgung vor Ort?

Was passiert mit der dezentralen Kraft-Wärme-Kopplung, einem hervorragenden Instrument zur Minderung der CO_2-Emissionen?

Bisher leider nicht genug!

CO_2-Einsparung durch Kraft-Wärme-Kopplung (KWK)

In herkömmlichen Kraftwerken werden nur 30 bis 40 % der eingesetzten Primärenergie in Strom umgewandelt. 60 bis 70 % bleiben ungenutzt oder wirken sich durch Bildung von Kondensationswolken oder die Aufheizung von Flüssen sogar negativ auf die Umwelt aus. Hingegen entstehen bei der Stromerzeugung in KWK nur rund 10 bis 20 % Verluste, mit Brennwertnutzung sogar noch weniger.

Abb. 1 zeigt, dass auf diese Weise die Treibhausgasemissionen pro Kilowattstunde Strom drastisch gesenkt werden können. Bei diesen Berechnungen nach GEMIS – Globales Emissions-Modell integrierter Systeme – werden nicht nur die unmittelbaren Emissionen aus der Verbrennung in der Anlage berücksichtigt, sondern auch die Vorstufen einschließlich Produktion und Transport der Brennstoffe sowie die Herstellung der Anlagen einbezogen. [2]

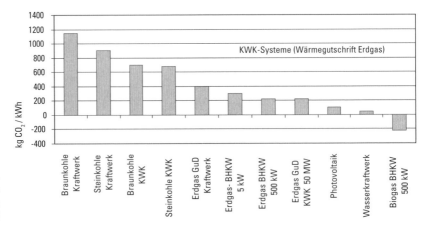

Abb. 1
Treibhausgasemissionen von Stromerzeugungssystemen (nach GEMIS)

Umweltpolitisch entscheidend ist der Abstand zwischen KWK und herkömmlicher Stromerzeugung. So können mit einem Erdgas-BHKW gegenüber Kohlekraftwerken 75 bis 80 % an Treibhausgasemissionen eingespart werden und auch gegenüber modernen GuD-Kraftwerken ohne Wärmeauskopplung beträgt die Emissionsminderung noch ca. 45 %.

Da insgesamt etwa 38 % des gesamten Primärenergieverbrauchs in Deutschland von der Stromerzeugung beansprucht werden, die zu rund 80 % in Kondensationskraftwerken erfolgt, wird das enorme Minderungspotenzial an Treibhausgasemissionen durch dezentrale KWK deutlich.

So wie bei der Stromerzeugung in Kondensationskraftwerken das Wärmepotenzial ungenutzt verloren geht, so wird bei der Wärmeerzeugung in Heizkesseln die im Brennstoff latent verfügbare Fähigkeit, Arbeit zu verrichten, nicht verwertet. Welche Einsparungen an Treibhausgasen nach GEMIS dabei entstehen, ist aus Abb. 2 ersichtlich.

Auf den ersten Blick überraschen dabei die negativen Emissionen der Wärmeerzeugung mit einem BHKW. Sie erklären sich daraus, dass die durch die verdrängte Stromerzeugung in einem herkömmlichen Kraftwerk eingesparten Emissionen höher sind als diejenigen, die das BHKW vor Ort selbst erzeugt. Faktisch wirkt sich unter den Verhältnissen des aktuellen Kraftwerksmixes der Betrieb eines Erdgas-BHKW wie eine CO_2-Senke aus. Bereits ein „Mini-

BHKW" von 5 kW elektrischer Leistung hat die gleiche Wirkung auf die CO_2-Bilanz wie 3 ha Mischwald (1 ha Mischwald absorbiert jährlich 5,7 t CO_2, ein Erdgas-BHKW spart pro MWh_{el} ca. 0,6 t CO_2 ein, ein 5 kW_{el}-BHKW erzeugt bei 6.000 h/a Laufzeit 30 MWh_{el}/a, spart also mindestens 18 t CO_2/a ein). [3]

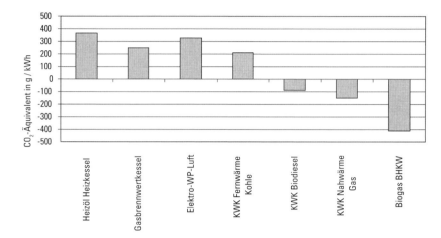

Abb. 2 Treibhausgasemissionen von Heizsystemen (nach GEMIS)

Potenziale der KWK

KWK-Strom hat in Deutschland derzeit einen Anteil an der gesamten Stromerzeugung von ca. 11 %. Im Vergleich der europäischen Länder liegen wir damit etwa im Durchschnitt (Abb. 3). Allerdings zeigen Länder wie Dänemark, die Niederlande und Finnland mit Anteilen zwischen 35 und über 50 %, dass viel mehr möglich ist. Dabei sind auch dort große Potenziale in Industrie und Wohnungsbau noch bei weitem nicht vollständig für die KWK erschlossen.

Nach einer konservativen Potenzialabschätzung des B.KWK könnten in Deutschland mindestens 270 TWh/a KWK-Strom und 450 TWh/a KWK-Wärme erzeugt werden. Dies entspricht einem Anteil von 50 % der derzeitigen Stromerzeugung und rund 40 % des fossilen Energiebedarfs der Wärmeerzeugung. [4]

Klimaschutz durch Kraft-Wärme-Kopplung

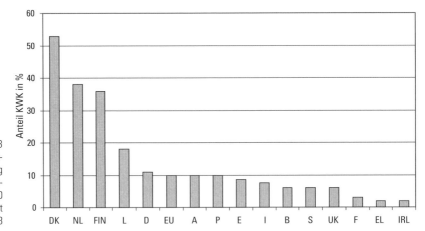

Abb. 3
Anteil der Kraft-Wärme-Kopplung an der Stromerzeugung in der EU 2000
Quelle: eurostat 12/2003

KWK-Einsatzbeispiele unterschiedlicher Leistungsgrößen

Welchen Beitrag ein auf dezentrale Energieversorgung spezialisiertes Unternehmen mit dem Einsatz von Kraft-Wärme-Kopplung zu leisten in der Lage ist, zeigen die folgenden fünf Beispiele der BTB Blockheizkraftwerks- Träger- und Betreibergesellschaft mbH Berlin. Es handelt sich um gasgefeuerte KWK-Anlagen im Leistungsbereich von 5 kWel (Mikro-KWK) bis 5.000 kWel (Gasturbine).

Abb.4
Becherweg

Becherweg

Wohnungsstandort in Berlin Reinickendorf mit rund 180 Wohnungen. Eingesetzt wurde u.a. ein Klein-BHKW mit einer Leistung von 5 kW_{el}/12 kW_{th}.

Es versorgt die Netzumwälzpumpen der Heizzentrale mit Strom. Die gleichzeitig erzeugte Wärme wird in den Rücklauf des Nahwärmenetzes eingespeist. Die Laufzeit des BHKWs beträgt rund 8.000 Stunden pro Jahr.

Kunde: Baugenossenschaft Reinickes Hof eG
CO_2-Einsparung: 24 t/a

Abb. 5
Tankredstraße

Tankredstraße
Aus einer Heizzentrale werden ca. 1.000 Wohnungen mit Heizwärme und Warmwasser versorgt. Die Zentrale wurde mit einer Kombination aus Brennwert- und Niedertemperaturkesseln modernisiert und um ein BHKW mit 50 kW$_{el}$/90 kW$_{th}$ erweitert. Das BHKW deckt den Strombedarf des Verwaltungsbereiches der Genossenschaft und der Heizzentrale (Netzumwälzpumpen, Brenner und Nebenaggregate) ab.

- Der Strom des BHKWs geht zu 40 % in die Heizzentrale und zu 30 % in den Verwaltungsbereich der Wohnungsbaugenossenschaft. Die restlichen 30 % werden im BTB-Bilanzkreis an anderen Orten vermarktet.
- Die Stromversorgung der Verwaltung erfolgt zu 89 % aus dem BHKW.

Kunde: Berliner Bau- und Wohnungsgenossenschaft von 1892 eG
CO_2-Einsparung: 150 t/a

Abb. 6
Borsighallen

Borsighallen
Ein BHKW mit einer Leistung von 357 kW_{el}/529 kW_{th} deckt die Wärmegrundlast eines Einkaufszentrums ab. Aufstellungsort ist die Energiezentrale. Der erzeugte Strom wird an Kunden im Einkaufszentrum geliefert.

- hohe Schallschutzanforderungen im Einkaufszentrum
- autarke Containereinheit mit separater Luftführung

Kunden: Diverse
CO_2-Einsparung: 1.330 t/a

Abb. 7
Sportforum

Sportforum
In der neuen Heizzentrale des Olympialeistungsstützpunktes in Hohenschönhausen wurden neben der Kesselanlage (3 x 8 MW) zwei BHKWs installiert.

Die Leistung beträgt zusammen 584 kW$_{el}$/954 kW$_{th}$. Die Motoren speisen die Wärme in den Rücklauf des Nahwärmenetzes ein und decken den Strombedarf der auf dem Gelände des Sportforums vorhandenen Einrichtungen des Landes Berlin.

- 4.800 m Nahwärmenetz mit 57 Übergabestellen
- Heizung, Lüftung, Klimatisierung und WW-Bereitung
- unterschiedlichste Sportstätten mit Eislaufstadion
- modernste Leistungsschwimmhalle Europas

Die Wärme wird an die Sporteinrichtungen und rund 250 Wohnungen, die an das Nahwärmenetz angebunden sind, geliefert.

Kunden: Land Berlin, Berliner Bäderbetriebe u.a.
CO_2-Einsparung: 2.200 t/a

Abb. 8
Adlershof

Adlershof

Im Heizkraftwerk Adlershof sind fünf BHKW-Motorenanlagen und eine Gasturbine zur gemeinsamen Erzeugung von Strom und Wärme installiert. Die Leistungen betragen

Gasturbine: 4.875 kW$_{el}$/8.800 kW$_{th}$
Motoren-BHKW 1: 770 kW$_{el}$/1.100 kW$_{th}$
Motoren-BHKW 2-5: 6.000 kW$_{el}$/7.400 kW$_{th}$

Das Heizkraftwerk Adlershof speist die Wärme in das Fernwärmeverbundnetz der BTB ein. Der erzeugte Strom wird über den eigenen Bilanzkreis an eine Vielzahl von Stromkunden in Berlin-Adlershof geliefert (WISTA: Wissenschafts- und Technologiepark Adlershof). Zum Anlagensystem gehört eine Kraft-Wärme-Kälte-Kopplung bestehend aus 6 Absorptionskältemaschinen von 125 bis 550 kW$_{Kälte}$.

Kunden: Wohnungsbaugesellschaften, Wohnungsbaugenossenschaften, öffentliche Einrichtungen wie Schulen, Kindertagesstätten u.a., öffentliche Einrichtungen wie die BAM Bundesanstalt für Materialforschung und -prüfung, das Hahn-Meitner-Institut Berlin GmbH, das DLR Deutsches Zentrum für Luft- und Raumfahrt u.a.

CO_2-Einsparung: 49.300 t/a

Ergebnisse

Alle vorgestellten Projekte sind auch unter den zunehmend schwierigen Rahmenbedingungen (stark steigende Primärenergiepreise) wirtschaftlich. Den Kunden werden günstige und konkurrenzfähige Lieferpreise für Energie geboten. Beispielhaft zeigt dies die Jahresauswertung der BHKW-Anlage Tankredstraße:

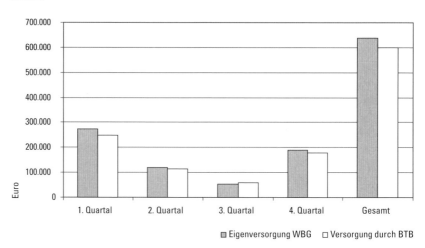

Abb. 9
Jahresauswertung
BHKW-Anlage
Tankredstraße 2006

Allein diese 5 beispielhaft gezeigten BHKW-Projekte der BTB ergeben eine CO_2-Einsparung von rund 53.000 Tonnen pro Jahr.

Die erzielbare CO_2-Einsparung hängt ausschließlich von der Möglichkeit der Nutzung der KWK-Wärme ab. Der produzierte Strom wird in den Bilanzkreis der BTB eingespeist. Aus diesem Bilanzkreis werden die Stromkunden versorgt. Eine Abhängigkeit der BHKW-Laufzeit und damit der CO_2-Einsparung vom Stromverbrauch des Kunden vor Ort ist nicht mehr gegeben.

Die von der BTB betriebenen BHKWs können durch die Einordnung in den gemeinsamen Bilanzkreis der BTB als *ein* „virtuelles Kraftwerk" betrachtet werden.

Zusammenfassung

Auf nationaler und internationaler Ebene wird um die richtige Strategie zur Vermeidung des Klimawandels gerungen. Das Bundesforschungsministerium fordert: „Der Umgang mit dem Klimawandel erfordert einen intelligenten Technologiewandel auf einer soliden wissenschaftlichen Basis. Um den Klimawandel in vertretbaren Grenzen zu halten, müssen wir intensive Forschung betreiben und für eine schnelle Verbreitung klimaschonender Technologien sorgen." [5]

Daneben ist es aber auch erforderlich, die bereits vorhandenen klimaschonenden Technologien nicht zu vernachlässigen.

Mit der dezentralen Kraft-Wärme-Kopplung gibt es eine ausgereifte Technologie, um dem Treibhauseffekt entgegenzuwirken.

Die vorgestellten Beispiele dezentraler KWK in den Leistungsbereichen von 5 kW_{el} bis zu 5.000 kW_{el} zeigen die realisierbaren CO_2-Einsparpotenziale bei gegebener Wirtschaftlichkeit auch unter den momentanen, schwierigen Randbedingungen durch stetig steigende Primärenergiepreise.

Angesichts alarmierender Ergebnisse der Klimaforschung und den drohenden katastrophalen Auswirkungen der Erwärmung der Erdatmosphäre muss der Einsatz von dezentraler KWK weiter und verstärkt ausgebaut werden, um einen unmittelbaren CO_2-Minderungseffekt zu erzeugen.

Dazu bedarf es zweierlei:

Einer Betreibergesellschaft mit dem entsprechenden langjährigen Know-how in Kraft-Wärme-Kopplung.

Eines Projektpartners, der auch die ökologischen Vorteile der dezentralen Kraft-Wärme-Kopplung als Zielsetzung aufnimmt und würdigt.

Mit einem solchen gemeinsamen Interesse der Projektpartner lassen sich mehr KWK-Projekte realisieren und auf der Ebene der handelnden Akteure aktiver Klimaschutz betreiben.

Kontakt

Andreas Reinholz, BTB Blockheizkraftwerks-
Träger- und Betreibergesellschaft mbH
E-Mail: andreas.reinholz@btb-berlin.de

Fußnoten

[1] 4. Sachstandsbericht (AR4) des IPCC (Intergovernmental Panel on Climate Change) 2007 über Klimaänderungen
[2] Globales Emissions-Modell Integrierter Systeme (GEMIS), Version 4.3
[3] Bundesverband Kraft-Wärme-Kopplung e.V. (B.KWK), Grundlagen zur KWK
[4] Prof. Klaus Traube, Bundesverband Kraft-Wärme-Kopplung e.V. vom 25.01.2005
[5] BMU-Pressedienst Nr. 035/07, Berlin vom 02.02.2007

Die KWK beschreitet innovative Wege

Potenziale der BHKW-Beistellung

Michael Geißler, Geschäftsführer der Berliner Energieagentur GmbH und Vorstandsvorsitzender des Vereins der Energieagenturen Deutschlands e. V.

Rund 10 % der Stromerzeugung Deutschlands werden durch Kraft-Wärme-Kopplung (KWK) erzeugt. Damit liegt Deutschland hinter Ländern wie Dänemark, Finnland und Lettland, die zwischen 40 und 50 % ihrer Stromerzeugung durch Kraft-Wärme-Kopplung abdecken. Dennoch ist Deutschland mit 56,2 TWh der größte KWK-Stromerzeuger der EU.

Auch im Bereich Wärmeerzeugung in Kraft-Wärme-Kopplungsanlagen hat Deutschland EU-weit in absoluten Zahlen die Nase vorn. Mit knapp 545.000 TJ produziert es mehr als 19 % der insgesamt in der EU durch KWK erzeugten Wärme.

Doch diese Zahlen sind für die Europäische Gemeinschaft in Sachen effizienter und umweltschonender Energieerzeugung erst der Anfang. Die stetige Steigerung des Anteils hocheffizienter KWK wird hier als Aufgabe mit Priorität gesehen. Denn mit dem Einsatz von KWK-Anlagen verbindet sich der Nutzen für die Einsparung von Primärenergie, die Vermeidung von Netzverlusten und die Verringerung von Emissionen, insbesondere von Treibhausgasemissionen. Die EU-Richtlinie 2004/8/EG über die Förderung einer am Nutzenergiebedarf orientierten Kraft-Wärme-Kopplung fordert in Artikel 6 die Erstellung einer nationalen Potenzialstudie für den Einsatz hocheffizienter KWK.

Diese Studie wurde vom Bundesministerium für Wirtschaft beim bremer energie institut und dem Deutschen Zentrum für Luft- und Raumfahrt in Auftrag gegeben und weist erhebliche Ausbaupotenziale von KWK in Deutschland aus[1]. Die Autoren geben das Gesamtpotenzial für Wärme aus KWK mit rund 32 % des Nutzwärmeverbrauchs in Deutschland an. Daraus abgeleitet resultiert ein Strompotenzial von 57 % der aktuellen Bruttostromerzeugung, was einer Steigerung des Anteils von KWK-Strom um mehr als den Faktor fünf entspricht. Durch die Nutzung der KWK-Potenziale kommen die Autoren selbst bei konservativen Annahmen auf erzielbare Reduktionen von 173 TWh/a beim Primärenergieverbrauch und 54 Millionen Tonnen CO_2 jährlich. Die Potenziale von Klein-KWK mit einer elektrischen Leistung von zwei MW wurden bei dieser Betrachtung allerdings vernachlässigt.

Tab. 1
Einsparpotenziale und Investitionskosten der wirtschaftlichen Teilpotenziale von Kraft-Wärme-Kopplung (Quelle: Eikmeier et al., 2006)

Teilpotenzial	Primärenergie-Einsparung TWh(H_u)/a	CO_2-Einsparung Mio. t/a	Investitionskosten Mrd. Euro
Fernwärme-KWK[1]	101	31	40
Objekt-Kleinst-KWK in Wohngebäuden	0,3	0,1	0,2
Industrielle KWK	60	20	15
KWK in Nichtwohngebäuden im Sektor GHD	12	3	3
KWK aus Biomasse	0	0	0
Gesamt	173	54	58

[1] Werte gelten nur für Ausbaupotenzial, der Bestand ist nicht berücksichtigt

In Deutschland zeigt sich in den einzelnen Regionen ein heterogenes Bild bezüglich der Anteile von Fernwärme und KWK-Strom. Berlin zeichnet sich beispielsweise durch einen hohen Anteil an Fernwärme in der Wärmeversorgung aus. Entsprechend hoch ist der Anteil von Strom aus KWK. Potenziale für Klein-KWK sind dennoch vorhanden. Erschwert wird die Erschließung dieser Potenziale im Wesentlichen durch strukturelle Hemmnisse in der Stromdirektvermarktung vor Ort sowie stark schwankende Brennstoffpreise und ebenso schwankende Einspeisevergütungen für den überschüssigen, ins Netz eingespeisten Strom. Aber auch fehlendes Know-how sowie die Unterbewertung der Wirtschaftlichkeit von KWK-Anlagen sind für die geringe Ausschöpfung der Potenziale verantwortlich.

Auf der politischen Ebene werden die Hoffnungen auf eine Fortschreibung des Kraft-Wärme-Kopplungsgesetzes gelegt. Da für Anlagen mit einer elektrischen Leistung von mehr als 50 kW eine Vergütung nur bis 2010 geklärt ist, scheuen hier schon jetzt potenzielle KWK-Betreiber vor dem Risiko neuer Investitionen zurück. Weiterhin ist offen, wie es mit der Förderung von KWK-Anlagen bis 50 kW elektrischer Leistung aussieht, die nach dem 31. Dezember 2008 in Betrieb gehen. Da die Projektrealisierungszeiten sechs bis zwölf Monate bis zur Inbetriebnahme in Anspruch nehmen, ist auch in diesem Leistungsbereich dringender Handlungsbedarf gegeben.

Vor diesem Hintergrund hat die Berliner Energieagentur für größere Liegenschaften der Wohnungswirtschaft, Verwaltung und des gewerblichen Sektors das sogenannte Beistellungs-Modell entwickelt, bei dem Klein-BHKW mit einer elektrischen Leistung bis 50 kW in Ergänzung zu der bestehenden Wärmeerzeugungsanlage betrieben werden. Dieses Modell wurde in den vergangenen Jahren mehrfach erfolgreich umgesetzt. Es basiert auf der konsequenten Analyse und Nutzung vorhandener Wärmeabnahmestrukturen sowie der Einspeisung des erzeugten KWK-Stroms ins vorgelagerte Netz. Vergütet wird dieser Strom entsprechend dem KWK-Modernisierungsgesetz vom örtlichen Netzbetreiber.

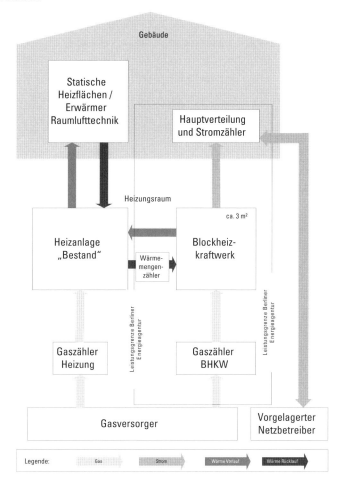

Abb. 1
Schema einer
BHKW-Beistellung

Blockheizkraftwerke (BHKW) auf Basis motorischer KWK-Technik eignen sich nachweislich für den dauerhaften Einsatz in der verbrauchsnahen Objektversorgung mit Wärme und Strom. In dem Beistellungsmodell konzentriert sich die Berliner Energieagentur als Contractor auf die Grundlast der Wärmeversorgung, die vorrangig aus dem Klein-BHKW zur Verfügung gestellt wird. Sie übernimmt damit nicht die Versorgung des gesamten Objektes. Geeignet für eine BHKW-Beistellung sind Objekte mit ganzjährigem Wärmebedarf und einem Jahreswärmeverbrauch von mehr als zwei Millionen Kilowattstunden.

Vom Vorhaben zur Umsetzung

Entschließt sich ein Kunde zum Einbau einer KWK-Anlage, geht einer erfolgreichen Beistellung die wirtschaftliche Prüfung des Projekts voraus. Weiterhin erfolgt die Klärung der technischen Machbarkeit. Hierzu sind die immissionsschutzrechtlichen Vorgaben (Lärmschutz etc.) einzuhalten, die Verfügbarkeit eines geeigneten Schornsteins zu prüfen und mit dem örtlichen Stromnetzbetreiber der Anschlusspunkt für die Netzeinspeisung abzustimmen. Sind alle vorangehenden Schritte erfüllt, schließen Vertragsabschluss und Einbau der Anlage in die bestehende Wärmeversorgungsanlage das Projekt ab.

Chancen und Risiken fair verteilen

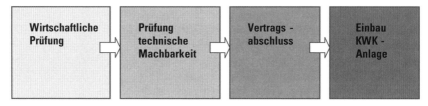

Abb. 2
Umsetzung einer
BHKW-Beistellung

Die gesetzlichen Rahmenbedingungen für den Betrieb von Blockheizkraftwerken sind klar definiert. Die Wirtschaftlichkeit eines BHKW hängt jedoch von vielen Faktoren ab. Nur gesicherte und lange BHKW-Laufzeiten im Zusammenhang mit auskömmlichen Erlösen für den Wärme- und Stromabsatz gewährleisten die notwendige Wirtschaftlichkeit derartiger Projekte. Der Preisvorteil, der durch die Nutzung der KWK-Wärme im Vergleich zur Nutzung konventioneller Wärme entsteht, kann an die Preisentwicklung der Stromerlöse und des Brennstoffs angepasst werden. Dadurch werden Chancen und Risiken zwischen Nutzer und Erzeuger fair verteilt und es wird sichergestellt, dass keiner der Vertragspartner übervorteilt wird.

Win-Win-Situation durch KWK

Doch nicht nur Nutzer und Erzeuger profitieren von der Beistellung: auch die Umwelt! Im Jahr werden etwa 550 MWh Primärenergie durch das BHKW eingespart. Zudem werden die CO_2-Emissionen um rund 180 Tonnen jährlich vermindert. Mit der in das Netz eingespeisten Strommenge können zirka 200 Haushalte versorgt werden.

Aus dem Effizienzgewinn der Wärmeerzeugung und den Stromerlösen wird ein Kostenvorteil in der Wärmebereitstellung bis zu 10% erreicht und an den Kunden weitergegeben.

Vorteil Netzeinspeisung

Gemäß den Regelungen des KWK-Gesetzes wird der erzeugte Strom in das vorgelagerte Netz des Gebietsversorgers eingespeist. Da die Vermarktung des Stroms an Einzelabnehmer, z. B. in Wohnimmobilien, einen größeren organisatorischen Aufwand bedeutet, stellt die gewählte Variante der Netzeinspeisung einen erheblichen Vorteil dar. Aus diesem Grund können KWK-Potenziale mit diesem Modell in Liegenschaften erschlossen werden, bei denen die Struktur des Stromverteilnetzes und die Abnehmerstruktur eine direkte Belieferung von Endkunden erschweren würden.

Einsatz in der Wohnungswirtschaft: Die Eythstraße in Berlin-Tempelhof

Ein Beispiel für ein gelungenes Beistellungsprojekt in der Wohnungswirtschaft ist die BHKW-Beistellung innerhalb der bestehenden Heizzentrale im Keller

Abb. 3
Wohnhaus in der Eythstraße mit Einzelhandelsbetrieb (Quelle: Felicia Kubieziel)

des Hauses Eythstraße 36 in Berlin-Tempelhof. Diese Heizzentrale versorgt die Gebäude des Wohnensembles „Lindenhof" mit Wärme für Heizung und Warmwasser. Abb. 4 zeigt deutlich, dass die Wärmegrundversorgung des Gebäudekomplexes durch die KWK-Anlage gedeckt wird. Da das Modul auch im Sommer im Dauerbetrieb arbeiten kann, wird die prognostizierte Vollbenutzungsstundenzahl von 7.500 Stunden auch erreicht. Damit erzeugt die

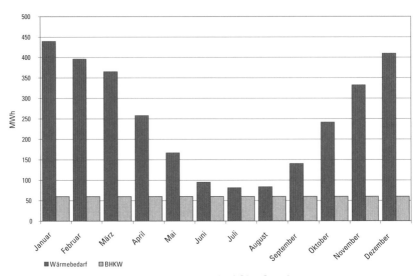

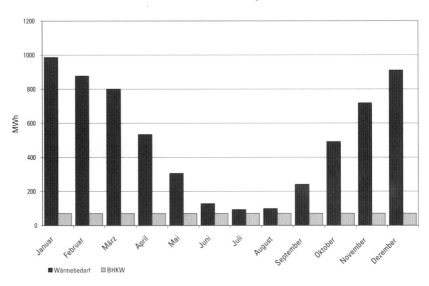

Abb. 4
Wärmebedarf City Carré und Eythstraße im langjährigen Mittel im Vergleich zur Wärmedeckung KWK

KWK-Anlage mehr als 35 % des benötigten Wärmebedarfs für die zirka 340 im Objekt vorhandenen Wohnungen. Zirka 25 % des dezentral und umweltfreundlich erzeugten Stroms werden vor Ort als Betriebsstrom für die Heizungsanlage und für die Versorgung eines ansässigen Einzelhandelsbetriebs eingesetzt. Der Überschuss wird in das städtische Stromversorgungsnetz eingespeist. Die Mieter beziehen weiterhin wie gewohnt ihren Strom von ihrem bisherigen Lieferanten. Durch die Realisierung dieses Modellprojekts profitieren die Gemeinnützige Wohnungsgenossenschaft Berlin-Süd eG und damit deren Mieter durch einen sehr günstigen Wärmepreis, der zirka 8 % unter den eigenen Wärmeproduktionskosten in der vorhandenen Gaskesselanlage liegt. Zudem können aufgrund der dezentralen KWK-Stromerzeugung CO_2-Emissionen von jährlich etwa 200 Tonnen vermieden werden.

Lösungen für Dienstleistungsgebäude: Das City Carré in Berlin-Friedrichshain

Doch nicht nur für die Wohnungswirtschaft lohnt sich eine BHKW-Beistellung. Die Dresdner Bank AG ist Hauptmieter im so genannten City Carré in Berlin-Friedrichshain. Dieser Standort wurde für ein erstes Modellprojekt vor dem Hintergrund einer im Allianz-Konzern angestrebten CO_2-Einsparstrategie ausgewählt. Die Berliner Energieagentur errichtet und betreibt dort wie im oben genannten Beispiel als Contractor in Ergänzung zu der bestehenden Wärmeerzeugung ein Klein-BHKW.

Abb. 5
Dresdner Bank im City Carré am Ostbahnhof (Quelle: Claus-Christian Schaar)

Eine besondere Herausforderung war die Einbringung in die Dachheizzentrale, die gemeinsam mit dem Hersteller gelöst wurde. Der produzierte Strom wird in das vorgelagerte Netz eingespeist und vergütet. Die eingespeiste Wärmemenge rechnet die Berliner Energieagentur mit ihrem Kunden ab.

Voraussetzung für den wirtschaftlichen Einspeisebetrieb ist die Abnahme der im BHKW erzeugten Wärmegrundlast und jährliche Laufzeiten von über 7.000 Stunden im Jahr. Der Anteil der aus der KWK-Anlage genutzten Wärmemenge an der insgesamt genutzten Wärme beträgt in diesem Objekt gut 15 %. Die CO_2-Minderung gegenüber der konventionellen Stromerzeugung beläuft sich auf zirka 200 Tonnen jährlich.

Potenziale für Klein-KWK-Anlagen sind durchaus vorhanden. Allein in Berlin sind rund 500 Objekte aus Wohnungswirtschaft und Gewerbe, die bis dato mit Heizöl und Erdgas versorgt werden, für eine solche BHKW-Beistellung geeignet. Erschlossen sind davon bis jetzt lediglich 10 %. Die Technik für die Erschließung dieser Potenziale ist verfügbar und bewährt. Worauf es nun ankommt, ist der Einsatz von angepassten Finanzierungen und innovativen Konzepten.

Kontakt

Michael Geißler, Berliner Energieagentur GmbH
E-Mail: office@berliner-e-agentur.de

Fußnoten

[1] Eikmeier, B., Gabriel, J., Schulz, W., Krewitt, W., Nast, M. (2006): „Analyse des nationalen Potenzials für den Einsatz hocheffizienter Kraft-Wärme-Kopplung" – Bremen, 161.

Solare Sanierung im Geschosswohnungsbau an Beispielen aus der Praxis

Bernhard Jurisch / Daniel Munzert, Plan_E GmbH

Bei der Sanierung im mehrgeschossigen Wohnungsbau wird sowohl von den Mietern als auch von den Vermietern im zunehmenden Maße die Nutzung von solarer Wärmeenergie gewünscht. Ausschlaggebend sind hierbei der zunehmende Druck durch steigende Energiepreise auf die Höhe der Betriebskosten und der in der Öffentlichkeit heftig diskutierte Klimawandel. Hinzu kommt, dass der erfolgreiche Einsatz von Solarkomplettsystemen im Kleinanlagenbereich zu deutlichen Erfolgen beim Energiesparen führt. Dies lässt den Schluss zu, dass sich im Zuge der Sanierung der Heiztechnik im mehrgeschossigen Wohnungsbau auf ähnliche Weise Energiesparpotenziale erschließen lassen. Allerdings sind hier die Voraussetzungen für die erfolgreiche Integration einer solarthermischen Anlage weitaus vielschichtiger.

Die effiziente Nutzung von solarer Wärmeenergie mit hohen solaren Erträgen und hoher Gesamtenergieeinsparung ist nur zu realisieren, wenn bei der technischen Lösung die konventionelle Heizenergieerzeugung mit einbezogen wird. Die Solar-Energiezentrale als komplett vormontierte Hydraulikstation, die Kollektor- und Kesselanlage zu einer Energieanlage mit zwei Wärmeerzeugern verbindet, ist dabei ein wesentlicher Bestandteil. In die integrierte Warmwasserbereitung und den geregelten Heizkreis wird unter Vorrang vor dem primären Wärmeerzeuger die Solarenergie direkt eingespeist. Ein zentraler Regler übernimmt dabei die Steuerung aller notwendigen Regelfunktionen. Somit sind keine unterschiedlichen Systeme aufeinander abzustimmen. Für die maximale Gesamteffizienz der Heizungsanlage sind lediglich das Kollektorfeld und der primäre Energieerzeuger entsprechend den Lastanforderungen des Wohngebäudes auszulegen.

Mit der Darstellung der möglichen Gesamtenergieeinsparung, die sich bei geeigneten Objekten durch die solare Sanierung mit der Solar-Energiezentrale ergibt, gelingt es dann auch, die Wirtschaftlichkeit für Mieter und Vermieter darzustellen. Im Folgenden werden zwei Beispielprojekte aufgezeigt, in denen die solare Sanierung mit der Solar-Energiezentrale durchgeführt wurde. Beide Projekte waren Gegenstand jeweils einer Diplomarbeit, in der sowohl die Heizanlage mit der Solar-Energiezentrale als auch das dazugehörige Objekt mit der Simulationssoftware TRNSYS simuliert wurden.

Tapiauer Allee 37, Berlin

Das Objekt wurde durch die DEGEWO AG im Zuge der Erneuerung der Warmwasserbereitung auf die wirtschaftliche solare Sanierung mit der Solar-Energiezentrale hin überprüft und ausgewählt. Ausschlaggebend hierbei war die Höhe der zu erwartenden Gesamtenergieeinsparung, durch die trotz der Modernisierungsumlage des solaren Baukostenanteils eine Senkung der Warmmiete erzielt wird.

Das Gebäude wurde im Jahr 1970 mit 54 Wohneinheiten und einer Wohnfläche von 4.952 m² erbaut. Die notwendige Heizenergie für die Warmwasserbereitung und die Raumheizung wurde durch zwei Öl-Heizkessel erzeugt (Bild 3). Die Warmwasserbereitung erfolgte nach dem Prinzip der Speicherladung über zwei 2.500-l-Speicher (Abb. 1). Im Zuge der turnusmäßigen Instandhaltungsmaßnahmen für die Warmwasserbereitung wurde das Objekt durch die DEGEWO auf die Möglichkeit der solaren Sanierung hin untersucht. Sie hatte bereits Erfahrungen in Projekten im Berliner Bezirk Wedding gesammelt. Hier wurde die Solar-Energiezentrale erstmalig durch die DEGEWO für die solare Sanierung verwendet, unter anderem auch in der Stralsunder Straße 1. In diesem Projekt wurde das Dach mit 8 cm gedämmt und ein 160 m² großes Kollektorfeld installiert. Des Weiteren erfolgte die Umstellung von Heizöl auf Erdgas.

Abb. 1
2.500-l-Bestandsspeicher

Abb. 2
600-l-Spitzenlastspeicher und 2x 650-l-Solarpufferspeicher

Diese Maßnahmen brachten der DEGEWO in Berlin die Auszeichnung „Klimaschutzpartner des Jahres 2002" ein. Die Endenergieeinsparung betrug im ersten Betriebsjahr 30 %.

Auf Grundlage der Erfahrungen aus diesen Projekten war eine ziemlich genaue Prognose über die zu erwartende Einsparung möglich. Neben der Erneuerung der Warmwasserbereitung und Raumheizung mit der SEZ (Abb. 5) und einer 54 m² großen Solaranlage wurde ebenfalls die Umstellung von Heizöl auf Erdgas geplant. Dazu sollte einer der bestehenden Öl-Kessel saniert werden und ein Gasbrennwertkessel für die Grundlast dazukommen (Abb. 4). Nach der Erhebung der geschätzten Baukosten für die solare Sanierung in der Tapiauer Allee 37 und der Aufschlüsselung in Modernisierungs- und Instandhaltungsanteil, konnte eine effektive Warmmietensenkung für die Mieter ermittelt werden. Nach der Modernisierungsankündigung durch die DEGEWO und der Zustimmung der Mieter wurde das Projekt realisiert.

Abb. 3 (links) Bestandskessel

Abb. 4 (rechts) sanierte Kesselanlage mit neuem Gasbrennwertkessel im Vordergrund

Abb. 5 Solar-Energiezentrale

Nach Beendigung der Maßnahmen im Oktober 2004 wurde das System Solar-Energiezentrale in einer Diplomarbeit erstmalig simuliert. Dazu war es notwendig, die Simulationssoftware TRNSYS zu verwenden. Eine Darstellung mit anderen Programmen war aufgrund der speziellen Hydraulik der Solar-Energiezentrale mit dem Grundprinzip „Verbrauch vor Speicherung" nicht möglich. Das dynamisch, modular aufgebaute Gebäude- und Anlagen-Simulationsprogramm TRNSYS bietet die Möglichkeit, das individuelle Anlagen- und Regelungskonzept der SEZ in einem Simulationsmodell abzubilden. Für die notwendige wissenschaftliche und programmtechnische Kompetenz auf dem Gebiet der Simulation von solarthermischen Anlagen mit TRNSYS wurde die FHTW Berlin in Person von Prof. Dr.-Ing. Friedrich Sick hinzugezogen.

Die Ergebnisse der Simulation und des realen Betriebs sind in ihrer Größenordnung nahezu identisch. Im Diagramm 1 ist der Energieverbrauch des Objekts Tapiauer Allee 37 bezogen auf die Wohnfläche dargestellt. Vor der solaren Sanierung lag der Verbrauch bei 270 kWh/m² bezogen auf den oberen Brennwert von Heizöl. Im ersten Betriebsjahr nach Inbetriebnahme der Solar-Energiezentrale konnte eine Energieeinsparung von 27 % erreicht werden. Dies entspricht einem Gasverbrauch von 198 kWh/m² (Ho).

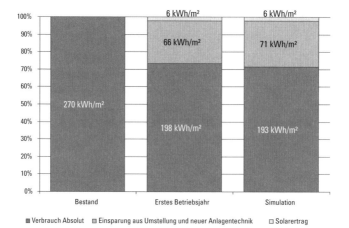

Diagramm 1
spezifischer
Energieverbrauch
des Objekts
Tapiauer Allee 37

Die Simulation des Anlagenbetriebs in der Tapiauer Allee 37 mit TRNSYS erbrachte annähernd die gleichen Ergebnisse. Hierfür wurde die Heizlast über eine dynamische Gebäudesimulation des Objekts ermittelt. Das Warmwasserlastprofil stammt direkt aus den realen Verbrauchswerten der Tapiauer Allee 37. Die Zweikesselanlage mit einem Gas-Niedertemperaturkessel und einem Gasbrennwertkessel wurde in der Simulation nicht simuliert. Stattdessen wurde ein einzelner Gasbrennwertkessel in seiner Betriebsweise abgebildet.

In der Tabelle 1 sind die wesentlichen Kenngrößen für den Vergleich der Simulationswerte mit denen aus dem ersten Betriebsjahr der Anlage in der Tapiauer Allee 37 gegenübergestellt. Verglichen wird hierbei der Solarertrag, der zusätzliche Energieverbrauch, die verbrauchte Menge Erdgas und der Jahresnutzungsgrad der Kesselanlagen.

Der gemessene Solarertrag weicht nur 600 kWh von der Simulation ab. Dabei muss erwähnt werden, dass der zugrunde gelegte Warmwasserverbrauch in der Simulation etwas höher war als in der Praxis. Auch die absolute Einstrahlung auf die Kollektorfläche ist unterschiedlich hoch. Entscheidend hierbei ist jedoch der Trend, der sich aus den Ergebnissen ablesen lässt. Der hohe spezifische Ertrag von 526 kWh pro m² und Jahr ist durch die detaillierte Simulation mit TRNSYS nachvollziehbar.

Auch der Zusatzwärmebedarf, also die Energiemenge, die neben den Solarerträgen für die Warmwasserbereitung und Raumheizung verbraucht wurde, ist annähernd gleich groß. Hierin enthalten sind auch jegliche Wärmeverluste durch die Zirkulation und Heizungsverteilung. In der verbrauchten Menge Erdgas, also der absoluten Endenergie, besteht ein deutlicher Unterschied. Da in der Simulation ein einzelner modulierender Gasbrennwertkessel betrachtet wurde, konnte die Erzeugung der notwendigen Zusatzenergie entsprechend optimal erfolgen.

	Tapiauer Alle 37 (29.10.2004 - 28.10.2005)	Simulation (1 Standardjahr)
Solarertrag	28.400 kWh	29.000 kWh
Zusatzwärmebedarf	797.000 kWh	803.000 kWh
Endenergieverbrauch	980.269 kWh	902.000 kWh
Jahresnutzungsgrad (Ho)	0,81	0,89

Tab. 1 Vergleich Simulation mit Betriebsergebnissen (gradtagsbereinigt)

In der Praxis ist das leider noch nicht immer durchsetzbar. Im Fall der Tapiauer Allee 37 handelt es sich, wie bereits beschrieben, um eine Zweikesselanlage mit einem zweistufigen 335-kW-Niedertemperaturkessel und einem modulierenden 115-kW-Gasbrennwertkessel. Damit ist der Betrieb im Sommer und in den Übergangszeiten, also bei geringen Lastanforderungen, durch den Brennwertkessel abgedeckt. Steigt die Lastanforderung jedoch über den Leistungsbereich des Brennwertkessels, so muss der zweite Kessel zuschalten und der Nutzungsgrad der Anlage sinkt ab. Im Ergebnis wurde noch ein Jahresnutzungsgrad von 81 % erreicht. Somit ergibt sich durch die Simulation eine um 2 % höhere Gesamteinsparung.

Durch die objektspezifische detaillierte Simulation des Anlagensystems SEZ mit dynamischer Gebäudesimulation zur Bestimmung der Heizlast und des tatsächlichen Warmwasserverbrauchs lässt sich der Heizenergiebedarf eines Gebäudes mit hinreichender Genauigkeit bestimmen. Der tatsächliche Endenergieverbrauch hängt dann von der Effektivität des Heizenergieerzeugers ab. Dabei leistet die Solaranlage vor allem in den Sommermonaten und den Übergangszeiten einen wesentlichen Beitrag. Durch die solare Warmwasserbereitung und Heizungsunterstützung wird hierbei ein permanentes Takten der Kessel vermieden und somit deutlich höhere Nutzungsgrade erzielt. Mit der Solar-Energiezentrale als zentraler Komponente wird der Grundstein für eine hohe Energieeinsparung durch effektive Ausnutzung des solaren Energieangebots gelegt. Damit ist sie ein Instrument, um die in der Öffentlichkeit geforderte Steigerung der Energieeffizienz im Gebäudebestand zu erhöhen. Damit am Ende eine hohe Gesamteinsparung unterm Strich herauskommt, muss das Gesamtkonzept stimmen. Dazu zählt auch die richtige Auslegung der notwendigen Anlagenkomponenten und ein hydraulischer Abgleich der Heizungs- und Warmwasserverteilung.

Für die Mieter in der Tapiauer Allee 37 hatte die Gesamtmaßnahme eine effektive Senkung der Warmmiete im Jahr 2005 um 0,13 Euro je m²/Wfl. und Monat zur Folge. Dies bedeutet, dass, trotz der Modernisierungsumlage der solaren Baukosten, 46 % der Energieeinsparung an die Mieter weitergegeben wurden. Die Maßnahme war somit, wie im Voraus prognostiziert, warmmieteneutral. Damit konnte die DEGEWO ein weiteres Mal beweisen, dass sich solarer Großanlagenbau für beide Seiten rechnet. Und die Umwelt kommt dabei auch nicht zu kurz. Die CO_2-Einsparung der Maßnahme beläuft sich auf rund 170.000 kg pro Jahr.

Steffensweg 97, Bremen

Das Objekt mit 18 Wohneinheiten wurde von der GEWOBA AG für das Projekt „Modernisierung zum Niedrigenergiehaus im Bestand" ausgewählt. Das Ziel des Projekts ist es, innovative, sinnvolle, refinanzierbare Bauformen und Techniken einzusetzen, um diese langfristig im Bereich der Modernisierung zu etablieren. Die Übertragbarkeit auf andere bei der GEWOBA vorhandenen Gebäude war Voraussetzung für die Wahl des Objekts.

Das im Jahr 1955 erbaute Gebäude hat 18 Wohneinheiten mit einer Wohnfläche von 888 m². Ziel des umfangreichen Maßnahmenpakets war die Modernisierung des Objekts zum Niedrigenergiehaus Level A. Dazu wurden die Fassade, die oberste Geschoßdecke und die Kellerdecke gedämmt, Fenster mit Passivhausstandard eingebaut und neue Vorstellbalkone erstellt. Für die technische Gebäudeausstattung wurden dezentrale Zu- und Abluftanlagen, ein moderner

Brennwertkessel und die Solar-Energiezentrale mit Kollektorfeld installiert. Mit diesen Baumaßnahmen wurde in der Berechnung ein Primärenergiebedarf von 39 kWh/m²AN a erreicht. Somit wurden die Bedingungen durch die Kreditanstalt für Wiederaufbau (KfW) zum Erhalt der notwendigen Fördermittel erfüllt. Vor diesem Hintergrund und unter Berücksichtigung der kalkulierten Mietpreisanpassungen in einem Zeitraum von zwanzig Jahren ist die Wirtschaftlichkeit somit gegeben. Im September 2005 ist die Anlage in Betrieb gegangen.

Abb. 6 (links)
Kollektoren ins Dach integriert

Abb. 7 (rechts)
2x 650-l-Solarpufferspeicher

Zum Modellvorhaben „Niedrigenergiehaus im Bestand" gehört, neben der hohen energetischen Anforderung an die Sanierung des Objekts, die aufwendige messtechnische Auswertung des Energieverbrauchs während des ersten Betriebsjahres. Dazu wurde neben der standardmäßigen Erfassung des Solarertrags und des Zusatzenergieverbrauchs auch der Energieverbrauch für die Raumheizung erfasst. Des Weiteren wurde der Gasverbrauch monatlich im Zentralregler abgelegt.

Im Diagramm 2 ist der Energieverbrauch des Objekts Steffensweg 97 bezogen auf die Wohnfläche dargestellt. Vor den umfangreichen Sanierungsmaßnahmen lag der Verbrauch bei 245 kWh/m². Im ersten Jahr nach Abschluss der Dämmmaßnahmen und der Inbetriebnahme der Solar-Energiezentrale betrug der spezifische Gasverbrauch 98 kWh/m². Dies entspricht einer Gesamteinsparung von 61 %.

Die Simulation der Anlagentechnik im Zusammenhang mit der dynamischen Gebäudesimulation des Objekts durch die Simulationssoftware TRNSYS führte zu einem annähernd gleichen Ergebnis. Die Grundlagen der Simulation sind wie in der Tapiauer Allee 37 die dynamische Gebäudesimulation zur Bestimmung der Heizlast und der real gemessene Warmwasserverbrauch. Aus dem praktischen Betrieb liegen zahlreiche Messwerte vor, so dass hier noch ein ausführlicher Vergleich mit der Simulation möglich ist.

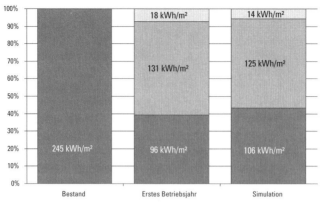

Diagramm 2
spezifischer
Energieverbrauch
des Objekts
Steffensweg 97

In den Diagrammen 3 und 4 sind zum einen die monatliche absolute Einstrahlung auf die Kollektorfläche und zum anderen der erzielte Solarertrag dargestellt. In der Summe sind im Steffensweg 27 im ersten Betriebsjahr 37.164 kWh auf die Kollektorfläche eingestrahlt. Der Solarertrag lag bei 15.808 kWh. Die Einstrahlung in der Simulation betrug dagegen 40.551 kWh und der Ertrag 13.760 kWh. Die Ausnutzung der eingestrahlten Sonnenenergie in den Monaten April, Mai, September und Oktober ist besonders hoch. Dies ist sowohl an den praktischen Messwerten als auch an den Simulationswerten ablesbar. Dafür sorgt vor allem die solare Heizungsunterstützung, welche aufgrund des guten bautechnischen Standards begünstigt wird. Die Heizlast in dieser Zeit ist sehr gering. Die Raumheizung wird gemäß der Heizkennlinie mit niedrigen Vorlauftemperaturen betrieben, so dass auch niedrige solare Temperaturniveaus für die solare Heizung verwendet werden können.

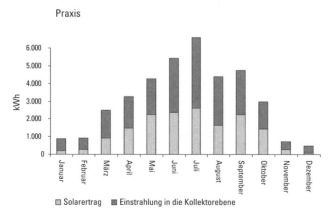

Diagramm 3
monatliche Einstrahlung und effektiver
Solarertrag
Steffensweg 97

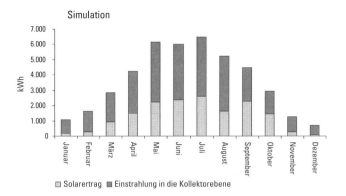

Diagramm 4
monatliche Einstrahlung und effektiver Solarertrag TRNSYS

Im Diagramm 5 und 6 sind die Anteile von Zusatzenergie und Solarertrag am monatlichen Gesamtenergiebedarf dargestellt. Die Zu- und Abnahme des solaren Deckungsanteils übers Jahr verhält sich dabei in Praxis und Simulation in etwa gleich. In der Praxis ist der tatsächliche Deckungsanteil des Solarertrags teilweise etwas größer, in etwa analog zu den Monaten, in denen auch die etwas höhere Gesamteinstrahlung auf die Kollektorfläche zu messen war.

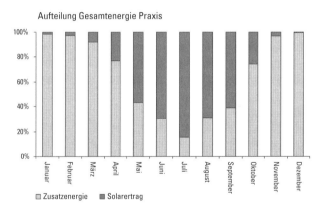

Diagramm 5
Anteile von Zusatzenergie und Solarertrag Steffensweg 97

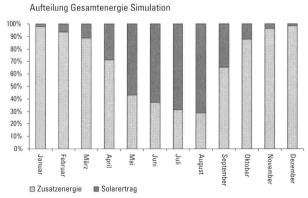

Diagramm 6
Anteile von Zusatzenergie und Solarertrag Simulation

Im Diagramm 7 ist der monatliche Endenergieverbrauch, also die Menge an verbrauchtem Erdgas dargestellt. Wie nicht anders zu erwarten, ist der Verbrauch im Winter am höchsten. Dabei haben hier sowohl das wirkliche Leben als auch die Simulation die Nase vorn. In den Übergangszeiten und im Sommer dagegen ist der Anteil am Gasverbrauch im praktischen Betrieb deutlich geringer ausgefallen. Da ein größerer Anteil an der benötigten Heizenergie durch solare Energie gedeckt werden konnte, musste durch den Gaskessel vor allem im Sommer kaum nachgeheizt werden. Daher ist hier der Verbrauch in den Monten Juni, Juli und August sehr gering. Durch die Simulation konnte dies nicht so ermittelt werden. Hier schaltete sich der Kessel häufiger zu, so dass er nicht die hohen Wirkungsgrade erzielen konnte, die sich letztendlich in der Praxis ergeben haben.

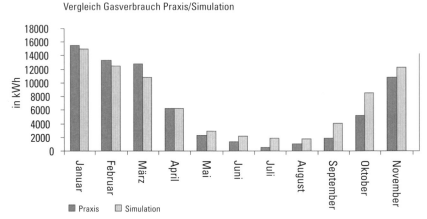

Diagramm 7 monatlicher Gasverbrauch im Steffensweg 97 und in der Simulation

Letzten Endes kann auch die beste Simulation die Realität nicht zu 100 % abbilden. Mit der Simulationssoftware TRNSYS, genügend Zeit und der Liebe zum Detail kann man sich dieser jedoch ein beträchtliches Stück nähern, so dass das Ergebnis am Ende für die Bewertung der energetischen Qualität eines Gebäudes und des zu erwartenden Energieverbrauchs herangezogen werden kann.

Im Steffensweg 97 wurde die Kollektorfläche in etwa doppelt so groß ausgelegt wie das sonst bei Bauvorhaben mit der Solar-Energiezentrale üblich ist. Daher kann im Sommer ein großer Anteil der eingestrahlten Sonnenenergie nicht genutzt werden. Trotzdem konnte in diesem Modellvorhaben nachgewiesen werden, dass bei entsprechend hohem energetischen Standard der Gebäudehülle und niedrigem Warmwasserverbrauch der spezifische Solarertrag nicht zwangsläufig einbricht. Als Ergebnis des ersten Betriebsjahres konnte ein spezifischer Solarertrag von 416 kWh pro m² Kollektorfläche gemessen werden. Die solare Deckungsrate, bezogen auf den Gesamtenergiebedarf, betrug beachtliche 18 %. In der Simulation wurde sie mit 16 % ermittelt. In der Tapiauer Allee 37, wo die Fläche nach den höchsten spezifischen Erträgen und somit auf den Warmwasserverbrauch ausgelegt wurde, betrug die solare Deckungsrate nur 3,5 %.

Dabei ist der viel höhere Verbrauch für die Raumheizung aufgrund des ungedämmten Zustands des Gebäudes aus der Bauzeit zu berücksichtigen. Der spezifische Ertrag war jedoch 110 kWh pro m² Kollektorfläche höher.

Letzten Endes gilt es, die Nutzung von solarthermischer Wärmeenergie zur Steigerung der Energieeffizienz im Gebäudebestand voranzutreiben. Jede kWh, die von der Sonne geerntet wird, bedeutet einen Schritt in Richtung mehr Unabhängigkeit von den Primärenergieträgern Öl, Gas und Kohle. Dass davon sowohl der Vermieter als auch der Mieter profitieren müssen, ist eine Selbstverständlichkeit. Daher darf die Solaranlage nicht für sich allein stehen, sondern muss in ein Gesamtkonzept eingebettet werden. Dass die dadurch zu erzielende Gesamteinsparung weit größer als die der Einzelmaßnahmen ist, haben die Projekte Tapiauer Alle 37 und Steffensweg 97 bewiesen.

Kontakt

Bernhard Jurisch / Daniel Munzert, Plan_E GmbH
E-Mail: b.jurisch@planen-energie.de

Einflussfaktoren auf den Energieverbrauch – ein Vergleich von zentralen und dezentralen Gasheizungsanlagen

Klaus Wein, GASAG Berliner Gaswerke Aktiengesellschaft

Gasetagenheizungen (GEH) leisten einen wichtigen Beitrag für die Wärmeversorgung in Berlin. Im Jahr 2002 gab es etwa 280.000 Wohnungen, die mit Gasetagenheizungen beheizt wurden[1]. Dies entspricht bei rund 1,87 Mio. Berliner Wohnungen einem Anteil von etwa 15%. Gerade in den 90er Jahren wurden viele GEH mit Hilfe öffentlicher Förderprogramme zum Ersatz der Kohle-Einzelofenheizungen in Ost- und West-Berlin installiert. Sie haben damit maßgeblich zur Verbesserung der Umweltqualität in Berlin beigetragen.

Die Eigenschaften der GEH werden von Mietern und Vermietern differenziert betrachtet. Den Anwendern bietet sich durch die direkte Bedienbarkeit eine unmittelbare Einflussnahme auf ihre Heizung, sie können somit Energieverbrauch und Energiekosten beeinflussen. Für die Vermieter gibt es keine Probleme mit möglichen Forderungsausfällen, der Heizkostenabrechnung sowie dem Messdienst, dafür sind die Kosten für Wartung und Reparatur sowie die Kosten der Erneuerung tendenziell etwas höher als bei zentralen Anlagen.

Vor dem Hintergrund der aktuellen Energie- und Klimadiskussionen stellt sich nun verstärkt die Frage, wie diese Technologie im Vergleich mit zentralen Technologien abschneidet, um den Beitrag zur Ressourcenschonung, Umweltentlastung und Klimaschutz zu bemessen. Wichtig ist diese Frage auch im Zusammenhang mit der aktuellen Einführung der Energieausweise, denn dadurch rücken der Energieverbrauch der Wohnung und die Energieeffizienz der Heizungsanlage sowohl für Mieter als auch Vermieter bei Wohnungswechsel und Verkauf der Immobilie als wesentliche Entscheidungskriterien in den Blickpunkt.

Im Rahmen von Anlagenplanungen werden bei modernen GEH und zentralen Anlagen mit Brennwert-Technik nahezu vergleichbare Energieverbräuche angesetzt[2]. Erste Hinweise, dass der tatsächliche Energieverbrauch teilweise von berechneten Verbräuchen abweicht, gab aber der Berliner Heizspiegel. GEH wurden im Vergleich zu zentralen Anlagen um bis zu 20% günstigere Verbrauchswerte bescheinigt[3]. Die Ursachen dieses Ergebnisses wurden aber nicht detailliert untersucht. So konnte nicht herausgearbeitet werden, welchen Einfluss der Sanierungsstand bzw. die Wärmedämmung des Gebäudes sowie das Nutzerverhalten der Mieter auf den Energieverbrauch haben.

Aus diesem Grund führte die GASAG 2005 eine erste Analyse zum Verbrauch von GEH im Vergleich mit zentralen Anlagen durch[4]. Als Grundlage der Untersuchung dienten Verbrauchsdaten der GASAG, die mit Einverständnis von Mietern und Wohnungsunternehmen für diese Studie zur Verfügung gestellt wurden.

Untersuchungsansatz

Als Vergleichsmaßstab für die Beurteilung der Energieeffizienz der Anlagen dient der Heizenergiekennwert. Diese Größe setzt den Erdgas-Jahresverbrauch an Endenergie zur Beheizung eines Gebäudes in das Verhältnis zur beheizten Fläche des Gebäudes in kWh/m²a. Als Flächenbezug wurde hierbei aufgrund der zur Verfügung stehenden Daten der kooperierenden Wohnungsunternehmen die Wohnfläche gewählt.

Für die Zentralheizungen wurden als Datenquelle die Jahresverbräuche der entsprechenden Heizkostenabrechnungen ausgewertet. Für Gebäude mit GEH wurden auf der Basis der von der GASAG zur Verfügung gestellten Einzelverbräuche der Wohnungen zunächst durch Aggregation ein Gesamtverbrauch des Gebäudes ermittelt: Dieser wurde anschließend der Gesamtwohnfläche gegenübergestellt. Unplausible Datensätze, die durch Wohnungsleerstand, Mieterwechsel oder nicht vollständige Jahresrechnungen entstehen können, wurden nicht in die Untersuchung einbezogen.

Um einen Vergleich auf der Basis des Heizenergiekennwertes durchzuführen, wurden weitgehend von der Nutzungsstruktur und dem Nutzerverhalten abhängige Verbrauchsgrößen für das Kochen und die Warmwassererzeugung vom Jahresverbrauch der GEH und der zentralen Anlagen abgezogen. Dieser Abzug erfolgte aufgrund des Fehlens von realen Daten pauschal. Der Kochgasanteil wurde mit 5 % in Abzug gebracht. Da die untersuchten Wohnungen vergleichbare Größen und Nutzungsstrukturen aufwiesen, wurde der abzuziehende Warmwasseranteil pauschal mit 36 kWh/m²a angesetzt. Dieser Wert entspricht dem Durchschnitt des Energieverbrauchs für die Warmwasserbereitung der untersuchten zentralen Anlagen. Verbrauchswerte von GEH, bei denen die Verbräuche von Kombi-Thermen und reinen Heiz-Thermen gegenübergestellt wurden, ergaben Werte in einer ähnlichen Größenordnung.

In die Stichprobe der untersuchten Gebäude wurden die Objekte von 3 Wohnungsgesellschaften unterschiedlichen Sanierungsstandes einbezogen. Es handelte sich dabei um typische Blockbauten mit 3 bis 4 Geschossen, mehreren Aufgängen pro Block sowie reiner Wohnnutzung, die ein Spektrum des

Baujahrs von 1926 bis 1962 abdecken. Ein Teil dieser Bauten ist bereits unter Einsatz von Dämmputzen und Wärmeverbundsystemen modernisiert und saniert worden. Diese Sanierungstätigkeiten gingen teilweise auch einher mit der Erneuerung der GEH und der Zentralheizungsanlage (Brennwerttechnik). Die durchschnittliche Größe der Wohnungen lag in einem Größenbereich von 60 bis 65 m². Insgesamt umfasste die Gesamtstichprobe bei den GEH einen Gebäudebestand mit 214 Aufgängen und 1.664 Wohneinheiten (WE). Bei den Zentralheizungsanlagen (58 Anlagen) wurden Gebäude mit 639 Wohnaufgängen bzw. 4.566 WE untersucht.

		Anzahl der Aufgänge	Wohneinheiten	Wohnfläche m²	Durchschnitt Wohnungsgröße m²
Gesamt	GEH	214	1.664	108.655	65
	Zentral	639	4.566	277.430	61
saniert	GEH	37	295	18.604	63
	Zentral	255	1.666	104.822	63
unsaniert	GEH	177	1.369	90.051	66
	Zentral	384	2.900	172.608	60

Tab. 1
Kennzahlen des untersuchten Gebäudebestandes

Um die Auswirkungen des Nutzerverhaltens besser beurteilen zu können, erfolgte im Vorfeld der Verbrauchsauswertung zudem eine schriftliche Befragung von 280 Mietern mit GEH, mit dem Ziel, Angaben zur Größe des Haushalts und zur Nutzung der GEH zu erhalten (Kochgas, WW-Bereitstellung). Außerdem wurden hier Fragen zum Heizverhalten des Mieters gestellt. Auf der Basis von insgesamt 140 beantworteten Fragebögen (Responsequote ca. 50 %) konnten Schlussfolgerungen auf das Regelverhalten der Mieter und den Energieverbrauch gezogen werden.

Die Heizenergiekennwerte der Gebäude für die Jahre 2003 und 2004 wurden getrennt ausgewertet. Dies erfolgte auf der Basis der witterungsbereinigten Verbrauchsdaten. Dabei war zu berücksichtigen, dass das Jahr 2003 kälter als das Jahr 2004 war.

Typvertreter der untersuchten Gebäude

Abb. 1 (links)
Zentralheizung
Baujahr 1939
Sanierung: Vollwärmeschutz 8 cm, Brennwertkessel
Abb. 2 (rechts)
Zentralheizung
Baujahr 1962
Sanierung: keine

Abb. 3 (links)
Gasetagenheizung
Baujahr 1926
Sanierung: Dämmputz
Abb. 4 (rechts)
Gasetagenheizung
Baujahr 1927
Sanierung: keine

Ergebnisse und Ursachenanalyse

Der Vergleich aller untersuchten Gebäude (saniert und unsaniert) zeigt teilweise erhebliche Unterschiede auf. So weisen die Wohnungen mit GEH im Vergleich zu zentralbeheizten Gebäuden einen um 26 % geringeren Gasverbrauch auf (Abbildung 5).

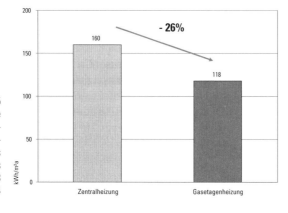

Abb. 5
Durchschnittliche (witterungsbereinigte) Heizenergiekennwerte des Gesamtbestandes für die Jahre 2003 und 2004

Allerdings zeigen die Typvertreter der Gebäude teilweise große Spannweiten in den Kennwerten. Unsanierte Gebäude mit Zentralheizungen erreichen Heizenergiekennwerte von ca. 250 kWh/m²a. Unsanierte Gebäude mit GEH erreichen ebenfalls Werte um die 200 kWh/m²a.

Auf der Basis einer detaillierten Untersuchung von Teilsegmenten der Gesamtstichprobe können wesentliche Einflussgrößen auf den Energieverbrauch ermittelt werden:

- Sanierungsstand des Gebäudes
- Witterungseinflüsse
- Nutzerverhalten

1. Sanierungsstand
Wird ein Gebäude saniert und z. B. mit einer Außenwanddämmung, neuen Fenstern und einer optimal geregelten Heizungsanlage ausgestattet, geht der Verbrauch gegenüber den unsanierten Gebäuden stark zurück. Die notwendigen Heizzeiten reduzieren sich und beide Heizsysteme werden in ihrem Energieverbrauch immer ähnlicher. Dies zeigen zumindest Einzelbeispiele ganz deutlich. Für sanierte Gebäude mit Zentralheizungen können in Einzelfällen Werte von 110 kWh/m²a ermittelt werden, sanierte Gebäude mit GEH ergeben Werte von unter 100 kWh/m²a.

Bei der Teilgruppe der sanierten Gebäude ergeben sich für die Gesamtstichprobe der untersuchten Wohnungen ebenfalls Einsparungen für die GEH in einer Größenordnung von ca. 28 % (Abbildung 6).

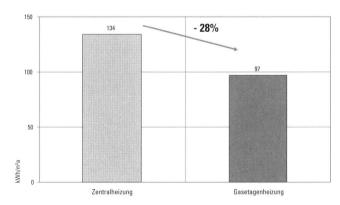

Abb. 6
Heizenergiekennwerte (witterungsbereinigt) der sanierten Gebäude

Zwei Gründe sind hier als ausschlaggebend anzusehen:

Die zentralbeheizten Gebäude, die zum Vergleich herangezogen wurden, sind langgestreckte Zeilenbauten aus den 30er oder 60er Jahren. Je mehr Aufgänge von einer Zentrale versorgt werden, desto länger sind die schlecht oder nicht gedämmten Verteilungsleitungen mit entsprechend hohen Verlusten.

Gleichzeitig bleiben bei einer Außenwandsanierung oft das Verteilnetz und die Heizkörper unangetastet. Der neue Brennwertkessel fährt dann mit einem völlig unabgestimmten Netz wieder hohe Verluste. Der eigentlich beabsichtigte Einspareffekt bleibt weitgehend aus.

Von diesen Effekten sind GEH im Sanierungsfalle aufgrund der Verbrauchernähe viel weniger betroffen.

2. „Witterungseffekt" und Nutzerverhalten

In einem wärmeren Jahr wie 2004 weisen die GEH-Objekte einen Trend zur Verbrauchsreduzierung, die zentralbeheizten Objekte dagegen einen Trend zur Verbrauchserhöhung auf (Abbildung 7).

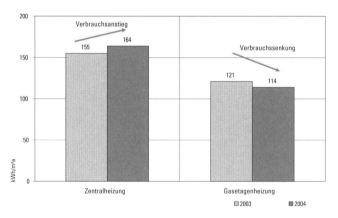

Abb. 7 Witterungsbereinigte Heizenergiekennwerte des Gesamtbestandes in Abhängigkeit vom Jahr

Da alle Werte vorher witterungsbereinigt wurden, liegt hier tendenziell ein verbessertes Heizverhalten bei den Nutzern von GEH vor. So ist zu vermuten, dass in den Übergangszeiten sensibler auf höhere Außentemperaturen reagiert wird. Die Auswertung der schriftlichen Befragung der Mieter mit einer GEH bestätigt diese Vermutung. Eine Zuordnung der Fragebögen zu den Energieverbräuchen zeigt, dass die Beantworter niedrigere Energieverbräuche für die Jahre 2003 und 2004 aufweisen (113 bzw. 106 kWh/m²a) als die Gruppe der Mieter, die nicht an der Befragung teilnahm (123 bzw. 115 kWh/m²a).

Eine Erklärung für dieses Phänomen liegt in der Tatsache, dass die interessierten und achtsamen Mieter die Befragung mitgemacht haben und genau dieser Personenkreis die Regelungsmöglichkeiten einer GEH intensiv nutzt.

Die Bedienung einer Zentralheizung dagegen richtet sich nach dem schwächsten Glied oder dem unzufriedensten Mieter. Normalerweise wird erst sehr spät auf die Sommerstellung umgeschaltet. Gleichzeitig wird die GEH weit direkter wahrgenommen. Allein das Geräusch der Flamme signalisiert bei sonnigem Wetter die Möglichkeit, die Heizung auszuschalten. Ob dies tatsächlich gemacht wird, hängt dann vom Interesse und der Sensibilität des jeweiligen Mieters ab.

Zusammenfassung und Ausblick

Mit der vorliegenden Untersuchung können die Ergebnisse der Untersuchungen des Berliner Heizspiegels bestätigt werden.

Auf der Basis der analysierten Stichprobe weisen GEH teilweise drastisch niedrigere Heizenergiekennwerte von fast 30 % auf. Dies gilt sowohl für sanierte als auch unsanierte Gebäude. Das unterschiedliche Nutzungs- und Regelverhalten von Mietern mit GEH und zentral versorgten Gebäuden spielt dabei eine nicht zu vernachlässigende Rolle.

Die Möglichkeit einer direkten und individuellen Regelung lässt die GEH energetisch im Vergleich mit zentralen Anlagen sehr gut abschneiden. Die „Verbrauchernähe" des Anwenders ist eine Systemeigenschaft der GEH, die positiven Einfluss auf das aktuelle Verbrauchsverhalten hat und zudem die Ausschöpfung von zukünftigen Einsparpotenzialen ermöglicht. Wichtig ist es deshalb, diese Möglichkeiten des Nutzers zur Energieeinsparung auch zu aktivieren. Die GASAG ist hier gefordert, die Angebote an Dienstleistungen zur Aktivierung der Einsparmöglichkeiten zu intensivieren.

Weitere Energiesparpotenziale können bei der Erneuerung von GEH zukünftig mit Brennwerttechnik erzielt werden. Mit dieser Technologie und weiter optimierter moderner Steuerungstechnik dürften sich auch hier noch in der Breite erhebliche technologische Einsparungsmöglichkeiten bieten.

Sehr viele zentralbeheizte Gebäude bieten ebenfalls große Einsparungsmöglichkeiten durch Anpassung des Heizungssystems und Einbau moderner Steuerungs- und Regelungstechnik. Hier ist es sehr wichtig, den Einspareffekt nach der Modernisierung zu messen und Optimierungen anzustreben.

Mit der aktuellen Einführung der Energieausweise auf der Basis von Verbrauchsdaten werden Eigentümer und Mieter hinsichtlich des Heizenergiekennwertes von Wohnungen und Gebäuden noch stärker sensibilisiert. Es ist daher wünschenswert, systematisch Heizenergiekennwerte der Wohnungsbestände zu ermitteln, um damit zielgerichtet die notwendigen Modernisierungs- und Optimierungsmaßnahmen einzuleiten. Wohngebäude mit GEH schneiden im Vergleich sehr gut ab, so dass tendenziell von einem geringeren Modernisierungs- und Verbesserungsbedarf als Folge der Energieausweiserstellung auszugehen sein könnte.

Kontakt

Klaus Wein, GASAG Berliner Gaswerke Aktiengesellschaft
E-Mail: KWein@gasag.de

Fußnoten

[1] Statistisches Landesamt: „Ergebnisse des Mikrozensus 2002, Zur Wohnsituation im April 2002", August 2003
[2] Bremer Energie Institut: Clausnitzer, Kleinhempel, „Ersatz alter Gasetagenheizungen: Vergleich von Modernisierungsvarianten"
[3] Senatsverwaltung für Stadtentwicklung: „Heizen mit Klasse – Berliner Heizspiegel für zentralbeheizte Wohngebäude", Berlin, September 2000
[4] KEBAB gGmbH Kombinierte Energiespar- und Beschäftigungsprojekte aus Berlin, „Vergleichende Analyse von Gasverbräuchen in zentral und dezentral beheizten Gebäuden", Dezember 2005

Funksysteme:
Sicherer elektronischer Transfer von Verbrauchsdaten

Bidirektionaler Funk als Basis neuartiger Dienstleistungen

Jürgen Messerschmidt, ista International GmbH

Die Funkablesung gewährleistet das präzise Erfassen und sichere Übertragen von Verbrauchsdaten zur Heizkosten- und Wasserabrechnung – zu jedem Zeitpunkt, ohne die Wohnung betreten zu müssen. Die verfügbaren Übertragungsverfahren (unidirektional, bidirektional) und unterschiedliche Ausleseverfahren werden hier vorgestellt. Ein kurzer Ausblick skizziert, welches erweiterte Dienstleistungspotenzial der Immobilienwirtschaft auf Basis der Funktechnik zur Verfügung steht.

Die klassischen Systeme zur Verbrauchserfassung für Heizung und Wasser sind zwar bewährt, sie weisen aber auch Schwächen auf. Ein wesentlicher Schwachpunkt: Der Ableser muss die Wohnung betreten.

Per Funk können die Verbrauchsdaten hingegen von außerhalb der Wohnung und im günstigsten Fall zentral im Gebäude abgerufen werden. Der Ableser muss keine Wohnung mehr betreten – somit entfallen aufwändige Terminabstimmungen mit dem Mieter oder Eigentümer. Ein weiterer Vorteil: Es werden keine Daten mehr von Hand aufgenommen; Zahlendreher oder andere Fehler wie bei manueller Eingabe der Daten sind von vornherein ausgeschlossen. Nicht zuletzt zeigen elektronische Heizkostenverteiler die Verbrauchswerte um einen Faktor 100 genauer an als Geräte nach dem Verdunstungsprinzip – sie registrieren auch kleinste Wärmeabgaben am Heizkörper sehr genau.

Auch ungenaue Schätzungen entfallen: Ist bei herkömmlicher Verbrauchserfassung aus Terminschwierigkeiten kein Ablesen möglich, müssen diese Daten auf Basis zurückliegender Werte geschätzt werden. Solche Schätzungen sind natürlich problematisch, wirken sie sich doch auf jeden einzelnen Mieter aus: Die Kostensparer müssen für die ‚Verschwender' mitbezahlen, werden doch die Gesamtkosten auf alle Mieter verteilt, sofern in einigen Wohnungen der Verbrauch geschätzt werden muss. Um diese Verteil-Ungerechtigkeit zu umgehen, also stichtagsgenau und exakt abrechnen zu können, sind automatisierte Funksysteme ideal.

Alle Daten werden fehlerfrei und korrekt vom Messpunkt bis in die Abrechnung elektronisch übermittelt und verarbeitet – ein sehr sicherer und zudem dokumentierbarer Workflow. Die Funktechnologie erhöht somit für alle Beteiligten erheblich die Ablese- und Abrechnungsqualität. Bei rasch steigenden Wasser- und Energiekosten (Rund 41 Milliarden Euro werden jährlich für die Nebenkosten des Wohnens gezahlt!) ist Datensicherheit auch unerlässlich.

Ein weiteres Plus: Funkfähige Mess- und Verteilgeräte speichern zusätzlich die Monatsendwerte ab, bei einem Mieterwechsel oder einer vergessenen Zwischenablesung kann daher auch rückwirkend ohne Probleme eine exakte Abrechnung erstellt werden.

Unterschiedliche Realisierung der Funk-Technologie

Funksysteme benötigen nur wenige Komponenten: Neben dem Heizkostenverteiler, der den anteiligen Wärmeverbrauch an jedem einzelnen Heizkörper ermittelt, macht der Kalt- und Warmwasserzähler den individuellen Wasserverbrauch transparent. Mit Hilfe eines Impulsmoduls kann jedes Endgerät (z. B. Strom-, Gas- oder Hauswasserzähler) mit einer entsprechenden Schnittstelle in das Funksystem integriert werden. Diese aufeinander abgestimmten Komponenten sorgen gemeinsam für eine einfache und sichere Erfassung.

Alle Funksysteme arbeiten im Wesentlichen nach den gleichen Prinzipien und Standards, sie unterscheiden sich jedoch in der Realisierung und Handhabung. Unterschiede ergeben sich bei den Senderleistungen, der Ausführung des Datensammlers, der Funkimplementierung in den Endgeräten und der Netzwerkfähigkeit.

Die Systemarchitekturen, die von den verschiedenen Geräteherstellern und Dienstleistungsunternehmen angeboten werden, unterscheiden sich in erster Linie in der Form des Daten-Handlings: So lesen einige Systeme mittels Handheld-Computer in unmittelbarer Nähe zu den installierten Geräte ab. Andere speichern die Daten in Datensammlern zwischen oder geben diese innerhalb eines Gebäudefunknetzes an einen zentralen Datensammler, der dann per Modem die Daten automatisch an ein zentrales Abrechnungszentrum übermittelt.

Das zweite Unterscheidungsmerkmal ist das zugrunde liegende Übertragungsverfahren: Die Daten werden entweder unidirektional oder bidirektional übertragen.

Unidirektionale Datenübertragung
Unidirektionale Funksysteme übertragen die Verbrauchsdaten in einer Richtung (unidirektional), nämlich von den Mess- und Verteilgeräten in der Wohnung zum Datensammler außerhalb der Wohnung. In das Endgerät ist ein Sender eingebaut, der mehrfach täglich (in der Regel zu zufälligen Zeitpunkten und gesichert mit Hilfe einer Identifizierungsnummer) die Verbrauchs- und Betriebsdaten an einen Datensammler aussendet. Die Datensammler sind fest in öffentlich zugänglichen Bereichen installiert und haben dadurch Tag und Nacht die Chance, von den Endgeräten Zählerstände zu empfangen (Abb. 1). In der Praxis muss man damit rechnen, etwa auf jeder zweiten Etage (für je vier Wohnungen) einen Datensammler einsetzen zu müssen. Bei durchschnittlich fünf Heizkostenverteilern und zwei Wasserzählern pro Wohnung ergibt sich so ein Sender/Empfänger-Verhältnis von ca. 30.

Bidirektionale Datenübertragung
Bidirektionale Funksysteme haben eine andere Struktur: Hier senden die Erfassungsgeräte nicht von sich aus (aktiv), sondern nur auf Aufforderung (reaktiv). Diese Aufforderung erfolgt unmittelbar während des Ablesens mit Hilfe eines tragbaren Computers, der über einen Funksender und Funkempfänger verfügt. Fest installierte Datensammler im Hausflur sind dadurch nicht erforderlich. Dafür ist in den Erfassungsgeräten zusätzlich zum Sender jeweils noch ein Empfänger eingebaut. Er erkennt die Ableseanforderung des tragbaren Computers und veranlasst die Aussendung der Verbrauchsdaten (Abb. 2). Bei dieser Abfrageprozedur findet also Funkverkehr in beide Richtungen (,bidirektional') statt.

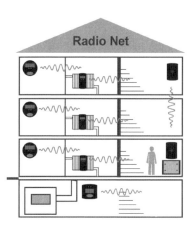

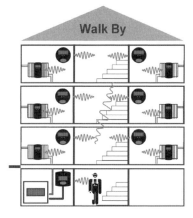

Abb. 1 (links)
Unidirektionales
Funksystem

Abb. 2 (rechts)
Bidirektionales
Funksystem

Ausleseverfahren

Die Ausleseverfahren sind generell eng mit dem Übertragungsverfahren verbunden. Folgende Möglichkeiten werden derzeit von den Geräte- und Systemherstellern bzw. von Abrechnungsunternehmen angeboten:

A. Fest installierte Etagen-Datensammler, die vor Ort mittels Handheld-Computer ausgelesen werden. Die Etagensammler bilden kein Netzwerk; jeder Sammler muss getrennt angesprochen werden (Fixed Network).
B. Fest installierte Etagen-Datensammler, die im Gebäude ein Netzwerk bilden und per Funk untereinander kommunizieren. Das Netzwerk empfängt die Verbrauchs- und Betriebsdaten der Endgeräte und übergibt sie an einen zentralen Datensammler der (gegebenenfalls per Modem) die Daten direkt an das Abrechnungszentrum weiterleitet (Fixed Network Bi).
C. Auslesen der einzelnen Zähler mittels Handheld-Computer. Das Auslesen erfolgt auf der Basis unidirektionaler als auch bidirektionaler Kommunikation.

Einige Anmerkungen zu diesen am Markt verfügbaren Systemen:

Alle genannten Ausleseverfahren bzw. Systemarchitekturen ermöglichen das Zählerauslesen, ohne die Wohnung betreten zu müssen.

Sind Endgeräte den Datensammlern fest zugeordnet (Variante A), kann dies zu Datenverlust führen, sollte die Funkstrecke zwischen Sender und Empfänger gestört sein.

Sind Datensammler nicht untereinander vernetzt (Variante A), muss die Ablesung an jedem einzelnen Etagensammler durchgeführt werden; es ist nicht möglich, alle Daten der Liegenschaft fern auszulesen.

Nur das Verfahren (B), das auf einem fest installierten Netzwerk im Gebäude basiert, ermöglicht es, die Zählerdaten jederzeit von einem Kontroll- oder Rechenzentrum unter Nutzung eines öffentlichen Datennetzes (Telefonfestnetz, Mobilnetz (GSM/GPRS), Breitbandkabelnetz) abzurufen.

Grundsätzlich gilt bei der unidirektionalen Funktechnik: Eine (Re)- bzw. Parametrierung der Endgeräte kann man nur an den Endgeräten direkt vornehmen – in diesen Fällen muss also die Wohnung doch betreten werden.

‚State-of-the-Art': Bidirektionale Funktechnologie

symphonic 3 von ista arbeitet als einziges Funksystem zur Verbrauchsdatenerfassung mit bidirektionaler Funktechnologie (Funkfrequenz 868 MHz, Sendeleistung <10 mW, Sendedauer <40 ms). Beim Einsatz in Mehrfamilienhäusern und Gewerbeobjekten kann es Informationen sowohl senden als auch empfangen – und zwar verschlüsselt und abhörsicher.

Weil End- sowie Empfangsgeräte ausschließlich batteriebetrieben sind, kann das System auch nachträglich ohne großen Installationsaufwand installiert werden. Die Batterien haben aufgrund der sehr kleinen Sendeleistungen eine hohe Standzeit (10+1+1 / Lebensdauer + Lager + Reserve).

symphonic 3 ist modular aufgebaut. Dadurch ist es möglich, das System jederzeit nachzurüsten, um es veränderten Anforderungen anzupassen. Das schafft Planungssicherheit und minimiert die Kosten.

Mit Hilfe des funkfähigen Impulsmoduls pulsonic 3 radio kann jedes Endgerät mit Impulsausgang/S0-Schnittstelle (wie z. B. Gas-, Strom- oder Hauswasserzähler) in das Funksystem integriert werden.

Die bidirektionale Funkverbindung wird per PDA (Personal Digital Assistant/ Pocket-PC als Datenspeicher) über Bluetooth mit dem speziell für diesen Zweck entwickelten Mobilen Datensammler aufgebaut.

In der Praxis sieht das so aus, dass der Ableser die Mess- und Verteilgeräte vom Treppenhaus oder Flur aus aktiv anspricht. Denn die Endgeräte senden ihre Betriebs- und Verbrauchsdaten allein auf Anforderung. Da die Endgeräte nur passiv ‚lauschen' und ihren Sender erst bei der gezielten Abfrage einschalten, bleibt die Belastung der Umwelt durch Sendesignale (EMV-Belastung, ‚Elektrosmog') bei dieser Art der Datenübertragung sehr gering.

Das Funktelegramm übermittelt verschlüsselt (Abhör- und Manipulationssicherheit) folgende Daten:

- Gerätetyp und Seriennummer des Endgerätes
- Einheit des Messwertes (m^3, kWh etc.)
- aktuelles Datum des Zählers
- Zählerstände der letzten 14 Monatsenden
- Fehlerinformationen (z. B. ‚Endgerät arbeitet nicht korrekt')
- bei Heizkostenverteilern zusätzlich Open Case Counter (registriert beispielsweise, ob ein Gerät geöffnet wurde)

Alle Verbrauchswerte der letzten 14 Monate sowie der letzten zwei Stichtage werden gespeichert. Auf diese Weise lassen sich die entscheidenden Daten bei der Jahresabrechnung nachvollziehen. Bei einem Mieterwechsel kann die Abrechnung auf den Tag genau zum Monatsende erfolgen.

Die bidirektionale Funkverbindung zu den Endgeräten wird auch zur (Re-)Parametrierung z. B. eines neuen Stichtages oder einer anderen Skala genutzt – auch dies, ohne die Wohnung betreten zu müssen, was den Ablauf erheblich vereinfacht.

Ausblick: Energie-Monitoring und Benchmarking

Das Ableseverfahren ‚Walk by' ohne fest installierten Datensammler ist die Basisausführung des neuen Funksystems von ista. Durch Hinzufügen von Repeatern (Datensammlern ohne Speicherfunktion) und einem Stationären Gateway (Datensammler mit Speicherfunktion und Modem) kann nachträglich ein AMR-Netz (Automatic Meter Reading) für das Fernauslesen installiert werden.

Durch eine spätere Vernetzung der kompletten Liegenschaft durch Nachrüstung eines Datensammlers mit Modem zur Fernauslesung ist es ohne großen Aufwand möglich, zusätzliche Informationen und automatische Datenauswertungen für das Energie-Monitoring oder das Energie-Benchmarking aufzubauen. Der Betreiber hat dann mit Hilfe der verschiedenen Verbrauchs- bzw. Energieanalysen die Möglichkeit, seine Liegenschaften sowohl untereinander als auch mit Referenz-Liegenschaften und dem EnEV-Richtwert zu vergleichen. Die Analysen helfen dabei, Energieeinsparpotenziale zu erkennen und – darauf aufbauend – notwendige Maßnahmen (Modernisierung, Sanierung) gezielt steuern zu können. Mittels Nutzeranalyse können zudem Vielverbraucher und Extremsparer (sie gefährden die Gebäudesubstanz!) identifiziert werden.

Fazit: ista offeriert mit symphonic 3 den Stand der Technik beim Funkablesen: Das System arbeitet bidirektional, es überträgt Daten in beide Richtungen. Durch das modulare Konzept ist symphonic 3 zudem ausbaufähig und zukunftssicher. Über die optionale Vernetzung und einer automatischen Fernauslesung durch ein AMM-System (Automatic Meter Management) steht ein Systemkonzept zur langfristigen Optimierung der Energieeffizienz und damit der Wirtschaftlichkeit von Liegenschaften zur Verfügung.

Das Funksystem symphonic 3 auf einen Blick:

- Durch die bidirektionale Übertragungstechnologie sind Ablesung, Umprogrammierung oder Wartung ohne Betreten der Wohnung möglich.
- Das automatische Ablesen über Funk und der damit verbundene elektronische Datentransfer schließen Ablesefehler aus, erhöhen die Datenqualität und Datenaktualität.
- Anfragen z. B. zu unplausiblen Verbrauchsdaten oder zur Funktionsfähigkeit der installierten Geräte können per Fernauslesung zeitnah („online") analysiert und geklärt werden.
- Mit Hilfe der Fernauslesung und AMM (Automatic Meter Management) hat der Verwalter die Möglichkeit, zeitnah Verbrauchsdaten zu vergleichen und gegebenenfalls auf das Verhalten des Nutzers einzuwirken.
- Durch das modulare Konzept kann symphonic 3 auf die jeweilige Liegenschaft und individuelle Anforderungen abgestimmt werden.

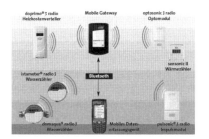

Abb. 3 (links)
Die Bausteine der symphonic 3-Funkwelt. Besonders im Alt- und Bestandsbau ist bei der Nachrüstung das Verlegen von Kabeln ein Hinderungsgrund. Beim System symphonic 3 sind alle Erfassungsgeräte batteriebetrieben.

Abb. 4 (rechts)
Energie-Management für die Wohnungswirtschaft: symphonic 3 ist die Basis für zukünftige Dienstleistungen.

Kontakt

Jürgen Messerschmidt, ista International GmbH
E-Mail: juergen.messerschmidt@ista.com

Qualitätssicherung in der Energieberatung

Fred Weigl,
Vorsitzender Gebäudeenergieberater Ingenieure Handwerker Bundesverband e.V. (GIH)

Der GIH-Bundesverband vertritt als Dachverband über derzeit 16 angeschlossene Mitgliedsverbände ca. 2.000 Energieberater. Sein Leitsatz lautet: *Energieeffizienz durch qualifizierte Beratung. Vor Ort, neutral, unabhängig, professionell.* Die Qualitätssicherung in der Energieberatung ist satzungsgemäß definiertes Vereinsziel.

Energieberater ist kein Beruf, sondern eine Zusatzqualifikation. Dementsprechend ist der Personenkreis, der Beratungsleistungen anbietet, vielschichtig; sind die Berufsverbände zahlreich, die in diesem Markt aktiv werden. Die Berufsbezeichnung oder der Begriff „Energieberater" ist nicht geschützt. Die Ausbildung ist breit gefächert, es gibt keine allgemein anerkannten Standards und keine Qualitätskontrolle. Kunden können deshalb die Qualifikation eines Beraters und damit auch seine Eignung für die jeweilige Aufgabenstellung nur schwer oder gar nicht einschätzen.

„Im Allgemeinen werden Fachleute dann als Energieberater bezeichnet, wenn sie technische Geräte oder Immobilien energetisch bilanzieren und begutachten. Sie geben bei dieser sogenannten Energieberatung wichtige Ratschläge und Hinweise bei Erwerb oder Erneuerung."
(Quelle: http://de.wikipedia.org/ am 28.03.2007)

Die folgenden Ausführungen beziehen sich auf Gebäudeenergieberater. Diese beschäftigen sich mit Gebäuden und den technischen Anlagen, welche zu deren Nutzung erforderlich sind.

Zu ihren Kernkompetenzen zählen folgende Leistungen:

- Energieberatung, Initialberatung
- Energieausweise nach EnEV
- Beratung zu Fördermöglichkeiten
- Nachweise für Förderprogramme
- Vor-Ort-Beratung
- Vor-Ort-Beratung nach BAFA-Kriterien
- Konzepte zur Steigerung der Energieeffizienz

Dabei bearbeiten sie in ihrer Gesamtheit alle Gebäudearten und -größen. Vom Reihenhaus über Wohnanlagen und gemischt genutzte Gebäudekomplexe bis hin zu Industriegebäuden.

Seitens der Auftraggeber wird vom Energieberater eine hochwertige Dienstleistung erwartet. Das Leistungsbild Energieberatung wird mit entsprechenden Erwartungen verknüpft.

Die Suche nach einem geeigneten Berater kann sich allerdings schwierig gestalten, wie folgendes Beispiel zeigt:

Protokoll einer Google-Suche im März 2007

Suchbegriffe	Anzahl Ergebnisse
Energieberatung	2.260.000
Energieberater	702.000
Gebäudeenergieberater	135.000
Energieberater + Qualität	266.000
Energieberater + Qualifiziert	18.500

Grundlagen und aktuelle Situation

Mit den gesetzlichen Anforderungen aus der nationalen Umsetzung einschlägiger EU-Richtlinien und den kontinuierlichen Preissteigerungen bei den Energieträgern steigt die Nachfrage nach Beratungsleistungen. Einschlägige Untersuchungen haben zudem einen großen Bedarf an Energieausweisen prognostiziert, wie folgende Grafik zeigt:

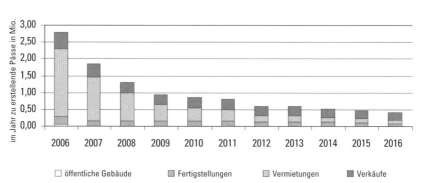

Abb.1 Entwicklung der jährlich zu erstellenden Energiepässe für 2006 - 2016 – Pass 10 Jahre gültig – Quelle: Clausnitzer, Dittrich: Potenzial an Fachleuten zur Umsetzung der GebäudeRL (2005)

Die Richtlinie 2002/91/EG über die Gesamtenergieeffizienz von Gebäuden ist national umgesetzt im EnEG bzw. wird umgesetzt in der EnEV-Novelle.

Neben der schon existierenden Verpflichtung zur Erstellung von Energiebedarfsausweisen ergibt sich daraus unter anderem die Verpflichtung zur Ausstellung von Energieausweisen für bestehende Gebäude.

Die Richtlinie 2006/32/EG für Endenergieeffizienz und Energiedienstleistungen befindet sich derzeit in Umsetzung, allerdings muss bereits bis 30.06.2007 ein nationaler Energieeffizienzaktionsplan eingereicht werden.

Weitergehende Anforderungen an Energieberater ergeben sich aus den Förderprogrammen der KfW (Kreditanstalt für Wiederaufbau) oder auch ganz einfach aus der wirtschaftlichen Notwendigkeit, Energie in Zukunft wesentlich effizienter einzusetzen.

Klimaschutz ist eine der wichtigsten Menschheitsaufgaben dieses Jahrhunderts. Energieeffizienz und damit die Kernkompetenz des Energieberaters spielt dabei eine Schlüsselrolle.

Entsprechend groß sind die Verantwortung und damit auch der Anspruch an die Qualität der Leistungen in diesem breiten Aufgabenfeld. Neben gering- und nichtinvestiven Maßnahmen zur Energieeinsparung und Effizienzsteigerung ist der Rat des Energieberaters vor allem dann gefragt, wenn es um größere Investitionen geht.

Bestehende Anforderungen an die Qualifikation von Energieberatern

Der Gesetzgeber regelt nur Anforderungen an Aussteller von Energieausweisen.

Für zu errichtende Gebäude geschieht dies derzeit und voraussichtlich auch in Zukunft auf Länderebene und uneinheitlich.

Dagegen werden Energieausweise für bestehende Gebäude mit der nächsten Novelle der Energieeinsparverordnung ebenso wie die Anforderungen an deren Aussteller bundesweit einheitlich geregelt.

Die KfW stellt Anforderungen an Berater, die sich derzeit an existierenden Listen von BAFA (Bundesamt für Wirtschaft und Ausfuhrkontrolle) und Verbraucherzentralen sowie an den Landesbauordnungen orientieren.

Auch hier sind die Anforderungen also unscharf und, obwohl die Programme auf Bundesebene angesiedelt sind, in den Ländern unterschiedlich geregelt. So können beispielsweise Handwerksmeister mit Fortbildung zum Gebäudeenergieberater im Handwerk die erforderlichen Bestätigungen ausstellen, wenn sie nach Landesrecht EnEV-Nachweise ausführen dürfen. In anderen Ländern sind Kollegen mit der gleichen Qualifikation aber nicht zugelassen.

Allein das Kriterium Bauvorlageberechtigung berechtigt nahezu generell zur Ausstellung von öffentlich-rechtlichen Nachweisen und Bestätigungen für Förderanträge. Und dies meist ohne Nachweis einer entsprechenden Qualifikation.

Aktuelle Entwicklung und Perspektiven

Durch die lang anhaltende Diskussion um die EnEV-Novelle ist in der Öffentlichkeit, aber auch in Fachkreisen große Unsicherheit entstanden. Folgende Fragen werden dabei immer wieder gestellt:

- Wer braucht wann, für welches Gebäude, unter welchen Umständen, welchen Ausweis?
- Wer darf diesen ausstellen?
- Was kostet der Ausweis?

Ein Bedarf an qualifizierten Beratungsleistungen besteht aber auch weit über den Energieausweis hinaus, wenngleich dieser oft den Einstieg bieten wird.

Die nachfolgende Grafik zeigt den Gebäudebestand 2003. Dabei wird einerseits deutlich, dass nach aktuellem Stand der EnEV-Novelle die Zahl der vorgeschriebenen Bedarfsausweise (für Gebäude mit weniger als fünf Wohneinheiten, deren Genehmigung vor November 1977 beantragt wurde) eher gering sein wird, da die Nutzerwechsel im Bereich der Ein- und Zweifamilienhäuser jährlich im unteren einstelligen Prozentbereich liegen.

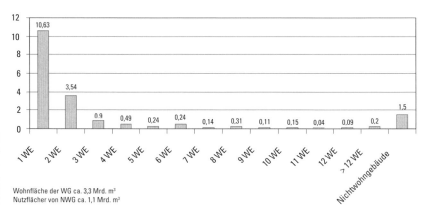

Abb.2
Anzahl der Gebäude in Mio.
(insges. ca.17,3 Mio. WG)
Quelle: BMVBS

Da in diesem Bereich der Anteil der Eigentümer aber am größten ist, entsteht eine Nachfrage nach weitergehenden Beratungsleistungen.

Einer großen Nachfrage an Energiedienstleistungen stehen damit ein unklares Leistungsbild und ein schwer zu beschreibender Ausstellerkreis gegenüber. Dies hat dazu geführt, dass es inzwischen zahlreiche Anbieter gibt, die bereits jetzt – im Vorgriff auf deren für 2008 erwartete, verpflichtende Einführung – Energieausweise für bestehende Gebäude zu Preisen anbieten, die eine fach- und sachgerechte Bearbeitung gar nicht zulassen. Teilweise wird dabei auch mit gezielten Fehlinformationen gearbeitet. Eine Regulierung ist hier also dringend geboten.

Derzeit bekannte Systeme

Die Beraterliste der BAFA genießt mit derzeit ca. 4.500 gelisteten Beratern wohl die größte allgemeine Anerkennung und wird gewissermaßen als Ersatzzertifikat verwendet. Hier sind so genannte Vor-Ort-Berater im Sinne des gleichnamigen Förderprogramms gelistet. Diese verfügen über eine klar definierte hohe Qualifikation, müssen aber darüber hinaus noch andere Bedingungen, insbesondere im Hinblick auf ihre Unabhängigkeit, erfüllen.

Damit ist dieses System zur Zertifizierung nicht geeignet. Dennoch wird es in Ermangelung geeigneter Systeme mit breiter Anerkennung dafür verwandt.

Mit ca. 20.000 gelisteten Ausstellern für Energieausweise führt die dena (Deutsche Energie-Agentur) derzeit die größte einschlägige Liste. Die dort gelisteten Personen verfügen über die Berechtigung, Energieausweise nach den Richtlinien für den dena-Feldversuch zu erstellen. Weitere einheitliche Anforderungen sind dabei nicht gegeben. Zudem wird möglicherweise ein Teil der gelisteten Personen zukünftig keine öffentlich-rechtlichen Ausweise nach EnEV ausstellen können.

Darüber hinaus gibt es verschiedene Listen und Zertifikate, die aber derzeit in der Regel weder über einen breiten Bekanntheitsgrad noch eine allgemeine Anerkennung verfügen.

Anforderungen an ein Qualitätssicherungssystem

Ein Qualitätssicherungssystem für Energieberater sollte folgende Voraussetzungen erfüllen:

- Festlegen von Anforderungen an die persönliche Qualifikation der Berater, an Ausbildung, Fortbildung und laufende Weiterbildung; Selbstverpflichtung
- Festlegen von Anforderungen an die Qualität im System; formale und inhaltliche Anforderungen
- laufende Überprüfung und Regulierungsmöglichkeit
- darüber hinaus soll das System dynamisch, anpassungs- und entwicklungsfähig sein

Hierbei können die einzelnen Anforderungen für verschiedene Konzepte unterschiedlich gewichtet werden. Beispielsweise kann durch die Anforderungen an die persönliche Qualifikation der Teilnehmerkreis geregelt werden. Gleichzeitig wird dadurch aber die Anpassungs- und Entwicklungsfähigkeit beeinflusst.

So kann das System auf Markterfordernisse eingestellt und an die Belange des Systemträgers angepasst werden.

Lösungsansätze

Da Energieberatung eine Leistung ist, die verschiedene Berufsgruppen (idealerweise mit entsprechender Zusatzqualifikation) anbieten können, sind viele berufsständische Vertretungen (sowohl im Bereich der Kammern als auch im Bereich der Fachverbände) an Lösungen interessiert, beziehungsweise mit deren Erarbeitung befasst.

Ein breiter Kreis von Marktbeteiligten versucht derzeit unter dem Dach der dena ein Qualitätssicherungssystem mit breiter Anerkennung zu installieren, welches einen Qualitätsstandard bei Energieausweisen für bestehende Gebäude definieren soll, der deutlich über den gesetzlichen Anforderungen liegt. Dabei erweist es sich jedoch als schwierig, den Belangen aller Beteiligten gleichermaßen zu entsprechen, so dass hier kurzfristig keine Marktreife erwartet werden kann.

Als größter einschlägiger Fachverband von Energieberatern sieht der GIH-Bundesverband seine besondere Verantwortung in der Qualitätssicherung und hat deshalb eine Richtlinie zur Qualitätssicherung für Energieberater eingeführt.

Das Qualitätssiegel des GIH

Darin werden bundesweit geltende Mindestanforderungen festgelegt u. a. an:

- Aus- und Weiterbildung
- nachzuweisende Berufserfahrung
- die verwendete Software (DIN-Zertifikat, im dena-Feldversuch zugelassen etc.)
- die Unabhängigkeit des Siegelträgers

Zudem sind Form und Inhalt des Siegels bundeseinheitlich geregelt.

Das Vorliegen der Voraussetzungen wird durch eine Zertifizierungsstelle geprüft und laufend überwacht. Hierzu bildet diese eine Zulassungskommission, die in jedem Einzelfall, nach Prüfung eines Beratungsberichts, über die Vergabe des Siegels entscheidet. Die Zertifizierung gilt zunächst für drei Jahre und verlängert sich automatisch mit dem Nachweis der geforderten jährlichen Fortbildung.

Zertifizierungsstelle und Zulassungskommission unterliegen ihrerseits Qualitätsrichtlinien, u. a. im Hinblick auf Organisationsstruktur, Finanzierung und Personal.

Die Zulassungskommission muss mit qualifizierten Personen besetzt sein, die nicht dem Verband angehören. So wird eine Fremdüberwachung des Systems gewährleistet. Die Organe sind auf Landes- bzw. Regionalebene angesiedelt und bilden einen gemeinsamen Koordinationsausschuss.

Welchen Nutzen bringt das Siegel?

Das Siegel an sich bestätigt zunächst „nur", dass sich dessen Träger bestimmten Qualitätsanforderungen und Verhaltensregeln unterwirft, sich regelmäßig fortbildet und überprüfen lässt.

Der Endkunde hat damit die Gewähr, dass er eine qualitativ hochwertige, neutrale Beratung erhält, bei der die Vertretung seiner Interessen im Vordergrund steht.

Durch die bundeseinheitlich definierten Mindestanforderungen und eine entsprechende Verwaltungsstruktur können Siegelträger in ein verbändeübergreifendes QS-System für Energiepassersteller eingebunden werden.

Darüber hinaus wird eine Anerkennung bei Fördermittelgebern, insbesondere bei der KfW, angestrebt.

Zusammenfassung und Ausblick

Markt und Rechtslage (EU + national) gebieten ein QS-System.

Die derzeit genutzten Systeme sind nicht ohne weiteres zukunftsfähig.

Es gibt Lösungsansätze.

Das GIH-Siegel ist ein Beispiel für ein dynamisches, zukunftsfähiges QS-System.

Das System wird derzeit regional umgesetzt. Weitere Informationen und Anträge sind beim GIH Baden-Württemberg (www.gih-bw.de) hinterlegt, welcher die Infrastruktur für den Siegelverbund-Süd unterhält.

Eine Ausweitung des Systems auf Berater für Nicht-Wohngebäude ist geplant.

Kontakt

Fred Weigl, GIH Bundesverband
E-Mail: fred.weigl@gih-bv.de

Vertragsprobleme und Haftungsfragen bei der Energieberatung

Jürgen Hilpert, Jurist

Vertragsgestaltung

Die klassische Energieberatung lässt sich in drei Schritte aufteilen: Bei der eingangs stattfindenden Bestandsanalyse werden insbesondere die einzelnen Bauteile aufgenommen, aber auch technische Anlagen kontrolliert und Blower-Door-Tests durchgeführt. In der anschließenden konkreten Beratung werden die EnEV-Anforderungen und zusätzliche energietechnische Aspekte berücksichtigt, aber auch Fördermöglichkeiten für Baumaßnahmen vorgeschlagen. Den Abschluss bildet dann eine Gutachtenerstellung, eventuell auch der Energiebedarfsausweis.

Jeden Tag werden in Deutschland unzählige solcher Beratungsverträge geschlossen. Leider treten bei manchen aber auch rechtliche Probleme auf. Da in Rechtsprechung und juristischer Literatur der Bereich Energieberatung noch nicht erschöpfend aufgearbeitet ist, orientieren sich die folgenden Ausführungen zu dieser Thematik überwiegend an allgemeinen rechtlichen Grundsätzen und vergleichbaren Fallkonstellationen. Die weitere Entwicklung in Gesetzgebung und Rechtsprechung bleibt abzuwarten.

Rechtliche Einordnung als Werkvertrag

Um Inhalte und Konsequenzen aus einem Beratungsvertrag näher darstellen zu können, ist zunächst dessen rechtliche Einstufung als Dienst- oder Werkvertrag vorzunehmen. Diese beiden Vertragsarten unterscheiden sich vor allem in einem wesentlichen Punkt: Während beim Werkvertrag ein bestimmter Erfolg geschuldet wird, verlangt der Dienstvertrag lediglich die – erfolgsunabhängige – Vornahme einer Handlung.

Wie der Energieberatungsvertrag nun tatsächlich einzuordnen ist, hat sich die Rechtsprechung noch nicht endgültig festgelegt. Nach der hier vertretenen Ansicht und nach der wohl herrschenden Meinung in der juristischen Literatur ist er aber als Werkvertrag zu qualifizieren; nicht nur, weil schon bei der Bestandsaufnahme konkrete Ergebnisse oder später auch der Energiebedarfsausweis als Werkerfolg abzuliefern sind, sondern vor allem auch wegen der Sachnähe des Energieberatervertrags zum Sachverständigenvertrag, welcher ebenfalls als

Werkvertrag behandelt wird – schließlich fasst der Energieberater seine Ergebnisse häufig in einem „Gutachten" zusammen. Auch die Sachnähe zur baubegleitenden Qualitätssicherung sowie zu Planungsleistungen, die beide von der Rechtsprechung als Werkvertragsleistung eingeordnet werden, spricht für den werkvertraglichen Charakter des Energieberatervertrags. Maßgebend für seine rechtliche Beurteilung sind damit die Vorschriften der §§ 631 ff. BGB.

Inhalt des Beratungsvertrags

Der Energieberatungsvertrag sollte aus Beweisgründen und zur Klarstellung der gegenseitigen Rechte und Pflichten schriftlich erfolgen. Nach dem Grundsatz der Vertragsfreiheit kann darin alles vereinbart werden, was nicht gesetzes- oder sittenwidrig ist. Werden vorformulierte Verträge oder auch allgemeine Geschäftsbedingungen verwendet, so sind auch die Beschränkungen zur Gestaltung allgemeiner Geschäftsbedingungen nach den §§ 305 ff. BGB zu berücksichtigen.

Wichtige Bestandteile des Vertrages sollten die genaue Benennung der Vertragsparteien, des Objekts, der vom Berater geschuldeten Leistungen sowie des vereinbarten Honorars sein:

- Der Auftraggeber und der Energieberater als Auftragnehmer sollten im Vertrag eindeutig genannt werden; ebenso die Vertreter, sollte sich eine Vertragspartei, z. B. eine Firma, durch einen Dritten vertreten lassen.
- Auf jeden Fall angegeben werden sollten Anschrift und Gebäudetyp, die Anzahl der Wohneinheiten und das Datum der Baugenehmigung oder zumindest das Baujahr.
- Die geschuldeten Leistungen sollten genau bezeichnet werden, um die Pflichten des Beraters und damit mittelbar auch seine Haftung genau definieren zu können. Hier wird auch angegeben, auf welchen Teil des Gebäudes (z. B. Fassade, Anbau etc.) die Beratung beschränkt sein soll oder ob sie sich auf das gesamte Objekt bezieht.
  Als Leistung vereinbart werden kann z. B. die Erfassung des Ist-Zustands, insbesondere der den Energieverbrauch beeinflussenden technischen Anlagen und bauphysikalischen Gegebenheiten, aber auch das Durchführen eines Blower-Door-Tests.
  Festgelegt werden sollte hier auch der Umfang von Beratung bzw. Gutachten. Auch das Erstellen eines Energie- oder Wärmebedarfsausweises kann vereinbart werden, ebenso eine Beratung zu Fördermöglichkeiten und zur Finanzierung von Baumaßnahmen.

- Die Honorierung der Leistungen des Engergieberaters richtet sich nach hier vertretener Ansicht nicht nach § 78 HOAI, weil diese Vorschrift nur den Wärmeschutz betrifft. Da die EnEV aber Wärmeschutz und HeizungsanlagenVO vereint, sind die Berechnungen viel umfangreicher. Besser erscheint daher eine Vergütungsregelung über Stundensätze. Dies hat für den Energieberater den Vorteil, dass nicht er, sondern der Bauherr das Kostenrisiko trägt. Alternativ ist auch die Vereinbarung einer Pauschale denkbar, in der Praxis aber nicht immer leicht zu ermitteln. Ein Anhaltspunkt können hier die Empfehlungstabellen des VBI sein. Auf jeden Fall sollte das Honorar aber schriftlich vereinbart werden. Für über das vertraglich Vereinbarte hinausgehende Leistungen kann der Energieberater zusätzlich eine Mehrvergütung verlangen.
- Vorsicht geboten ist hingegen bei der Vereinbarung von Zielvorgaben wie z. B. angestrebtes Einsparpotenzial oder Passivhaus-Standard. Solche Eigenschaftszusagen werden in der Regel nämlich als Garantie angesehen und können bei Nichteinhaltung zur Mangelhaftigkeit der Leistung und eventuell sogar zur Schadensersatzhaftung des Energieberaters führen. Zuvor also genau prüfen, ob solche Zusagen auch tatsächlich eingehalten werden können.
Geht es um das Beantragen von Fördermitteln, muss der Energieberater prüfen, ob die in den Förderbedingungen festgelegten Standards überhaupt erfüllt werden können. Ist dies nämlich nicht realisierbar oder nur mit unverhältnismäßig hohem Aufwand, so muss er den Auftraggeber entsprechend aufklären. Am besten tut er dies schon frühzeitig im Vertrag.
- Aber auch die Pflichten des Auftraggebers sollten hier dargelegt werden, wie z. B. das Zur-Verfügung-Stellen von Unterlagen.
- Selbst ein Kündigungsrecht aus wichtigem Grund zur vorzeitigen Vertragsauflösung kann hier vereinbart werden. Auch die Aufnahme von Schiedsklauseln oder Gerichtsstandsvereinbarungen sind denkbar (soweit zulässig).

Haftung des Energieberaters

Nachdem weiter oben der Beratungsvertrag als Werkvertrag qualifiziert worden war, richtet sich die Haftung des Energieberaters nach den §§ 631 ff. BGB, die wie folgt lauten:

§ 631 BGB: Durch den Werkvertrag wird der Unternehmer zur Herstellung des versprochenen Werkes, der Besteller zur Entrichtung der vereinbarten Vergütung verpflichtet.

§ 633 BGB: Der Auftragnehmer hat dem Besteller das Werk frei von Sach- und Rechtsmängeln zu verschaffen.

§ 634 BGB: Ist das Werk mangelhaft, kann der Besteller, wenn die Voraussetzungen der folgenden Vorschriften vorliegen und soweit nicht ein anderes bestimmt ist,
1. nach § 635 Nacherfüllung verlangen,
2. nach § 637 den Mangel selbst beseitigen und Ersatz der erforderlichen Aufwendungen verlangen,
3. nach den §§ 636, 323 und 326 Abs. 5 von dem Vertrag zurücktreten oder nach § 638 die Vergütung mindern und
4. nach den §§ 636, 280, 281, 283 und 311a Schadensersatz oder nach § 284 Ersatz vergeblicher Aufwendungen verlangen.

Ein Mangel im Sinne des § 633 BGB liegt dann vor, wenn der tatsächliche Zustand des Werks von demjenigen abweicht, den die Vertragsparteien bei Abschluss des Vertrags vereinbart oder gemeinsam (auch stillschweigend) vorausgesetzt haben und diese Abweichung den Wert oder die Gebrauchstauglichkeit des Werks mindert. Mängel der Leistung in diesem Sinne können damit in der Abweichung der Leistung von der vereinbarten Beschaffenheit bzw. in der mangelnden Eignung für die vertraglich vorausgesetzte oder gewöhnliche Verwendung liegen.

Als Beschaffenheitsvereinbarungen in diesem Sinne kommen Abreden zur Art der Ausführung (z. B. schriftliches Gutachten) oder zu den zu erreichenden Zielen (z. B. Energiereduktion in bestimmter Höhe) in Betracht. Wird diese Beschaffung schließlich nicht eingehalten, ist die Leistung des Auftragnehmers mangelhaft – unabhängig vom Vorliegen eines Verschuldens. Deshalb sollte der Energieberater äußerst vorsichtig sein mit einer Zusage von Einsparpotenzialen oder sonstigen Eigenschaften (z. B. Passivhaus-Standard). Zumindest sollte er schon im Vertrag deutlich machen, unter welchen Vorgaben diese Beschaffenheitsvereinbarungen stehen, z. B. Art der Nutzung / Nutzerverhalten / ungeöffnete Bauteile o. ä.

Von einer mangelnden Eignung für die vertraglich vorausgesetzte oder gewöhnliche Verwendung ist z. B. auszugehen, wenn die Beratungsergebnisse aus technischen Gründen nicht realisierbar oder wegen Verstoßes gegen gesetzliche Vorschriften (insbesondere EnEV) nicht oder nur eingeschränkt verwertbar sind. Eine Mangelhaftigkeit der Leistung kann sich auch daraus ergeben, dass der Energieberater die Förderfähigkeit einer energierelevanten Maßnahme falsch beurteilt hat und die Vorschläge daher aus finanziellen Gründen nicht umsetzbar sind. Möglich ist sie aber auch bei der Verletzung von Nebenpflichten, z. B. wenn der Hinweis unterlassen wird, dass nach der Abdichtung einer Gebäudehülle das Lüftungsverhalten zu verändern ist.

Der Energieberater ist verantwortlich für die Richtigkeit seiner im Beratungsbericht getroffenen Aussagen und für prognostizierte Einsparungen (= geschuldeter Erfolg). Hat der Beratungsbericht z. B. einen Fehler bei der Darstellung der Kosten, so hat der Auftraggeber Ansprüche auf:

1. Nacherfüllung, d.h. Korrektur des Berichts oder – wenn Einsparungen nicht erreicht werden – auf
2. Schadensersatz in Höhe der fehlenden Einsparungen oder in Höhe der Investitionen abzüglich der Sowieso-Kosten und der Wertsteigerung. Daher sollte der Energieberater gut aufpassen beim Nennen von konkreten Einsparungen und entsprechende Hinweise geben.

Ein Schadensersatzanspruch besteht auch bei weitergehenden Schäden. Wird z. B. aufgrund fehlerhafter Berechnung durch den Energieberater eine falsche Dämmung angebracht, haftet er dem Bauherrn auf Schadensersatz abzüglich der Sowieso-Kosten.

Beim Erstellen eines Energieausweises haftet der Energieberater selbstverständlich für die Richtigkeit der Ausweiserstellung. Bei Fehlern kann der Auftraggeber Nacherfüllung verlangen. Wurde der Energieausweis sogar als Beschaffenheitsvereinbarung angesehen, haftet er außerdem auf Ersatz der Rückabwicklungskosten (gegebenenfalls Notarkosten bei Rücktritt des Käufers).

Vom Schadensersatzanspruch des Auftraggebers erfasst werden direkte Mangelschäden sowie sog. Mangelfolgeschäden. Von Mangelfolgeschäden spricht man, wenn durch eine fehlerhaft vorgeschlagene Baumaßnahme Folgeschäden am Bauwerk entstehen. Hierzu gehören auch die Fälle entgangener Fördermittel, die aufgrund eines schuldhaften Verhaltens des Beraters nicht empfangen werden konnten.

Der Schadensersatzanspruch ist jedoch zu mindern, wenn ein Mitverschulden des Auftraggebers vorliegt, z. B. wenn dieser falsche Vorgaben liefert oder gegen Mitwirkungspflichten verstößt. Sogenannte Sowieso-Kosten sind in der Regel kein ersatzfähiger Vermögensschaden.

Erklärt der Energieberater, dass das Bauwerk nach den für die KfW-Förderung relevanten Vorgaben ausgeführt worden ist, bestätigt er damit, dass die Voraussetzungen für das Darlehen eingehalten sind. Ist diese Erklärung aber nicht richtig, haftet er gegenüber der KfW auf Rückzahlung des Darlehens. Bei vorsätzlich falschen Angaben kann sogar ein Subventionsbetrug vorliegen. Weil der Energieberater häufig nicht alle neuen Bauteile und deren richtige Montage auf ihre EnEV-Konformität hin überprüfen kann, sollte er sich von den beteiligten Fachfirmen eine entsprechende Bestätigung geben lassen, bevor er eine strafrechtlich relevante Erklärung ins Blaue hinein abgibt.

Die Verjährung von Mängelansprüchen

Bei Werkverträgen, wozu der Energieberatervertrag wie oben ausgeführt gehört, verjähren Mängelansprüche nach § 634a Abs.1 Nr.2 BGB regelmäßig in fünf Jahren. In der juristischen Literatur wird aber auch eine kürzere, dreijährige Verjährungsfrist nach § 634a Abs.1 Nr.3 i.V.m. § 195 BGB vertreten, jedenfalls für diejenigen Energieberatungsverträge, die weder Planungs- noch Überwachungsleistungen regeln. In dieser Hinsicht ist manches noch nicht abschließend geklärt; hier wird man die weitere Entwicklung in der Rechtsprechung abwarten müssen.

Die Regelungen der EnEV und die Energieberatung als solche stellen somit hohe Anforderungen an den Berater. Neben den technischen Regelungen muss er sich auch mit den rechtlichen Rahmenbedingungen vertraut machen und dabei sowohl öffentlich-rechtliche als auch privat-rechtliche Aspekte berücksichtigen.

Der vorliegende Artikel soll nicht den Energieberater in Angst und Schrecken versetzen und ihm die Freude an dieser Tätigkeit nehmen, sondern lediglich die Sensibilität in diesem rechtlichen Bereich schärfen. Jeder Einzelfall liegt anders und schon ein kleiner Umstand kann zu einer anderen Rechtslage führen. Es empfiehlt sich daher, in Haftungsfragen und beim Anfertigen eines Vertragsformulars einen Rechtskundigen zu konsultieren.

Kontakt

Jürgen Hilpert
E-Mail: hilpert_energieberatung@t-online.de

Vorschlag zur Honorierung von Energieberatungsleistungen und Erstellung Energieausweis

Peter Sprenger, Sprecher des Arbeitskreises Honorarempfehlung im BAYERNEnergie e.V. und Mitglied im Vorstand des GIH Bundesverbandes

Diese Honorarempfehlung dient zur Orientierung und gibt Entscheidungskriterien für die eigenverantwortliche Kalkulation der Honorare und ist keinesfalls eine Vorschrift oder Vorgabe.

Die Euro-Angaben in der Tabelle beziehen sich auf die Region München und den derzeitigen Mehrwertsteuersatz von 19%.

Ausgangspunkt für die Honorartabelle

Die bis 2006 öffentlich zugängliche Beratungskosten-Tabelle der BAFA mit Stand vor 1999 reicht nicht aus,

1. um die Energiesparberatung vor Ort mit der geforderten ingenieurmäßigen Sorgfalt durchzuführen, da in der Praxis vielfältige Objekt- und Bearbeitungs-Erschwernisse auftreten,
2. um den administrativen Aufwand und die Nebenkosten für die Auftragsabwicklung abzudecken,
3. um regionalen Kostenunterschieden gerecht zu werden.

Die nachfolgend genannten Honorare beruhen auf langjährigen Erfahrungen im süddeutschen Raum, um die genannten Dienstleistungen ‚Energieberatung und Energieausweis' mit ausreichender fachlicher Qualität und Verantwortung bearbeiten zu können. Dies dient auch der Zufriedenheit der Kunden.

Die genannten Honorare müssen folgende Faktoren abdecken:

1. die fachliche Beratungsleistung selbst, mit allen Erschwernissen und Risiken durch das Objekt,
2. die Kosten für den Aufwand und die Risiken aus der Objektbearbeitung und Auftragsabwicklung, d. h. Kosten für den organisatorischen und administrativen Aufwand und deren Risiken,
3. die fachliche Qualität, bezogen auf die zum Bearbeitungszeitpunkt gültigen Normen, Vorschriften und Gesetze, sowie die rechtliche Verantwortung (Haftung) daraus,
4. als Risiken sind z. B. zu nennen: Honorarausfall, Kostenüberschreitungen

durch Unwägbarkeiten, nicht bekannte oder geklärte Objekt- und Leistungssituationen bei Auftragsvergabe, Änderungen von Vorschriften und Gesetzen usw.

Anwendung Honorartabelle
1. Die Spalte 3 deckt den „Regelfall", die „Standardsituation" ohne besondere Erschwernisse, ab.
2. Die Spalten 4 und 5 mit den Erschwernis-Faktoren 1,5 und 2,0 sollen realistische Größenordnungen aus der Praxis aufzeigen, um die häufig vorkommenden Erschwernisse wie z. B. Walmdach mit Spitzboden, geschachtelte Grundrisse, mehrfache Sanierungen/Umbauten und unvollständige Unterlagen abzudecken.
3. Spalte 5 mit Faktor 2,0 ist keine Obergrenze, bei schwierigeren Bestandsgebäuden reicht der Faktor 2,0 u. U. nicht aus, anhand der vorgestellten Kriterien ist projektspezifisch und eigenverantwortlich zu kalkulieren, z. B. mit Faktor 2,75 oder 3,25 oder evtl. bei nicht einschätzbarer Situation nur nach Aufwand ohne Festpreis.
4. Jeder Energieberater muss selbst prüfen, inwieweit bei seinem vorliegenden Projekt der Regelfall wegen gefordertem Aufwand und vorhandener Komplexität nach oben überschritten wird und wie er projekt- und kundenspezifisch den Aufwand, die Risiken und die zu erbringenden Leistungen selbst kalkuliert bzw. mit dem Kunden abstimmt.

Um den Mehraufwandfaktor abzuschätzen, können folgende Kriterien herangezogen werden:

Ermittlung des Aufwands bei der Gebäude-Erfassung

einfache Erfassung
a) nach Typologie und Außen-Geometrie

steigender Mehraufwand für detaillierte Erfassung nach Bauteilen mit Geometrie und U-Wert-Berechnung
b) aus vorhandenen Plänen und Baubeschreibung
c) aus Unterlagen mit Ergänzung aus Vor-Ort-Abschätzung der Situation wegen unvollständiger Unterlagen
d) wegen fehlender Unterlagen aus Vor-Ort-Erfassung der Situation mit Aufmaß

Ermittlung des Aufwands durch die Gebäudekomplexität

Regelfall, Standardsituation
a) einfacher Grundriss, z. B. Rechteck
b) einfache Dachform, z. B. Satteldach
c) einfache Gebäudeform, z. B. Quader
d) ursprünglicher Zustand
e) einfache, durchgehend gleiche Geschoss-Struktur, z. B. in EG und OG, kein DG

Mehraufwand durch Komplexität Grundriss
a) Sonderformen mit Schrägen und Bögen
b) Grundriss gegliedert, verschachtelt
c) unterschiedlich in den Geschossen
d) Grundrissänderung durch An-, Um-, und Aufbauten, Unterkellerung, Teilunterkellerung

Mehraufwand durch Komplexität Dach
a) Sonderformen mit Schrägen und Bögen
b) Dach mit unterschiedlichen Gauben
c) Dach mit Spitzboden und Abseitenwand
d) gegliedert, verschachtelt, z. B. Krüppelwalm
e) Dach unterschiedlich je Gebäudeteil

Mehraufwand durch Komplexität des beheizten Gebäudevolumens und der wärmeübertragenden Umfassungsflächen
a) Teilrenovierung, Teilsanierung, zeitlich und qualitativ unterschiedlich ausgeführt
b) unterschiedliche Raumhöhen und -lagen durch Sanierung und Anbauten
c) Umnutzung, teilweise Nutzungsänderung
d) unterschiedliche Bausubstanzen
e) Berücksichtigung von Nachbarbebauung und Hanglage

Vorschlag zur Honorierung von Energieberatungsleistungen und Erstellung Energieausweis

REGION MÜNCHEN				
1	Energieberatung			
	Leistungen 1. Erstaufnahme Vor-Ort 2. Berechnung IST nach EnEV 3. Zwischenbesprechung Sanierungsmaßnahmen 4. Berechnung mehrerer Varianten Sanierungsmaßnahmen 5. Förderberatung 6. Beratungsbericht 7. Abschluss mit Übergabe Beratungsbericht und Besprechung dazu	Regelfall: Faktor 1,0	Mehraufwand: Faktor 1,5	Mehraufwand: Faktor 2,0
1.1	Vor-Ort-Beratung für 1-2 WE	600,00 Euro + MwSt.19% 714,00 Euro	900,00 Euro + MwSt.19% 1071,00 Euro	1.200.00 Euro + MwSt.19% 1428,00 Euro
	WE = Wohneinheiten			
2	Bedarfsbasierter Energieausweis für Gebäudebestand			
	Leistungen 1. Vor-Ort-Begehung 2. Berechnung Bedarf nach EnEV 3. Ausstellen Energieausweis	Regelfall: Faktor 1,0	Mehraufwand: Faktor 1,5	Mehraufwand: Faktor 2,0
2.1	Energieausweis für EFH 1 Wohneinheit (WE) einfache Erfassung nach Typologie, soweit möglich	250,00 Euro + MwSt.19% 297,50 Euro	375,00 Euro + MwSt.19% 446,25 Euro	500,00 Euro + MwSt.19% 595,00 Euro
2.2	Energieausweis für EFH 1 Wohneinheit (WE) detaillierte Erfassung der Bauteile	350,00 Euro + MwSt.19% 416,50 Euro	525,00 Euro + MwSt.19% 624,75 Euro	700,00 Euro + MwSt.19% 833,00 Euro
2.3	Zusätzlich: Energieausweis für Mehrfamilienhaus Mit n Wohneinheiten n = Anzahl WE	Anzahl n mal 25,00 Euro + MwSt.19% 29,75 Euro	Anzahl n mal 37,50 Euro + MwSt.19% 44,63 Euro	Anzahl n mal 50,00 Euro + MwSt.19% 59,50 Euro

3	Neubau, EFH			
	Leistungen	Regelfall: Faktor 1,0	Mehraufwand: Faktor 1,5	Mehraufwand: Faktor 2,0
3.1	Öffentlich-rechtlicher Nachweis EnEV	400,00 Euro + MwSt.19% Euro 476,00	600,00 Euro + MwSt.19% 714,00 Euro	800,00 Euro + MwSt.19% 952,00 Euro
3.2	Zusätzlich zu 3.1 Öffentlich-rechtlicher Nachweis EnEV für KfW60	100,00 Euro +MwSt.19% 119,00 Euro	150,00 Euro + MwSt.19% Euro 178,50	200,00 Euro + MwSt.19% 238,00 Euro
3.3	Zusätzlich zu 3.1 Öffentlich-rechtlicher Nachweis EnEV für KfW40	300,00 Euro + MwSt.19% 357,00 Euro	450,00 Euro + MwSt.19% 535,50 Euro	600,00 Euro + MwSt.19% 714,00 Euro
4	Sonstiges			
4.1	Orientierungsberatung für Neubau, KfW40/60 1,5 bis 2 Stunden mit Fahrt bis max. 50 km	150,00 Euro + MwSt.	225,00 Euro + MwSt.	-

Anmerkung zur Mehrwertsteuer
Zu beachten ist Umsatzsteuergesetz § 14: Ausstellen von Rechnungen

Anmerkung zu Position 2: Energieausweis
Die Leistung Energieausweis beinhaltet

- keine Energieberatung
- keine Initial-Beratung
- keine Vor-Ort-Beratung
- keine Förderberatung
- keine Sanierungsberatung

GIH (Gebäudeenergieberater Ingenieure Handwerker Bundesverband)
www.gih-bv.de

Kontakt

Peter Sprenger, Arbeitskreis Honorarempfehlung im BAYERNEnergie e.V. /
GIH Bundesverband
E-Mail: sprenger@gih-bv.de

Innovative Produkte und Dienstleistungen für Energieeffizienz

Gasag Berliner Gaswerke Aktiengesellschaft

Institut für wirtschaftliche Oelheizung e.V. (IWO)

ista Deutschland GmbH

Saint-Gobain Isover G+H AG

URBANA Fernwärme GmbH

Viessmann Werke GmbH & Co KG

BTB Blockheizkraftwerks- Träger- und Betreibergesellschaft mbH Berlin

Wir finden täglich innovative Lösungen. Unser Antrieb: Erdgas.

Die Zukunft des Heizens!
GASAG testet stromerzeugende Erdgas-Heizung. Mehr Infos unter:
www.gasag.de

Technologische Innovationen sind energieeffizient, sparsam und praktisch. Beispiele? Strom und Wärme selbst erzeugt in Mini-Kraftwerken. Im Sommer kühlen und im Winter heizen, und das mit einer Anlage. Noch vieles Weitere mehr ist mit Erdgas möglich. Entdecken Sie, was dahintersteckt.

Wir beraten Sie gern in unserem Kundenzentrum: Friedrichstraße 185–190, 10117 Berlin-Mitte. Öffnungszeiten: Mo, Mi, Fr: 10–18 Uhr, Di, Do: 10–20 Uhr, Sa: 10–16 Uhr.

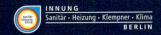

Unsere Ölfelder von morgen?

Die Zukunft der Ölheizung: hocheffiziente Heiztechnik kombiniert mit regenerativen Energien.

Bereits heute nutzen **Öl-Brennwertheizungen** die zugeführte Energie zu fast 100 %. Und in **Kombination mit Solarthermie** können Ihre Kunden den Verbrauch nochmals deutlich senken.

Dazu steht mit **schwefelarmem Heizöl** ein wirtschaftlicher und besonders umweltschonender Qualitätsbrennstoff zur Verfügung.

Schon bald könnte auch Heizöl aus nachwachsenden Rohstoffen den Bedarf an fossilen Energieträgern insgesamt verringern.

So erforschen Mineralölwirtschaft und Heizgeräteindustrie derzeit die Möglichkeiten, **zukünftige Bioheizöle** ohne größeren Aufwand auch in den bestehenden 6,4 Mio. Ölheizungen einsetzen zu können.

Beste Voraussetzungen für das Heizen mit Öl – auch in Zukunft.

**Gleich informieren unter:
040/23 51 13-76
oder www.iwo.de**

IWO Institut für wirtschaftliche Oelheizung e.V., Süderstraße 73a, 20097 Hamburg

DIE ÖLHEIZUNG
Modern heizen – Energie sparen.

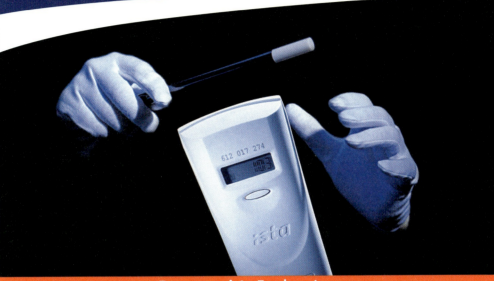

Das neue *ista* Funksystem

Das grenzt an Zauberei: *symphonic* ® 3

Mit bidirektionaler Funktechnik geht alles wie von selbst. Parametrierung, Datenauslesung und Wartung ab jetzt im Vorbeigehen.

- **Innovativ:** Nutzung bidirektionaler Funktech-nologie. Ablesung, Umprogrammierung oder Wartung ohne Betreten der Wohnung.
- **Flexibel:** Batteriebetrieb aller Mess- und Erfassungsgeräte garantiert absolute Platzie-rungsfreiheit.
- **Informativ:** Basis für zukünftige Datenauswertungen zur energetischen Bewertung des Gebäudes.

- **Individuell:** Genaue Abstimmung auf jede Lie-genschaft und auf besondere Anforderungen.
- **Zukunftsicher:** Heute per Walk by – morgen über Repeater zentral auslesbar – übermorgen über Gateway mit GPRS-Modem fern auslesbar.

ista Deutschland GmbH
Grugaplatz 4 · 45131 Essen
Tel. 0201 459-02
Fax 0201 459-3630
info@ista.de

www.ista.de

Ich bin gegen den Klimawandel!

Energiesparrollen von Isover dämmen heißt doppelt sparen: Die Mineralwolle-Dämmstoffe energieeffizientes Bauen und Modernisieren senken nämlich zum einen Ihre Heizkosten und helfen zum [and]eren, den CO_2-Ausstoß zu vermindern. Als Energiesparer sind Sie so gleich zweimal der Gewinner: Sie ver[s]ern das Klima in Ihrem Zuhause, und Sie helfen mit, dass auch das globale Klima im Gleichgewicht bleibt. [M]hr erfahren Sie unter www.isover.de oder bei Isover Dialog 0800/50 15 501.

So wird gedämmt

Passgenau –
Technik und Energiedienstleistungen

**Seit über 40 Jahren
zuverlässiger Partner für:**

- Energieliefercontracting, Finanzierungs-
  contracting, Umweltcontracting
- Machbarkeitsstudien
- Technisches Anlagen- und Gebäudemanagement
- Technische Gebäudeausrüstung
- Energiemanagement, Energiecontrolling

Ein Unternehmen der Gruppe

URBANA Energietechnik AG & Co. KG
Heidenkampsweg 40 · 20097 Hamburg
Fon +49 (0)40 - 237 75 -100
Fax +49 (0)40 - 237 75 -150
info@urbana.ag · www.urbana.ag

Unser Komplettprogramm setzt Maßstäbe.
Und jetzt auch Zeichen.

Energieträger
Öl, Gas, Solar, Holz
und Naturwärme

Leistungsbereiche
Von 1,5 bis
20.000 kW

Programmstufen
100: Plus
200: Comfort
300: Excellence

Systemlösungen
Perfekt aufeinander
abgestimmte
Produkte

Viessmann leistet mehr: Mit einem umfassenden Komplettprogramm, das Ihnen zukunftsweisende Heizsysteme für individuelle Bedürfnisse bietet. Differenziert nach Energieträgern in Leistung, Preis und Technik sowie perfekt aufeinander abgestimmt – zukunftsweisende Technik, mit der wir Sie gerne in der Viessmann Akademie vertraut machen. So können Sie sich selbst davon überzeugen, dass Ihre Empfehlung für uns Zeichen setzt. www.viessmann.com

Öl-Brennwertkessel

Gas-Brennwertkessel

Solar-Kollektoren

Holz-Heizkessel

Wärmepumpen

Notizen